お米の力

ポストハーベスト技術で活かす

●美味しさ●健康機能性●米ぬか●籾がら

佐々木泰弘 著

農文協

〝お米の力〟を発揮する——まえがきに代えて

米は数千年の時を経て、日本の風土にもっとも適する穀物として定着してきた。米の豊凶は生死に直結、一粒でも多く収穫するために流された農民の汗と涙、そこから浸み出た「辛抱強く努力する」ことが、日本人の精神の基底をなしていると思う。そんな重要な米も、「米余り」と食の欧米化・多様化が進み、国民一人当たりの消費量はこの50年間で半減、これからも少子高齢化による人口減に伴い、主食用米の需要量は減り続けるであろう。

一方、我が国では高カロリー食や脂質の過剰摂取により、PFC（タンパク・脂肪・炭水化物）バランスに歪みが生じ、生活習慣病などの急増を招いている。一部では糖質制限ダイエットが喧伝され、米食がターゲットにすらなっている。過度の制限は健康を損ねる。

古くは、玄米や分搗き米（ぬか層を少し削った米）を主食に1汁1、2菜、香の物、それに少々のタンパク食で生命を支えてきた。この慎ましやかな食事でどうしてそれが可能であったのであろうか。それを紐解く鍵が米ぬかにある。米ぬかはタンパク質や脂質、ミネラルやビタミン類などをバランスよく豊富に含んでいる。ところが今日、ふつうに口にする白米は美味しさを求めてぬかを削り取ったものであり、主に活動のエネルギー源としては重要な役割を果たしているが、栄養成分や健康成分などは玄米に及ばない。さりとて、白米の味を知った現代人が、今さら玄米や分搗き米に戻るのは容易ではなかろう。

米をめぐる国内外の情勢を見ると、稲作後継者の高齢化や新規就農者の不足、関税撤廃を求める外圧など、ますます厳しさを増している。米づくりは、これまでの延長線上では将来が拓けず、岐路に立たされている。面舵を切るか取り舵を切るか、目先の対応でなく中長期視点から、生産者だけでなく国民的議論を「辛抱強く」展開することが求められている。今こそ、食の近未来を予測し、食マーケットからみた米づくりのあり方を考え直す絶好の機会と言えよう。


さて、これまでの米のポストハーベスト技術（収穫以降の乾燥調製・貯蔵・精米加工など）の歩みを振り返ると、米は収穫時が最高の品質、その品質をいかに保持し食卓に届けるかに注力が払われてきた。このことの重要性は今後も変わらないが、これに加えて米がもともと備えている〝お米の力〟をもう一度見直し、調製加工技術によって新たな「米を創る」挑戦が、今こそ必要と考える。

その一つには、美味しさにとどまらず、先述のぬか由来の健康機能を取り込んだ米、すなわち美味しさと健康機能を両立させた米の開発である。この場合、健康機能成分を単離・濃縮する医薬品志向ではなく、全成分あるいは一部をそのまま活用する食品志向を離れてはならないであろう。二つには、主食米だけでは需要に限りがあるので、米の粉砕や破砕によって米粉や飼料として利用拡大を図る、すなわち輸入に偏重してきた小麦や飼料の代替、いやそれを上回る素材とする、攻めの取り組みである。これには、農家のこれまでの経験知が活かされやすく、機械や施設がそのまま使え、政府の強力な後押しもある。三つには、毎年、持続的に産出される米ぬかや籾がらの有効活用である。米ぬかは機能性成分の濃縮パック、籾がらは特有のマイクロ構造でなるシリカの宝庫である。

以上のように、米ポストハーベスト技術を俯瞰的に眺めるなかから、米固有の潜在力を引き出し活用するのが、米ポストハーベストの次世代技術になると思料する。しかも、各技術は単品でなく地域に適した複合化ができれば、地域の米づくりは多様性を増し、生産構造が強靭化されると思う。

本書は、これまで著者が携わってきた米の調製加工に関する技術（第5、6章）から得た知見をもとに、これを支える基礎的知識として米の形態、栄養成分、美味しさ、機能性成分に関する情報を第1～4章に、また、米の粉砕・破砕によって利用拡大の可能性が見込める米粉用米や飼料用米に関する情報を第7章に、さらに毎年産出される副産物、米ぬかや籾がらの有効活用の可能性を第8章に編み、概説を試みたものである。すでに実用化段階にある技術の導入は比較的容易であるが、まだ研究段階に留まっている技術素材についても、産官学連携などによって解決の糸口が見つかるのではなかろうか。そのため、本書は多くの文献等を基に構成している。原典に遡れば、よりいっそう正確で豊富な情報やアイデアを発見できるであろう。

本書が米づくりに携わる農家やそれに係る農業組織の方々、あるいは米に関心のある若者や学生の皆さんが、米を改めて「知り」、「考え」、「創る」ことに参画いただける一助になれば幸いである。

平成28年秋　著者

もくじ

コラム

第 1 章

米・ご飯のかたちと内部の特徴

1 玄米の内部構造と大きさ

胚乳、胚、ぬか

籾から籾がらを除くと玄米になる。図1-1[*1]に示すように、玄米は全重量の約90％を占める胚乳（人がふだん食する部分、精白米や精米とも呼ばれるが本書では「白米」と呼称）とそれを覆うぬか層、それに玄米基部に胚乳に食い込むような格好で位置する胚(「胚芽」ともいう)で構成されている。玄米各表面の呼び方は、幅方向の胚側が腹面、その反対側が背面、厚さ方向が側面、長さ方向の上部が頂部、胚側が基部である。側面には稜線方向に走る4本の維管束があり、背側に近い2本が太くて深い。維管束は玄米内に光合成でできた貯蔵物質を転流する通路。この通路は玄米表面に深い粒溝を形成するので、精米（「搗精《とうせい》」ともいう）の際、溝底のぬかが残りやすい。精米技術での難題である。この粒溝の深さは品種によって異なる。

玄米の表層切断面は図1-2に示すとおりである。ぬか層は上層が黒褐色の硬い果皮、その下側が薄いフィルム状の種皮、さらにその内側に主にタンパク質と脂肪からなる糊粉層《こふんそう》（アリューロン層）で構成され、種皮は玄米への水分や酸素の出入りを調節している。精米機で精米すると、実際にはぬか層だけでなく胚芽も除去されるので、ぬか層と胚芽を含んだものがぬかとなり、その重量は玄米重量の8～9％である。

ジャポニカ、インディカ、ジャバニカ

米は、かたちや大きさの特徴からジャポニカ（日本型）、インディカ（インド型）、ジャバニカ（ジャワ型）の3つに分類される。ジャバニカは熱帯ジャポニカの1つとする分類もある。ジャポニカ（日本型品種）の形状は類似しており、多くが短粒種、長さ5・0～6・0㎜、幅2・8～3・2㎜、厚さ1・9～2・3㎜で長幅比（長さと幅の比）が1・5～1・9。一方、インディカ（インド型品種）は世界の米の主流で、多くが長粒種、長さ3・5～8・0㎜、幅1・7～3・0㎜、厚さ1・3～2・3㎜、いずれもジャポニカよりも範囲が広く、長幅比が2以上

1 1 玄米構造（左）と籾（玄米）中央部断面（右）
（原図：星川 1990）

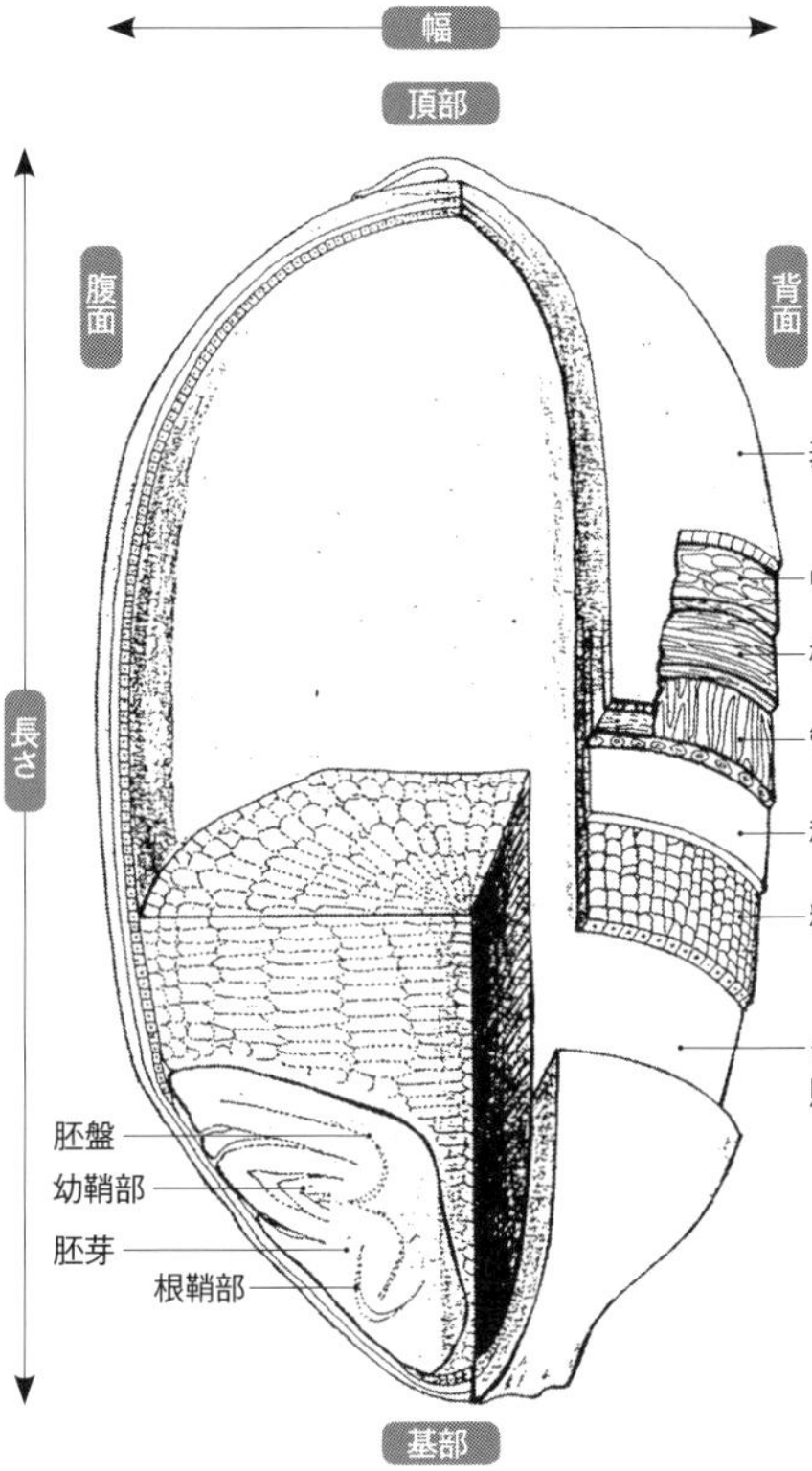

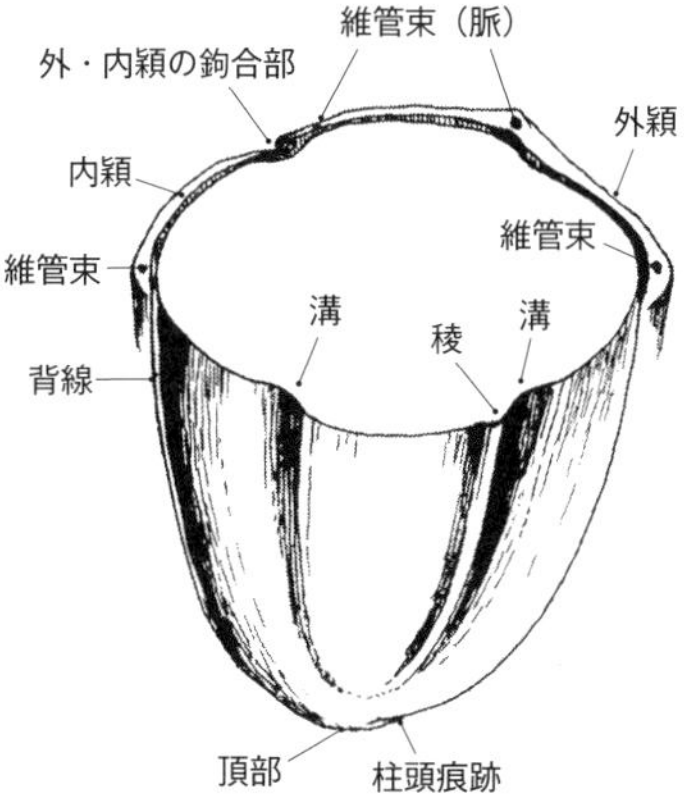

である。*2

千粒重はジャポニカで20・0〜23・5g、インディカでは20g以下から30〜40gと幅広く、品種による違いが大きい。

1 2 玄米の表層断面構造（数字は概数）

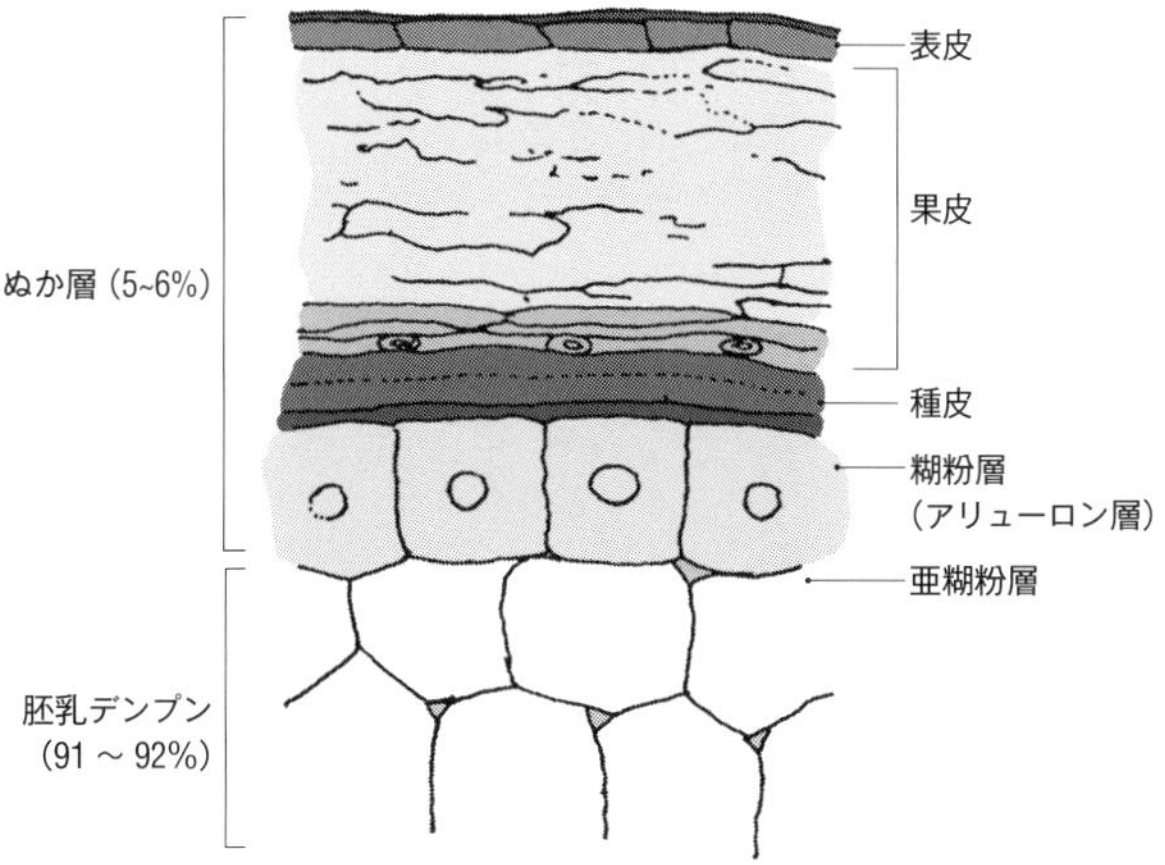

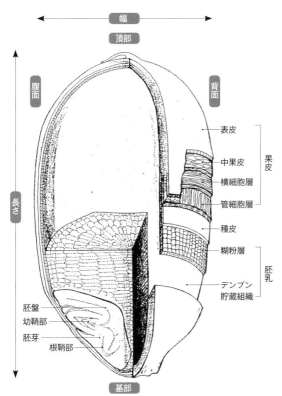

2 籾と玄米は生きもの

発芽、呼吸、休眠する米

健全な籾や玄米は生命力を有している。その重要部位が胚芽である。胚のない白米や無洗米には生命力がない。籾や玄米に水と温度を与えると幼芽や幼根が出芽し、無肥料でも葉数4枚程度まで成長する養分が胚乳に蓄えられている。ここで興味深いのは、糊粉層を削り取ると根は出ずに芽の生長も僅かで留まることである。糊粉層にはこれに関与する成分が含まれていることが示唆される。

また、籾や玄米は適切に貯蔵されていれば、外観からはわからないが呼吸をしている。呼吸量は籾（玄米）水分や周囲温度が高いほど多くなる（図1-3[*3]）。図に見るとおり、水分が16％程度以上で温度が高いと呼吸量は急増する。呼吸量が多くなると消耗して品質が劣化する。呼吸を抑えるには、低温でしかも低水分にすることがポイントになる。

米の発芽力には休眠性も深く関わっている。休眠性とは種子が眠っている状態をいい、籾や玄米は通常、水と温度が与えられれば発芽するが、休眠していれば芽や根が出ないのである。高橋[*4]によると、休眠はインディカ（イ

1 3 玄米の呼吸量と水分・温度の関係（菊池ら 1962）

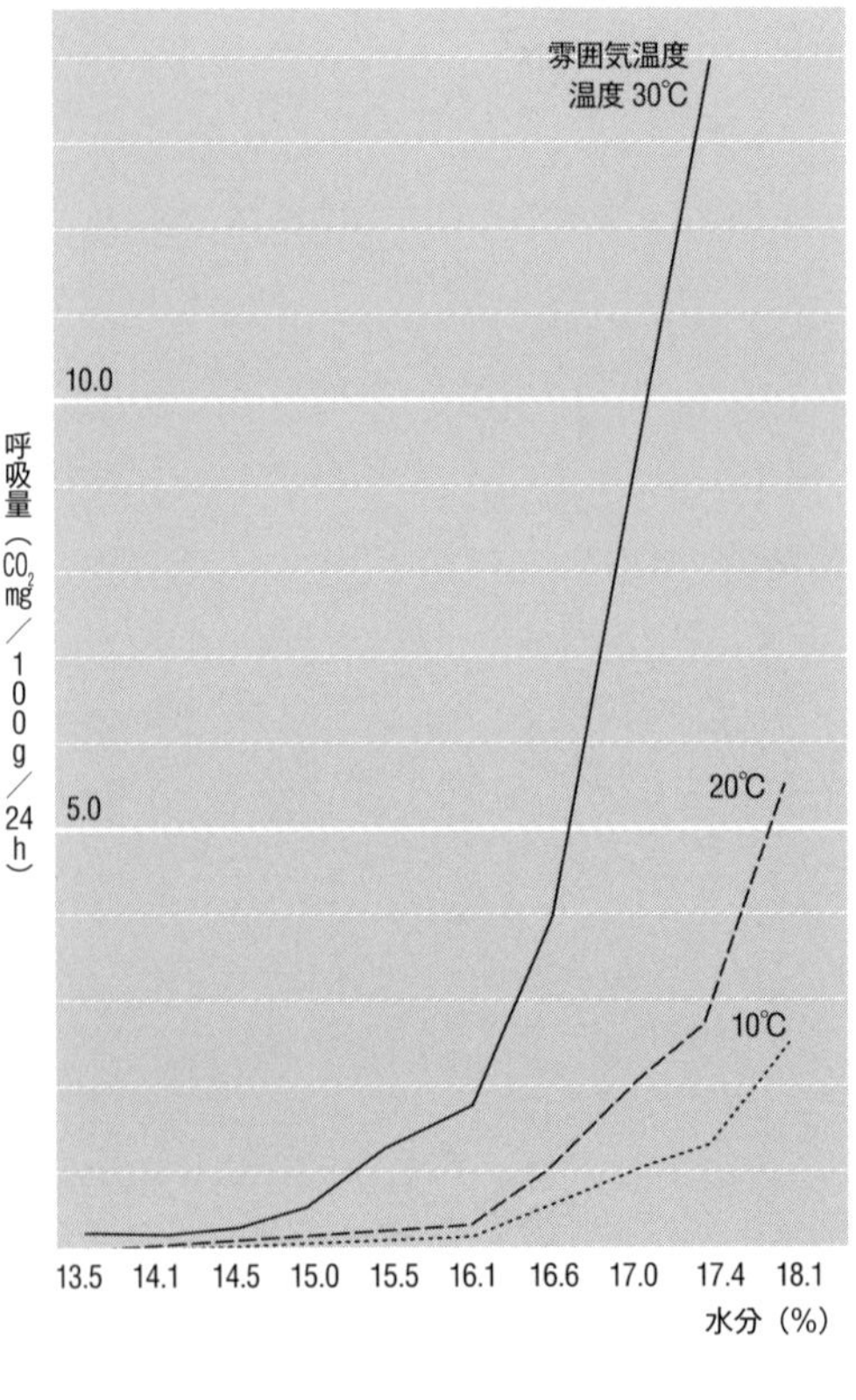

ンド型品種）で深くジャポニカ（日本型品種）で浅く、品種間差がある。コシヒカリはジャポニカでもやや休眠性が深い品種の一つである。この休眠性を支配する植物ホルモンは一般的にはアブシジン酸とされているが、他の物質も関与しているようである。

籾や玄米の休眠打破法

休眠中の籾や玄米を発芽させる場合、例えば、発芽玄米加工する場合、発芽しないので休眠打破が必要になる。休眠打破効果が確かめられている方法には次のようなものがある。

1 高温乾燥処理

40℃－3週間あるいは50℃－7時間処理などがある。種籾では使えるが、乾き過ぎが支障となる場合には工夫（密封や調湿など）を要す。

2 包被組織の傷付け・剥離・除去処理

①籾がらを除いて胚への酸素供給を高め、籾がらに含まれる発芽阻害物質を除く。インディカに有効である。

②果皮・種皮の一部を傷付ける、あるいは塩酸処理して物質透過性を高める。

③ジャポニカには二次休眠（休眠覚醒後にふたたび休眠）が誘導される場合がある。時間とともに自然覚醒されるが、人為的には果皮・種皮を剥離して、直後に水中あるいはチッソガス下で発芽させる。

3 ガス分圧の変化

高酸素分圧に置き酸素反応を促進する。

以上のほかにも光刺激、冷温湿潤、変温などの方法があるが、籾には効果がなさそうである。

籾貯蔵におけるエチレンの影響

籾貯蔵に深く関わる植物ホルモンの1つにエチレンがある。エチレンは成熟・老化作用や発芽に係わり、籾での生成量は果物類と比べるとはるかに少ないが、貯蔵性を左右する。中山ら[*5]によれば、収穫生籾を一時貯留すると、1、2日でエチレンの生成が盛んになり呼吸が昂進、籾温も上昇する。呼吸量は前述のとおり水分と温度に大きく左右されるが、水分18％程度以下になると急減する。このことから生籾の一時貯留限界は水分17～18％とされている（第5章4参照）。このほかにも、コンバイン収穫で高速脱穀すると籾がらに機械的損傷が生じ呼吸が促進される。籾がら損傷により休眠覚醒に影響していることも考えられよう。

3 胚と胚乳は役割が違う

胚は発芽を起動する

胚（胚芽）が玄米全体に占める重量割合は2〜3％程度である。胚には胚乳に接している部位（底部）に胚盤《はいばん》があり、胚盤はもっとも吸水しやすい組織構造を有している（図1-1）。胚盤以外の部位には苗の幼根や幼芽などに成長する器官の原基がすでに形成されている。

生長初期の栄養分を供給する胚乳

一方、胚乳は図1-4[*6]に見るように、多くがデンプン細胞の集まりである。玄米が発芽するときに、胚盤に吸収された水が酵素を活性化させ、胚乳デンプンを発芽や生長初期のエネルギー源となるブドウ糖に転換して胚芽に供給する。胚乳自体は中心部から同心円状に並んだデンプン細胞からなり、外周部よりも中心部の細胞が小さく密に詰まっている。各細胞はデンプンが複数個詰まった「アミロプラスト」と呼ばれる袋状組織で構成され、この組織内や組織間には顆粒状タンパク質が存在している。その大部分がグルテリン（易消化性のPB-Ⅱ：プロテインボディツー）、他はプロラミン（難消化性のPB-Ⅰ：プロテインボディワン）、グロブリン、アルブミンなどである。胚乳にもタンパク質が含まれているのである。また、胚乳には1％以下と少ないが脂質も含まれており、古米化に大きく影響する。

1-4 米粒の組織構造の模式図（貝沼 2012、一部改写）

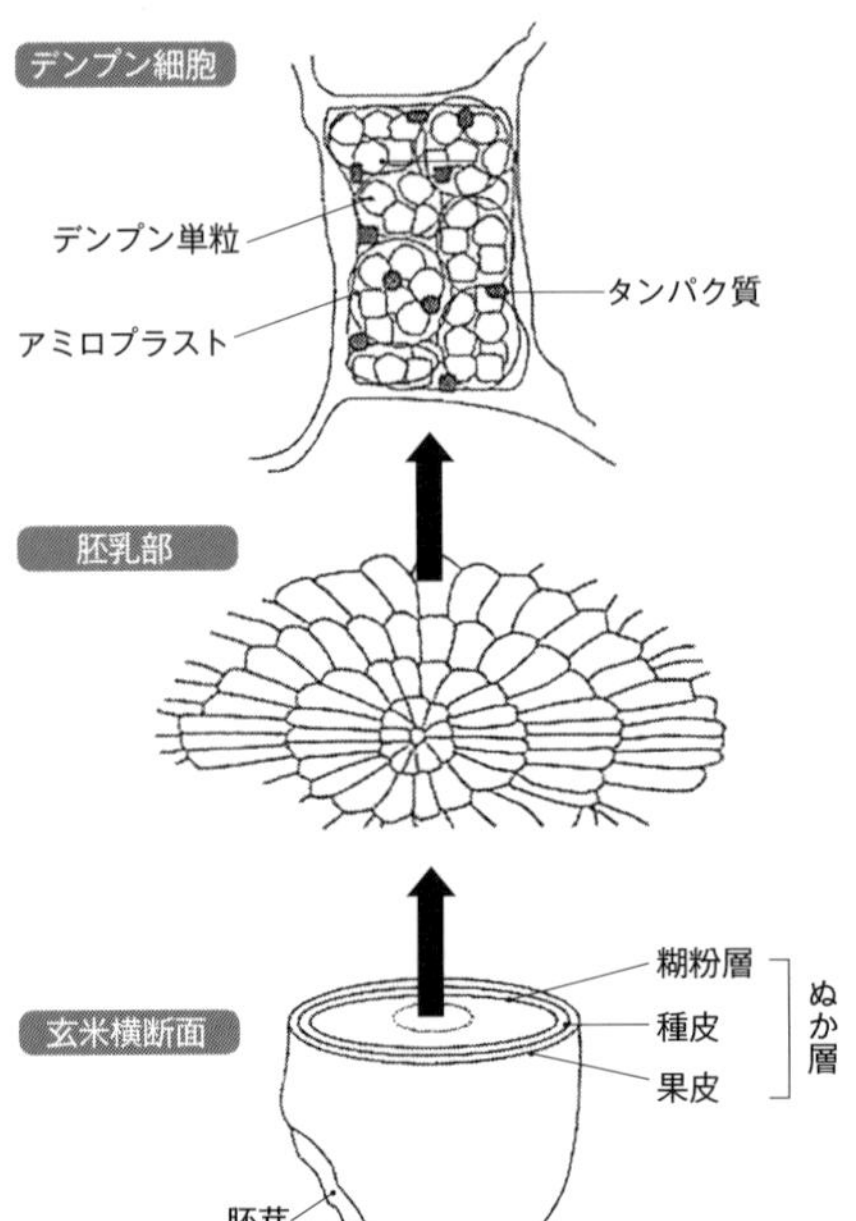

4 玄米横断面の硬さ分布

図1-5 各種米粒の横断面上の硬度分布（長戸 1962）

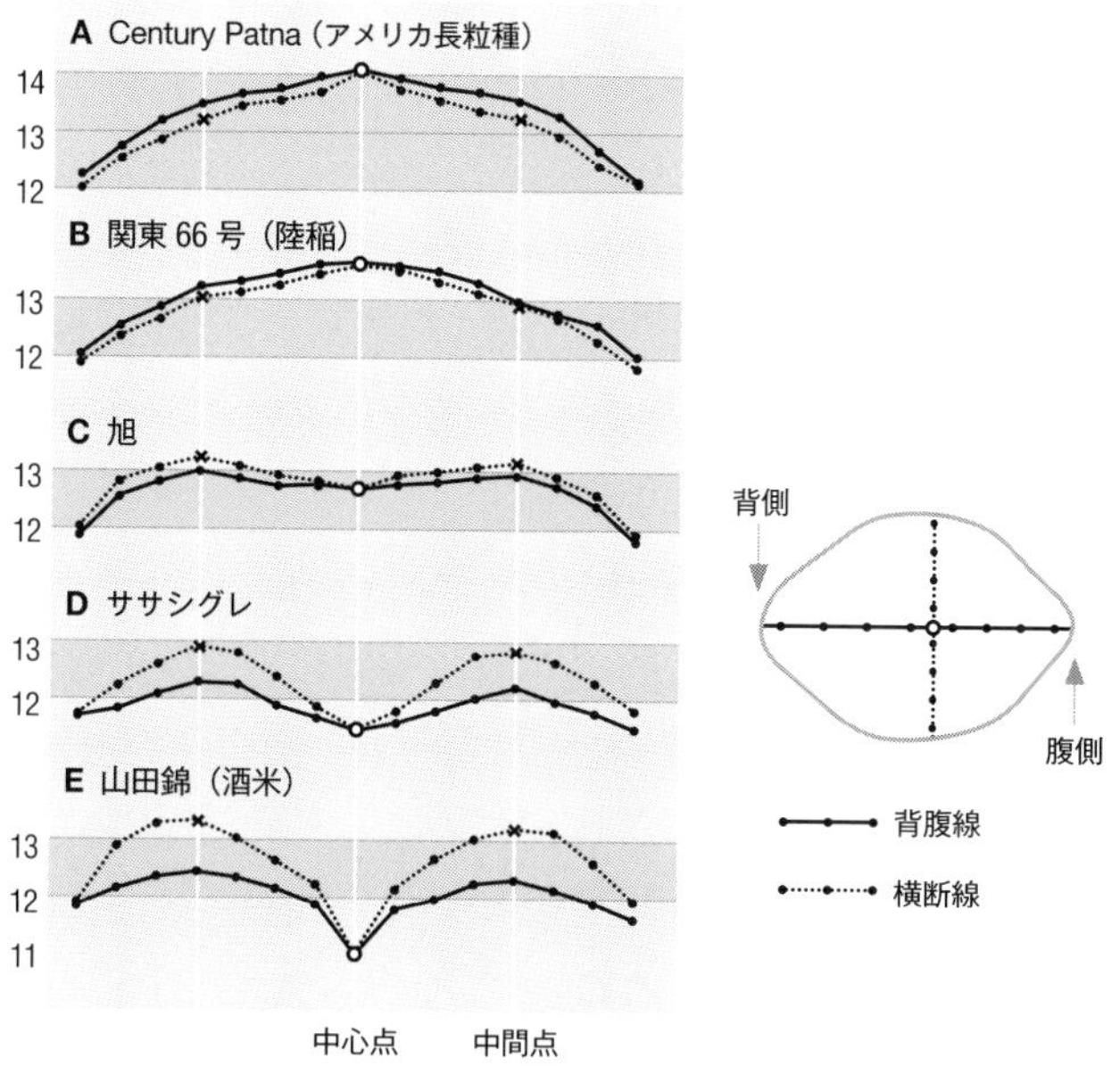

最適な精米をするには、玄米内部の部位別硬度分布の特性を考慮した精米法の選択や工夫が必要になる。その玄米横断面の硬さを長粒種、陸稲、水稲、酒米の別に見たのが図1-5である。[*7]

特徴的なことは、中心部の硬度に高低差があり、背腹方向と横断方向で違いがあることである。長粒種（A）と陸稲（B）は中央部が硬くて、背腹方向が横断方向よりやや硬い傾向にあるものの差は少ない。酒米（E）は中心部がもっとも軟らかく、横断方向が背腹方向よりも硬いことがわかる。酒米は中心部が軟らかいことが醸造上の重要な特性である。短粒種(ジャポニカ)では旭(C)とササシグレ（D）が上述の中間的な特性を示すが、やや酒米に近い。

硬度分布には、品種、産地、栽培条件、米粒の水分や温度、胚乳デンプンの充実などの違いによって差異がある。また、長戸ら[*8]は硬度によって世界の米を5分類し、インディカは硬質種から超軟質種にわたるがおおむね硬質系、ジャポニカは多くが準軟質種と軟質種、陸稲が準硬質種、酒米が超軟質種に相当するとしている。

5 無洗米はなぜ洗わなくてよい？

糊粉層下部の細胞膜を残して精米

玄米からぬか層の大部分を除去したものが白米である。このときの精米歩留《ぶどまり》は91％程度で、白米表面には僅かであるが、ぬかが残っている。このため炊飯前に水洗いが必要になる。無洗米はこの残留ぬかを事前に除去したもので、基本的に洗米の必要はない。

表1❶は玄米、白米、無洗米の外観、粒表面写真、並びに表層断面（模式図）を示している。ご覧の通り、白米には糊粉層が残っているが、無洗米はぬかがなく糊粉層下部の細胞膜だけを残すのが理想的である。細胞膜を残すことでその下層の旨み成分（ミネラルなど）の流出を防げるからである。

実際の精米では、ぬか層の厚さが玄米の背・腹・側部で異なり、しかも玄米表面に深い粒溝があることなどか

1 ❶ 玄米・白米・無洗米の外観と特徴

項目	玄米	白米	無洗米
外観図		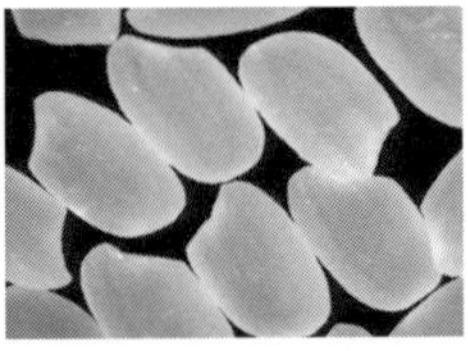	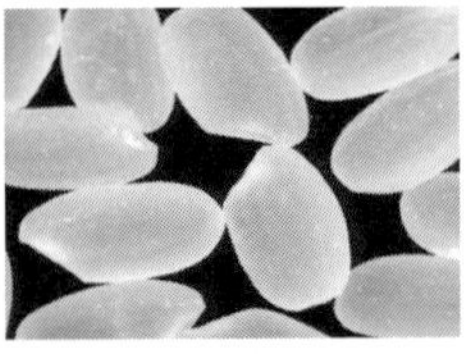
粒表面拡大※（×1000）	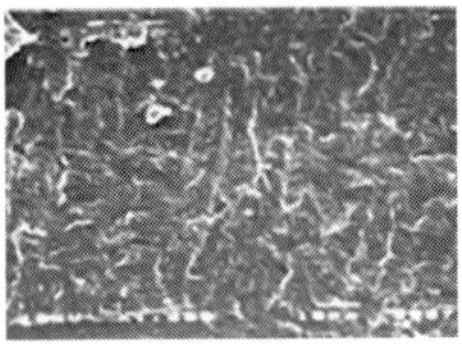	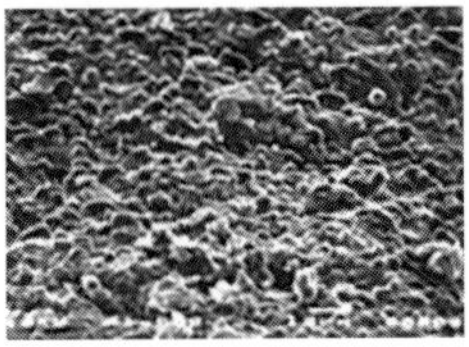	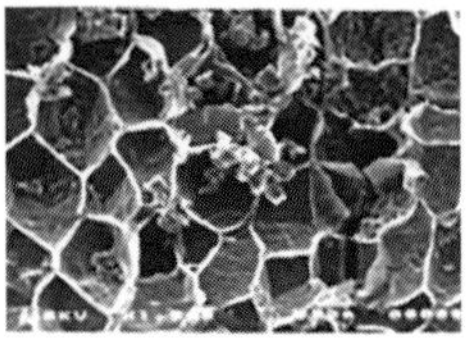
表層断面模式図	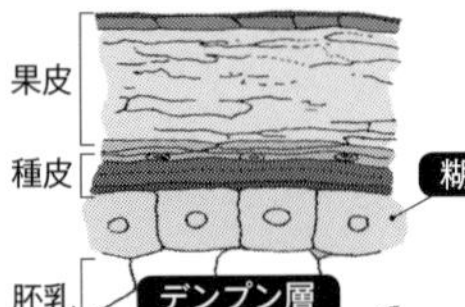	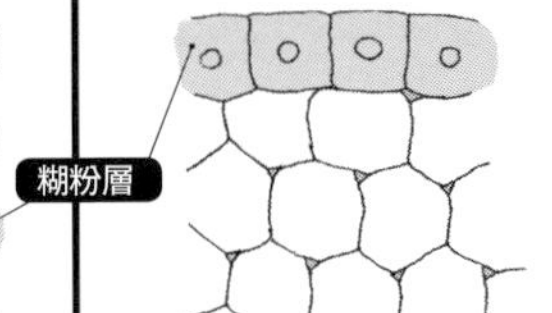	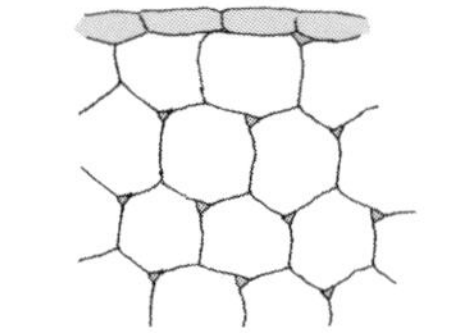

※粒表面拡大写真は、目崎孝昌氏提供　＊9

ら、ぬか層の除去が不十分であったり、削り過ぎて胚乳デンプン層が露出したりすることが少なくない。ぬか除去が不十分であれば軽く洗う必要があり、逆に削り過ぎると炊飯時に内部デンプンが炊飯水に溶出してしまう。精米や無洗米加工の難しさがここにある。

環境負荷軽減にも一役担う無洗米

無洗米加工には各種の方法があり、その方法や操作によって無洗米の出来上がり具合が異なる。そこで無洗米業界では、「品質管理項目」と「管理基準」を設けている（第6章「5無洗米の品質管理」参照）。基準外の無洗米は炊くとご飯に差が生じる。

無洗米の精米歩留は89％前後、白米に比べ数％目減りする。ところが中・外食産業では洗米量が多く作業が大変なので、また家庭でも洗米の手間が省けることから、需要量は全国で100万t近くに達している。無洗米は、単に「手間が省ける」だけでなく、「とぎ汁が出ない」「水資源が節約できる」など環境負荷軽減の面からも評価されている。

穀物検査の民間移行と穀粒判別器

検査の民間移管により農水大臣認可の登録検査機関の数は、1537（2012）カ所になっている。迅速・簡便・公正に検査するために、目視検査の補助機器として穀粒判別器が市販されている。

市販器は、光学センサーで1粒ごとに連続識別する携帯型、それに選別機能をもたせた卓上型、試料板に玄米を整列させ静止画像で識別する携帯型などがある。代表的な連続識別タイプの携帯型は、水平搬送円盤で玄米1粒をセンサー部に自動供給して、表・裏・側面の3方向からRGB（赤・緑・青）・透過光・外形・斜光の6画像を同時検出し、未熟粒、胴割れ粒、僅かな着色粒を識別する。1粒の長さ・幅・厚み・投影面積・体積・奇形なども算出して表示する。玄米1000粒の分析時間は約40秒、整粒・未熟粒・被害粒などの割合や重量別・粒数別分析、粒の長さ・幅・厚さ分布、白度分布も表示できる。今は補助器であるが、高精度・高能率であり本検査器として、あるいはまた米取引での品質情報を交換できるツールとしての利用が期待されている。

6 胚芽米と分搗き米の違いとは？

胚芽を残し、ぬかだけ除去するのが胚芽米である。しかし実際の精米でこれを行なうのは至難の業である。そこで、胚芽米の出来上がり具合を評価するために、業界では「胚芽残存率80％以上、白度36％以上のもの」を胚芽米としている。胚芽残存率は、胚芽米100粒をA、B、C型に3分類し（図1-6）、それぞれの粒数に係数を掛けて算出される（次式）。

胚芽残存率＝（A型粒数×1+B型粒数×0.5+C型粒数×0）／100

胚芽の残存程度は、胚芽の胚乳への食い込みの深浅、付着部位と玄米頂端との距離など、おもに品種特性に左右されるので、胚芽が剥がれにくい品種を用い、脱芽しにくい精米法が採用されている。

一方、分搗き米は精米程度により各種のものができる。5分搗き米（精米歩留約96％）とか7分搗き米（同約94％）とか呼ばれている。「○分搗き」というのは、前者でいえばぬかの半分、後者ならぬかの7割を除いたという意味である。

胚芽米は精米歩留で見ると93～94％、7分搗き米に相当するが、違いは残芽を意識した精米であるかどうかにある。胚芽には高い機能性成分などが含まれとくに胚盤に集積しているので、胚芽米のほうが7分搗き米に優るといえそうである。

しかし、いずれもご飯にするとぬか臭が残るので馴染めない人には食べにくい。

1-6 胚芽米のカウント規格

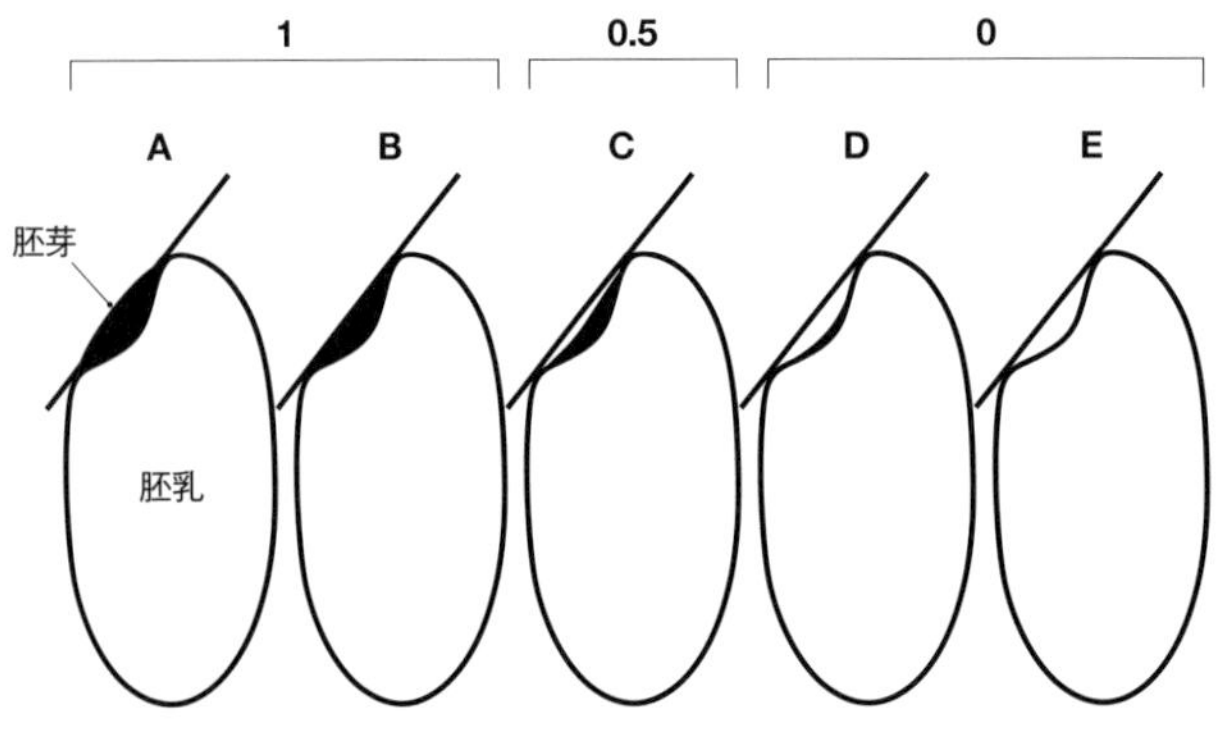

ミネラル・糖類を含む“旨み層”

注目される亜糊粉層

ぬか層は、前述のように果皮、種皮、タンパク質と脂肪からなる糊粉層（アリューロン層）でできている。ぬか層の厚さは玄米部位で異なり、ジャポニカの測定例ではおおむね背部80㎛、腹部30㎛、側部20㎛で、背部がもっとも厚い（図1-7）。

近年、注目されてきたのが糊粉層に内接する細胞層、すなわち亜糊粉層（サブアリューロン層）である。この層は〝旨み層〟とか〝サピオ層〟とかいわれ、カリウム・マグネシウム・カルシウムなどのミネラルや、マルトース・オリゴ糖などの糖類が含まれている[*10]。このため、旨味を失わないように精米するには、亜糊粉層を残して厚さの異なるぬか層を外側からうまく削り取る必要がある。しかも、ぬかが残りやすい背側の粒溝底部のぬかを除去しようとすると、他の部位を削り取る「過搗精」となる。ぬか層だけの完全除去は至難の業。精米技術の研究者はミクロンレベルに挑戦している。

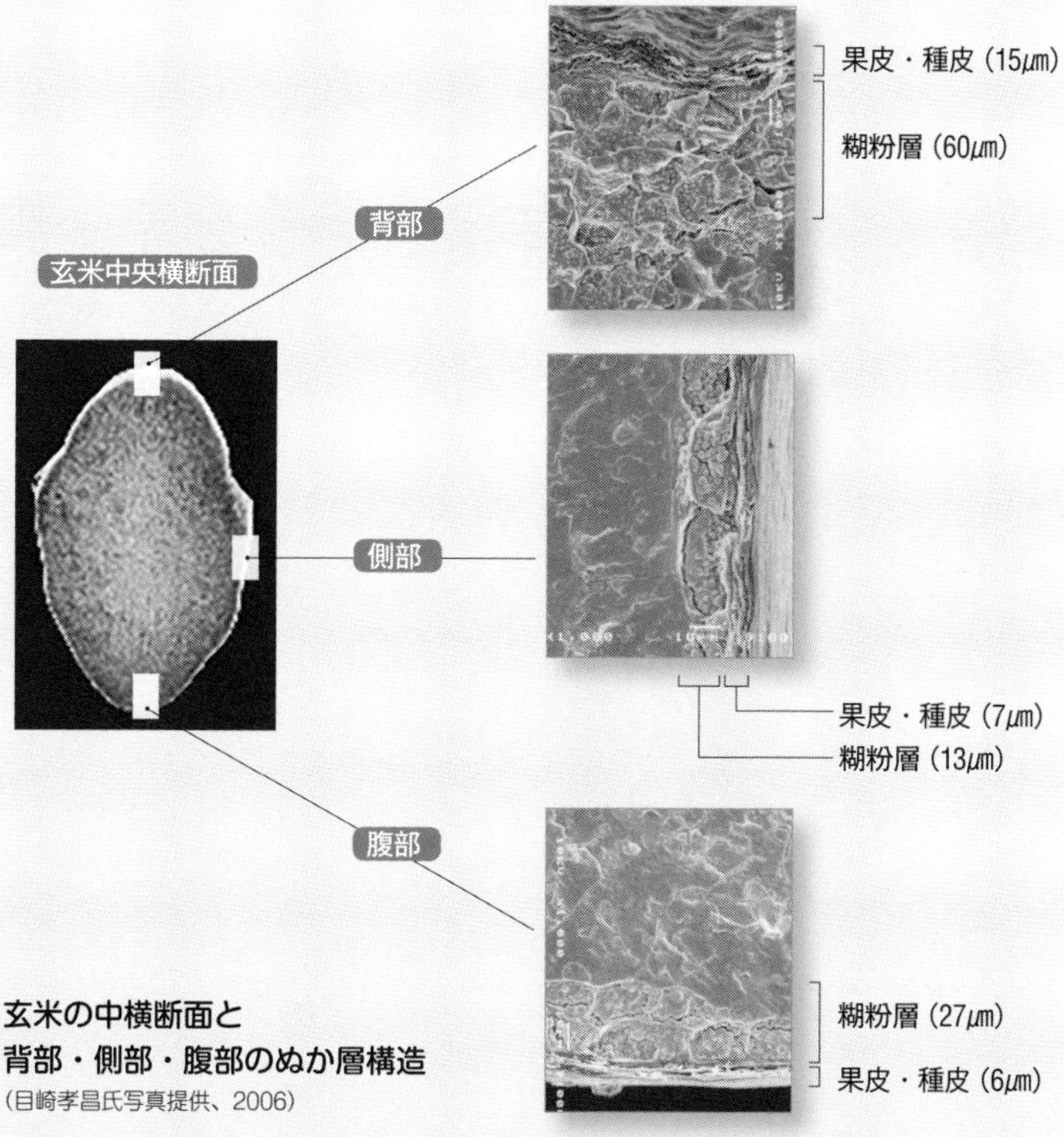

1-7 玄米の中横断面と背部・側部・腹部のぬか層構造
（目崎孝昌氏写真提供、2006）

7 籾と玄米、白米で異なる吸水速度と吸水経路

籾、玄米、白米を水に浸漬すると粒水分が上昇するが、その吸水速度や吸水経路は異なる。

まず、玄米と白米の場合、玄米は白米に比べ水分上昇がはるかに遅い（図1-8）[*11]。玄米表皮には吸水抑制作用があるからである。籾の場合は玄米とよく似た水分上昇傾向を示すが、籾がらの防水作用が加わり玄米よりもさらに遅い。水分上昇は白米が極端に速く、玄米、籾の順となる。いずれの場合も水温が高いほど速くなるのは共通している。白米ではタンパク質含有率が高いほど水が浸入しにくく、吸水速度や吸水率が低い[*12]。

では、それぞれの吸水経路はどうなって

1-8 玄米と白米の吸水曲線（村田ら 1996a、一部抜粋）

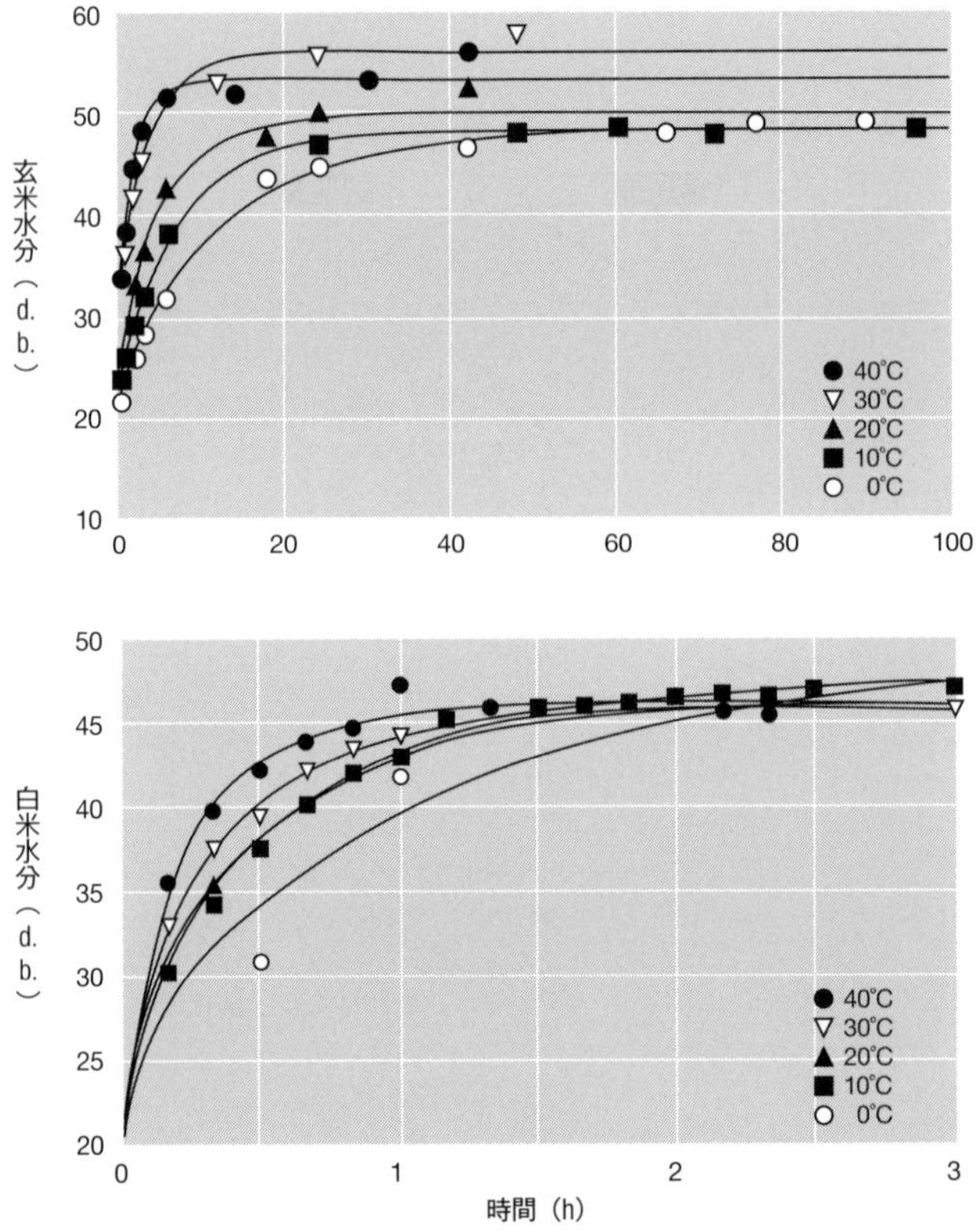

1 9 玄米および籾で水浸したときの玄米の吸水経過（藤井 1962）

（玄米ではヨード液、籾では籾がらをむいてからヨード液に浸漬）

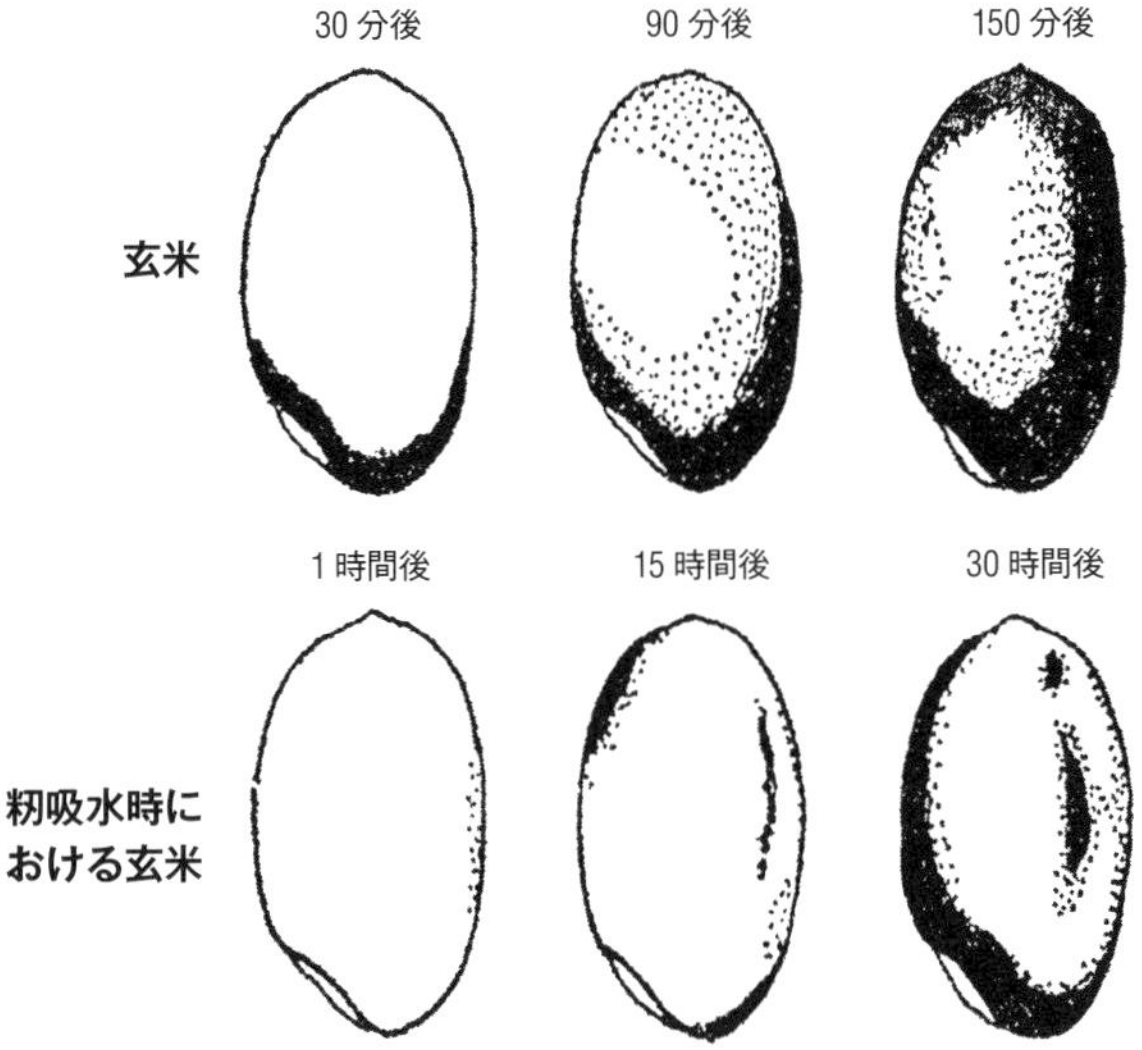

1 10 籾の吸水過程における玄米横断面部位の水分分布（長戸 1964）

（初期玄米水分 13.6%、温度 17℃の水に浸漬）

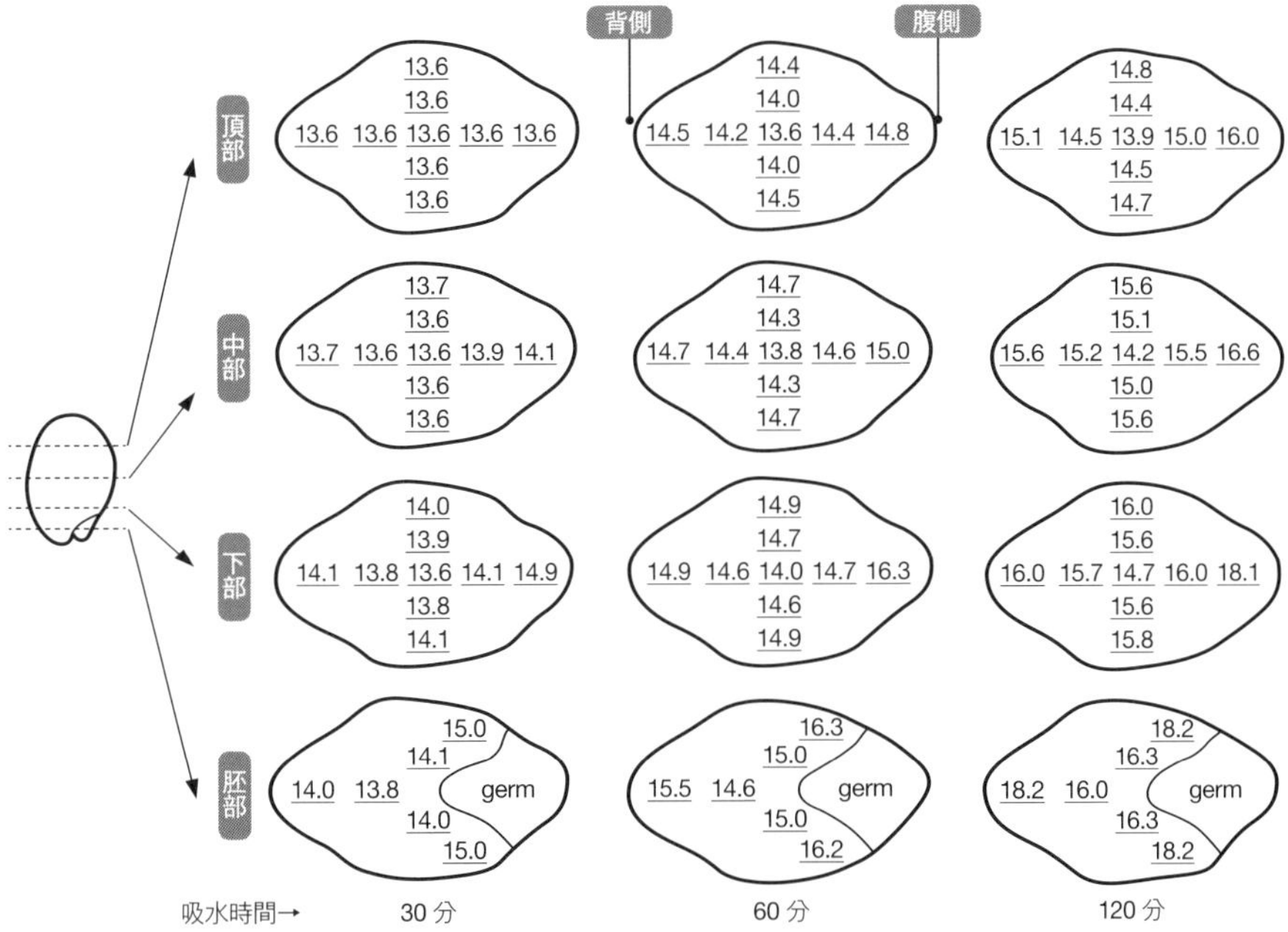

いるのだろうか。籾や玄米への吸水経路は図1 9のようになる。[13] 玄米（図上段）では、胚に接する部分がもっとも速く、ついで背部一帯が続き、徐々に内部に進む様子が窺える。腹面の吸水は遅れるのである。籾を水に浸漬して経時的に籾がらを除去した玄米の場合（図下段）、吸水は腹面の頂部に始まり、その後胚周辺から盛んに吸水し、腹側に進む。しかし籾がらがあるため吸水はきわめて緩慢である。図から窺える腹面頂部の先行は多分、籾がらの部分的な傷や内・外穎（図1 1参照）の鉤合《こうごう》の不具合で、たまたま生じたのではないかと推察される。

また、他の研究で籾の水浸漬時における吸水経過が玄米切断面の水分値の変化で示されている（図1 10）。[14] この値は微小硬度測定値からの換算値だが、これをみると玄米中心部より外縁部が高く、胚周辺部の水分上昇が速いことが読み取れ、図1 9と同様の傾向を示している。

星川[1]は、籾の吸水モデルを想定し、吸水は胚盤がいち早く、その後は胚盤が接する海綿状の胚乳部分に進み、籾がらからの吸水はその後になると推論している。ただ、以上の吸水経路は米粒の割れなどの亀裂がない場合の話である。胴割れやひび割れがあれば、その亀裂からの水浸入が先行するので、吸水の様相は複雑かつ大きく異なることになる。

一方、白米の吸水傾向は籾や玄米と大きく違う（図1 11のMRI画像）。[15] 白米ではまず、胚除去側の胚乳部から急激に吸水が起こる。この部分のデンプン細胞密度が粗いからである。併行して胚乳内部にひび割れが生じ、これを通して腹側に多量の水が浸入し、その後背側に移る。[16] 白米外周からの吸水深さが腹面よりも背面で浅いのは、背面に疎水性タンパク質（PB-Ⅰ）が多く分布するためであり、[17] 前述の大村[12]の結果とよく符合する。

また、白米にはぬか層がないので粒外周全体からの水浸入も進むが、胚乳表面や内部に亀裂がある場合には、その亀裂から急速に水が浸入し、それに沿って周辺部が吸水する（図1 12）。[17] なお、水温にもよるが、水浸割れは30分程度で発生、40～60分で水分40％台にまで吸水すると粒内全体が白濁化し、外部からの観察ができなくなってしまう。[11] 白米吸水の初期の様相、すなわち、白米デンプン粒子間に急速にくまなく吸水することは米の湿式粉砕（第7章「1進む米粉加工」参照）が損傷デンプンの発生を抑え、しかも細かく製粉できることの大切な要因となっている。

1 11 吸水過程における白米（コシヒカリ）のMRI画像 ＊15

（吉田充ら「日本食品工学会第11回（2010）講演要旨集SAO4、図2」、許可を得て転載）

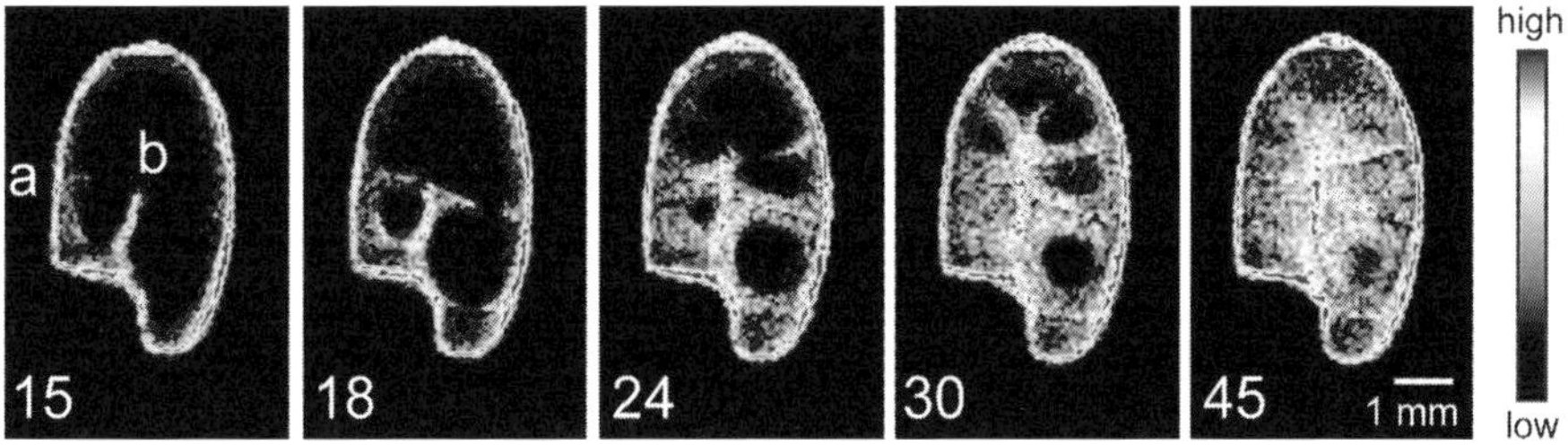

a、腹側；b、中心線。図中の数値は浸漬時間（分）。

1 12 浸漬時における精白米内部の吸水観察（目崎孝昌氏写真提供） ＊17

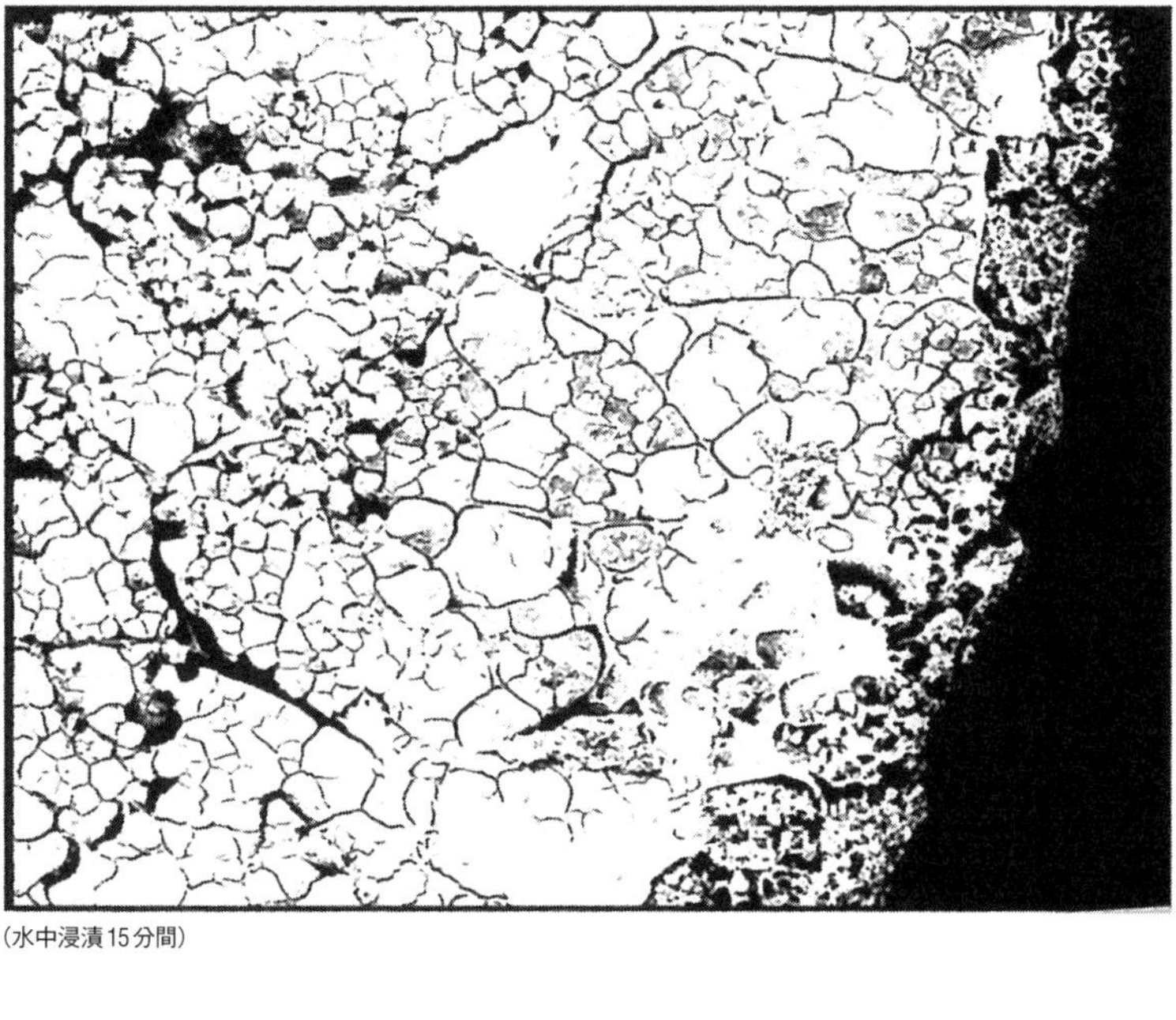

胚乳表面や内部に小さな亀裂があり、その亀裂に沿って水が浸入し、吸水する

（水中浸漬15分間）

8 玄米の胴割れは籾の乾燥・吸水で起こる

軽胴割れと重胴割れ

玄米の胴割れ粒は亀裂の程度によって軽胴割れと重胴割れに分かれ、それぞれに定義されている。

軽胴割れ粒は内部に僅かに亀裂が見られるもの、表面にまで亀裂が現われても横1条（1巻き）に達していないものをいう。これに対して、重胴割れは図1-13[*18]に示すように、①横1条の亀裂がすっきり通っている粒、②完全に通っていない亀裂が片横面に2条、あるいは他面から見て横2条で発生部位の異なる粒、③完全に通っていない亀裂が片面横に3条以上生じている粒、④亀裂のいかんを問わず、縦に亀裂がある粒、⑤亀甲形の亀裂が生じている粒を指し、農産物検査では「被害粒」にカウントされる。重胴割れ粒は精米時に砕米となり、精米歩留の低下や炊飯中にデンプンが溶出し食味の低下を招く。

原因は乾燥や吸水による胚乳内部の水分差

胴割れは玄米胚乳部内の水分差による収縮・膨張応力が、胚乳の破壊限界強度を超えると生じる物理現象で、この強度は玄米部位、水分、品種、栽培加工履歴などによって左右される。

籾乾燥中における玄米横断面の水分値が、長戸ら[*14]によって前述（25ページ）の吸水の場合と同様の換算値で示されている。それによると、玄米の中心部より外縁部の水分が低く、なかでも胚周辺部の水分減少が速く、吸水とは逆傾向になるという。

このほか、玄米内部で発生する水分差（乾燥歪み）

1-13 玄米の重胴割れ粒の例（日本精米工業会 2010）

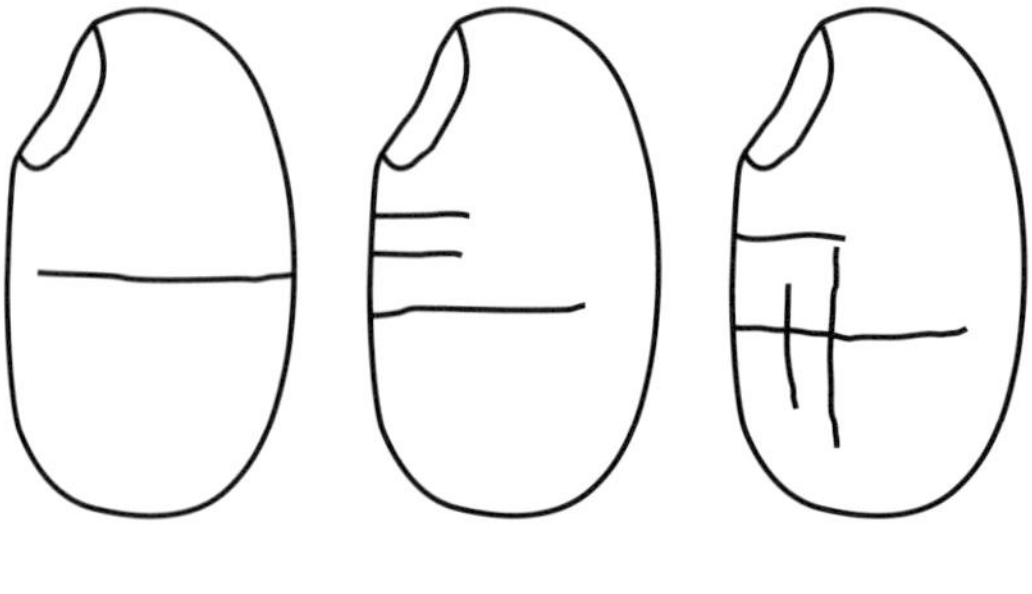

を実測した貴重な成果（乾燥中の籾のX線写真を18倍に拡大して玄米形状の変化を計量化）[*19]も報告されている。これによれば、乾燥収縮による胚乳部の歪みは米の基部端、頂部端、腹側端および背側端で大きく、とくに胚周辺部で最大になることが解明されており、長戸ら[*14]の結果と軌を一にしている。

急速乾燥、過乾燥に注意

実際の乾燥機では送風温度を上げ乾燥速度を速めると胴割れが発生するため、平均乾燥速度（乾減率）の限界は多くの実験から0.8〜1.0%／h程度とされている。これは連続乾燥の場合であるが、間欠（テンパリング）乾燥でも乾燥時間と休止時間を合わせると同程度となる[*20]。

次に「過乾燥」、すなわち玄米水分14〜13%以下にまで乾燥した場合である。過乾燥では乾燥終了直後に観察されない胴割れが、翌日に発生することがある。とくに周囲環境の温湿度、なかでも湿度が高いと顕著である。前述のように胚周辺部の吸湿が速いためにその部位が膨張して、胴割れを誘発するのである。実際の収穫籾は水分ムラ（1粒単位で見た場合のバラツキ）がかなり大きい（第5章「3収穫期における籾水分変化の特徴」参照）。

高水分粒は低水分粒よりも乾燥速度が速いので、乾燥に伴い水分ムラが解消する方向となるが、低水分域では一部の籾が過乾燥になってしまう。

圃場では「立毛胴割れ」がある。立毛中の籾は昼夜で乾燥と吸湿を繰り返し、成熟後期や刈り遅れで水分が低下している場合、朝露や雨で吸湿して玄米に亀裂が入る。最近は少なくなったが「架干し」などでも、稲束の籾が露や雨で濡れ、玄米が吸湿して胴割れを招く。水分ムラや立毛胴割れが大きい場合の籾乾燥では胴割れが助長されるので留意が必要になる。

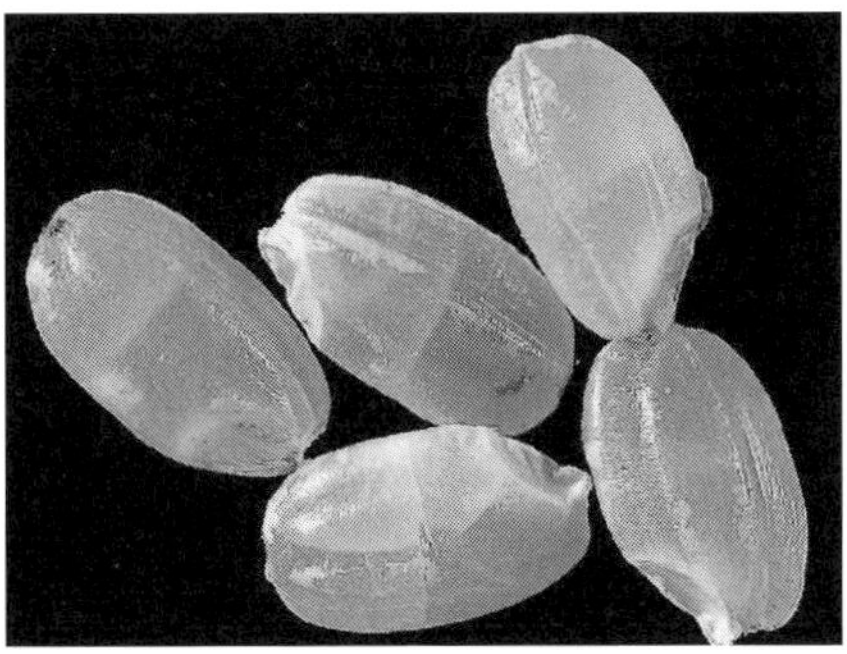

胴割れ米
（農文協『農技大系・作物編』2-①口絵36p、写真：倉持正実）

9 白米を水に浸漬すると割れが増えることがある

胴割れ白米、ひび割れ白米は水浸割れが激増

炊飯時に白米を水に浸漬すると水浸《すいしん》割れ粒（水中亀裂粒や裂傷粒ともいわれる）が発生することがあり、主に腹部で割れる。割れると炊飯初期から胚乳デンプンが水に溶出し、割れが強くなると炊き上がったご飯は図1-14[*18]のように「煮炊き飯」となり、〝グシャグシャ〟〝ベチャベチャ〟して食味・食感が大きく損なわれる。食味・食感を落とさない水浸割れ粒の含有率は20%以下が目安とされてきたが[*21]、近年、米穀業界では流通米のいっそうの品質向上を目指し、さらにきびしい自主指針（業務用5%未満、家庭用米10%未満）を設けているようである。水浸割れの難易は、白米の履歴（胴割れやひび割れの有無）、水分、水温に大きく左右され、品種も関与する。このうち前3者の関係について実験した報告がある。品

1 14 水浸割れ粒と煮炊き飯の関係[*18]（日本精米工業会写真提供 2010）

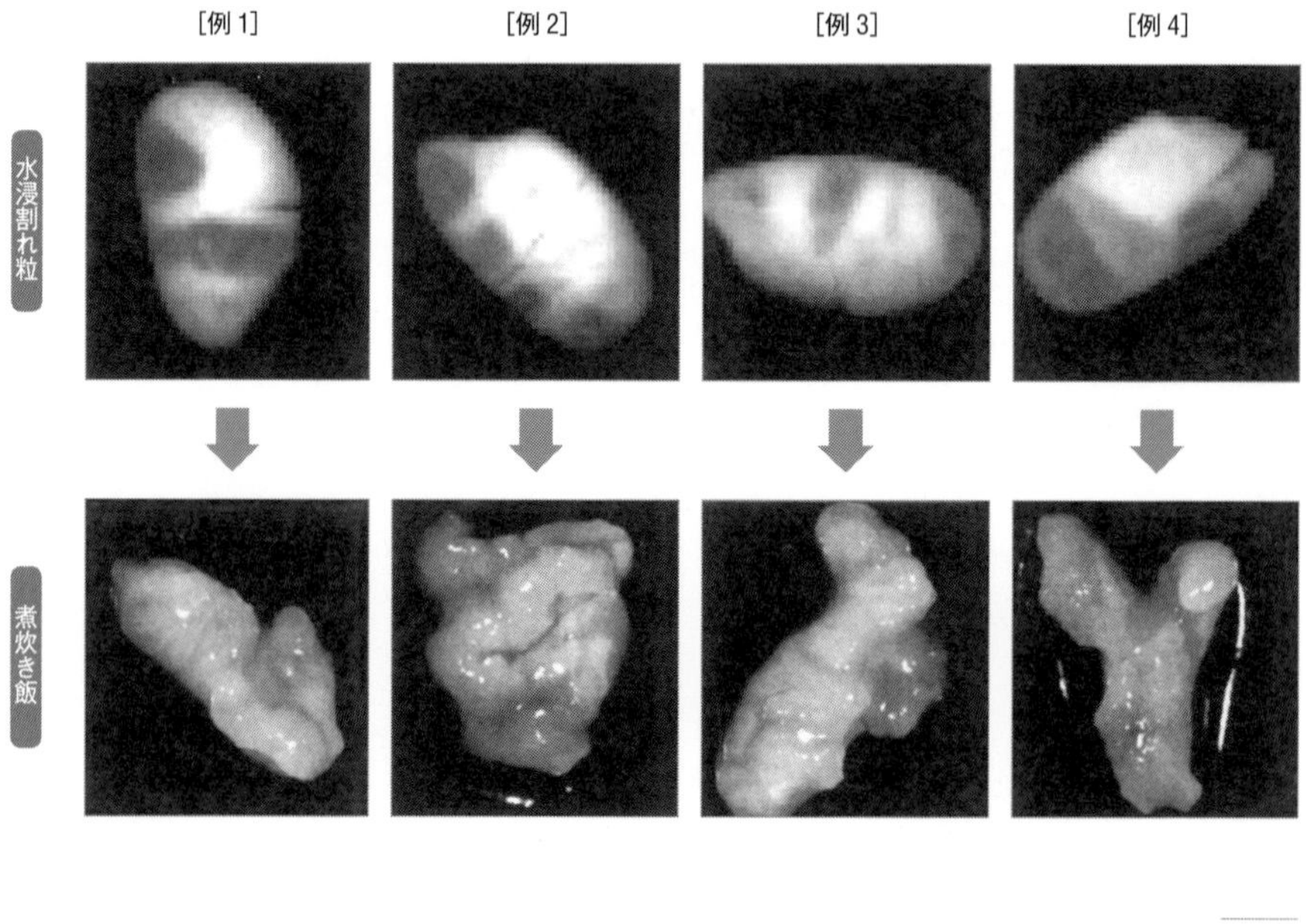

1-15 水浸漬前後の白米の外観（村田ら 1992、一部追加）

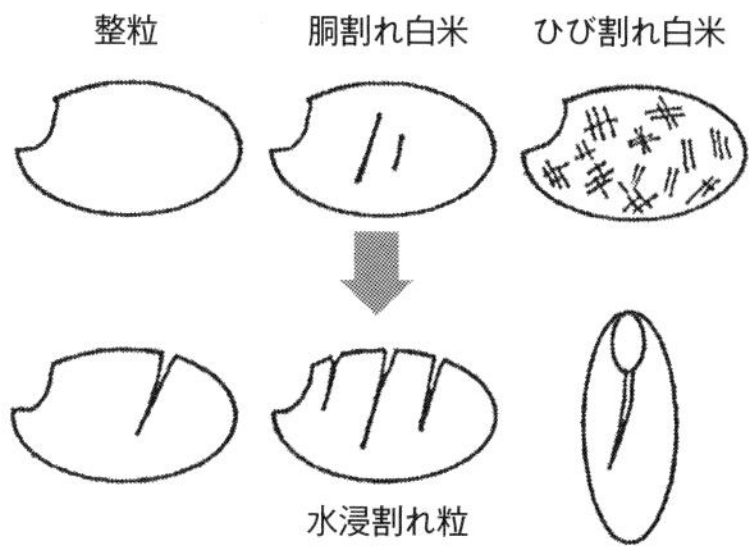

1-16 白米の水浸割れ粒発生率（小出ら 2001）
（初期水分：16.3～12.0%、水温：5～60℃）

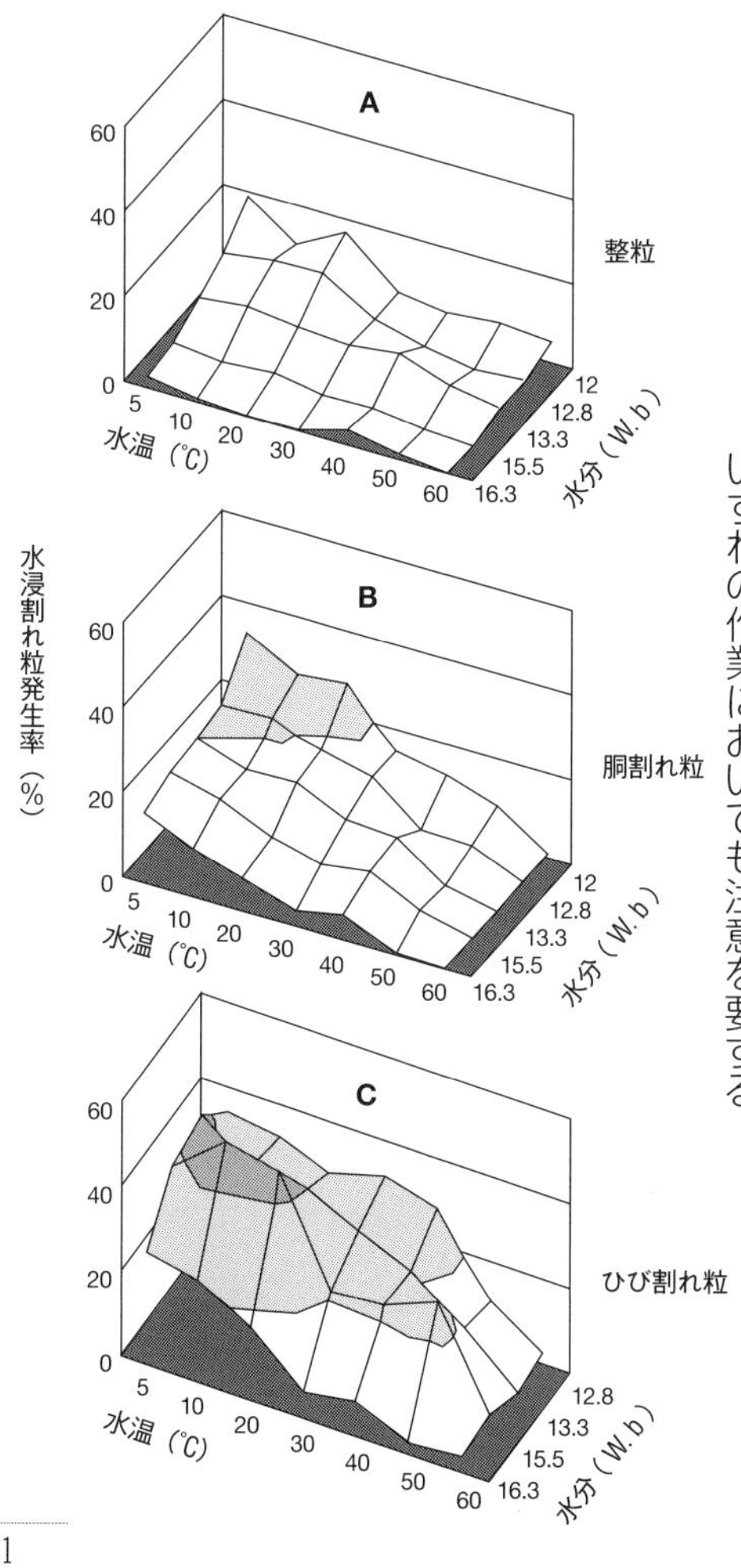

種あきたこまち、初期水分13~10%の白米を整粒（割れ無し）、胴割れ粒、ひび割れ粒（図1-15）に分けて[22]、水温5~60℃に浸漬した場合の水浸割れ粒発生率を調べたものである（図1-16）。整粒では割れ粒発生率が全般的に低く、胴割れ粒では高く、ひび割れ粒では激増している。この傾向は白米の初期水分と水温が低いほど高くなる。[23]

また、割れが腹部側に多いのは、水の浸透が腹部側に多いために、内部デンプンの引張力の増加と強度低下が同時に起こることによるとみられている。

割れが多い場合は白米水分と浸漬水温を高めに

水浸割れを抑えるには、できるだけ胴割れやひび割れを少なくするのは無論のこと、やむなく割れが多い場合には白米水分と浸漬水温を高めにするのが望ましい。胴割れやひび割れは、乾燥時の乾燥速度が速く、しかも過乾燥すると生じやすい。また冬季乾燥期の精米時にも過度な摩擦熱で急激な水分蒸散が起こると発生しやすい。いずれの作業においても注意を要する。

10 炊いたご飯をよく見てみると…

縦に大きく膨らみ、内部に空洞が

ご飯を食べるときに1粒1粒を意識してよく見ると、白米と比べずいぶん、形と大きさが変わっているのがわかる。白米を炊くと水と加熱によりご飯は糊化(α化)し、全体に大きく膨らむ。しかも長さ方向の膨張が大きく、ジャポニカでは元の白米の1・5〜2・5倍にまでなる。このご飯粒の内部構造はどうなっているのであろうか。

図1-17はご飯の内部を観察するために、ご飯1粒をパラフィン包埋して実体顕微鏡で撮影した例である。[*24] 内部にいくつかの亀裂が生じ、大きな複数の空洞が短軸方向に形成されているのがわかる。MRI(磁気共鳴イメージング)による3次元画像でも、炊飯時の加熱によって白米表面からデンプン糊化域が広がると同時に、円盤状の空洞ができるのが観察されている[*25](図1-18)。この空洞は大きさ、数、形状はさまざまで、炊飯温度85℃付近から米粒が膨らみ始め、短軸方向には少ないが長軸方向に顕著であり、その後も空洞は癒着しない。以上はジャポニカの粳《うるち》米《まい》の場合だが、同じジャポニカでも糯米《もちまい》(品種コガネモチ)では図1-18左に示すように空洞がなく、インディカ米(ターハン)では空洞と粒周辺亀裂がジャポニカの粳米よりもいっそう著しい。[*25] アミロース含有量の違いが大きく影響しているのである。米の種類による空洞の違いは、世界各地の米の炊き方(本章末尾参照)の違いにもつながっているのであろう。

1-17 米飯切片の紫外線による自家蛍光画像
(小川幸春氏提供：細胞形状も確認できる)

1 18 ご飯内部の MRI 画像 （永田忠博『米麦改良』1999（全国米麦改良協会）より）
（左：コガネモチ、中央：コシヒカリ、右：ターハン（インディカ米））

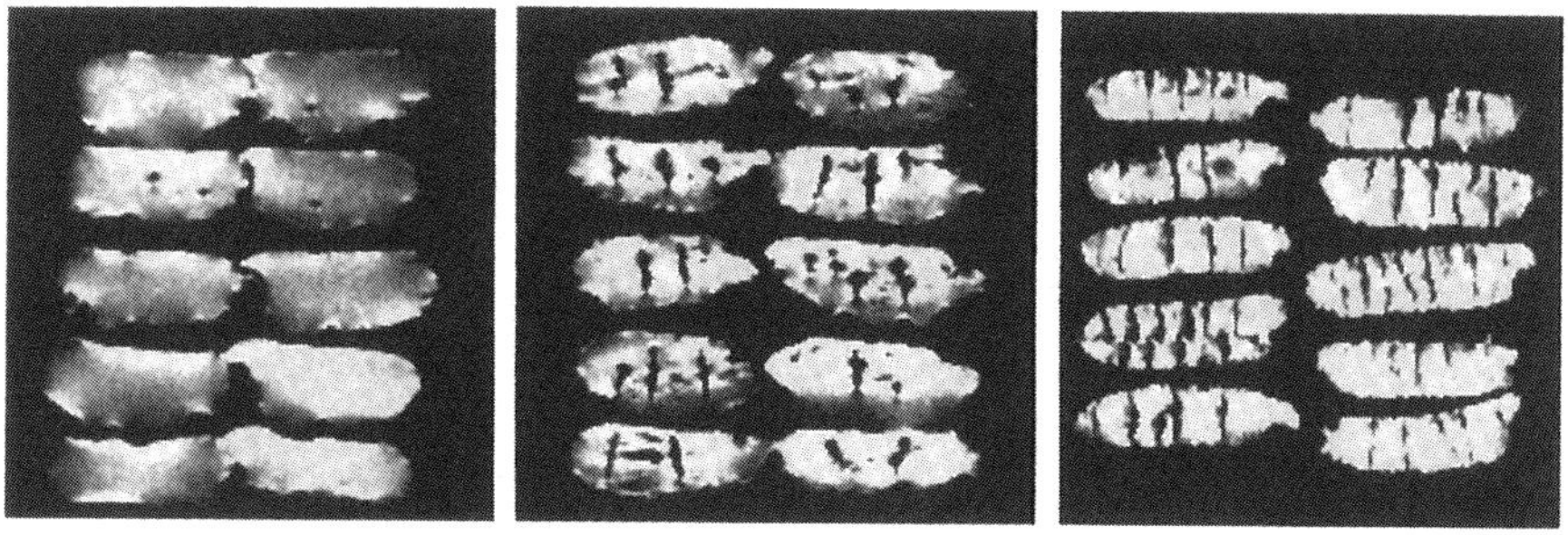

1 19 米飯切片の外周部の SEM 画像（小川幸春氏提供：小さい穴状の空隙が多数存在）

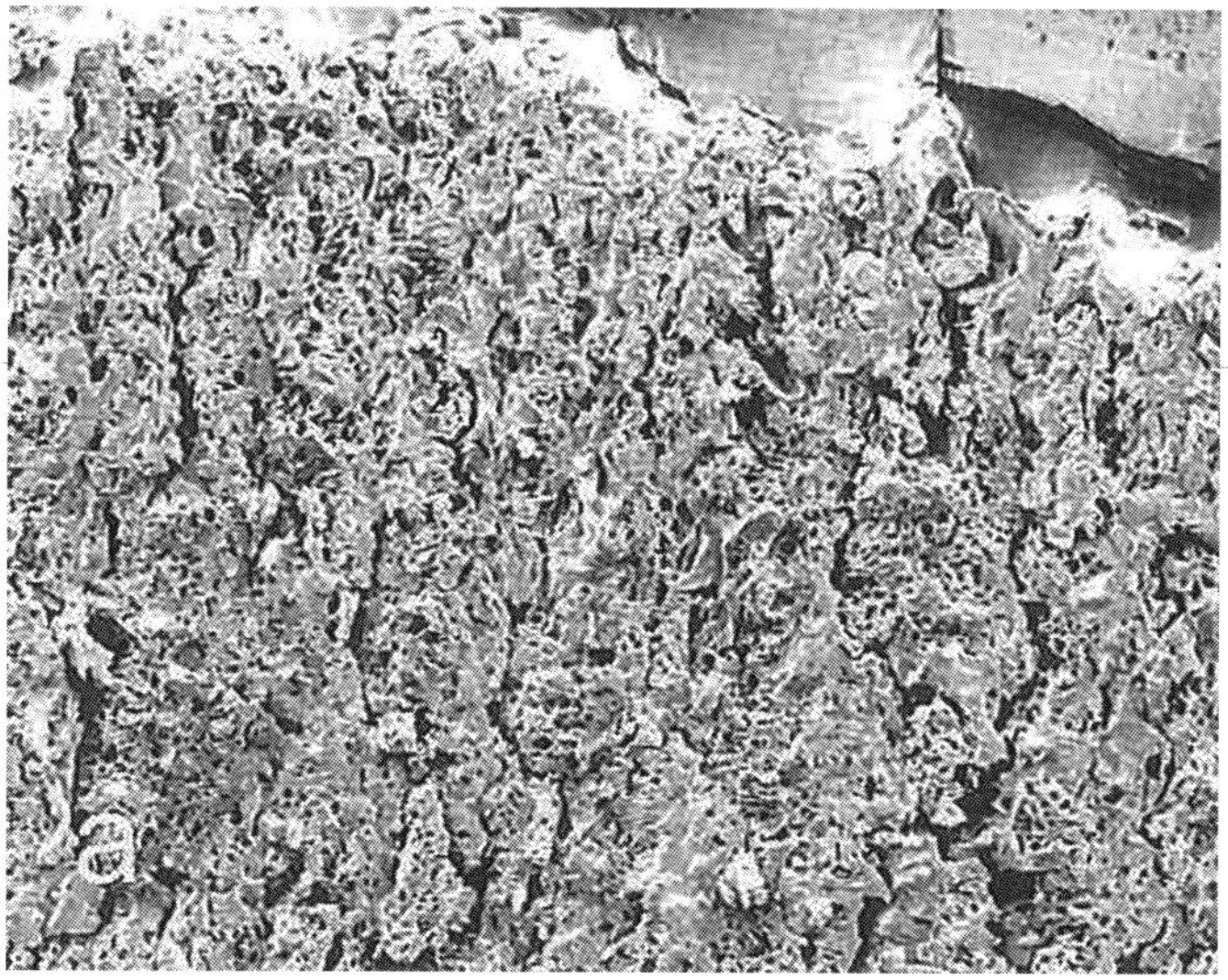

炊飯でできるご飯の微小空隙

空洞以外の部位を高倍率の走査電子顕微鏡で撮影したのが、図1-19[*24]である。この画像は空洞以外の部位にも小さな穴状の空隙が多数存在していることを示している。炊飯によって米粒内部は細胞レベルでも微小な空隙ができる。炊いたご飯の外観はこれら微小空隙によっても変形しているのである。このご飯の構造は、品種、白米段階での割れ具合、加水量、炊飯の仕方などによって異なるが、米粒内部にできる空隙が食感、とくに歯ごたえに与える影響は大きいといえよう。

世界における米の炊き方、いろいろ

米の種類がジャポニカかインディカかによって、あるいは調理手段の違いによって、米の炊き方は次のように3種類に分かれる。横尾政雄編著『米のはなしI』[*26]を参考に紹介する。

① 炊き干し法

ジャポニカ米（アミロース含有量20%程度以下の低アミロース米）で粘りを好む日本、韓国、中国東北部など行なわれている炊飯法である。ご飯の粘りをできるだけ引き出すために、米に十分に吸水させてから水がなくなるまで炊き上げる。加水量はおよそ米重量の1.4倍程度。炊き干し法では「おねば」が美味しさを引き出す重要な役割を果たしているといわれている。「おねば」は単糖、二糖、三糖で成り、その含有量は品種によって異なる。[*27]野菜やキノコなどの具材を入れ増量して炊き上げる場合や、お粥を炊く場合も炊き干し法に該当する。

わが国では白飯、お粥、すし、炊き込みご飯、カレーライス、バターライス、ピラフ、パエリア、リゾットなど、ほとんどがジャポニカの低アミロース米で調理されている。しかし、これからはグルメ志向が本格化し、カレーライスやパエリアはインディカ米というような「こだわり」が増え、日本での炊飯法も多様化してくることが予想される。

② 湯炊き法

中アミロース米（アミロース含有量20〜25%）を油で炒めてから熱湯や煮汁の中に入れて煮込む方法で、イタリアやスペインなどのヨーロッパ諸国や南アメリカで行なわれている。スペインの「パエリア」は、米と野菜や魚介類、肉類を煮込んだ「湯炊き法」の代表的な料理である。

③ 湯取り法

インディカ（アミロース含有量25%以上の高アミロース米）が栽培されている中国南部から東南アジア、アメリカ合衆国から南アメリカの北部にかけての炊飯法である。大量の水で煮て「おねば」を捨て水気をなくす炊き方で、ご飯は粘りがなくパサパサになる。これを別途調理した野菜や肉と合わせて食べる。高アミロース米についても近年は適量の水で煮込む、あるいは自動炊飯器を用いた炊き干し法（加水量は1.9倍程度に多くする）で炊くことが増えてきているとか。また、上記の地域においても高アミロース米のほかに、低アミロース米や中アミロース米も栽培されるようになってきており、近い将来、湯取り法から手間のかからない自動炊飯器(炊き干し法)に代わっていくのではないかと予想される。

第2章

米の栄養成分、古米化とは

1 米の栄養成分

米の成分を「日本食品標準成分表（5訂）」から一部抜粋して表2❶に示す。デンプンの塊と思われている米だが、タンパク質、脂質、無機質、ビタミン他の成分も多く含んでいる。それらの栄養成分は精米する前の玄米がもっとも豊富で、玄米100g当たりの白米の各栄養成分の比率が図2❶である。玄米と白米との違いが一目瞭然である。違いが少ないのは炭水化物とタンパク質であり、ミネラルやビタミン類、食物繊維や脂肪酸には大きな開きがある。このことは、ぬかの栄養成分がいかに豊富であるかを示している。

　ぬかを除いた白米100gには77・1gの炭水化物が含まれエネルギー源となる。意外にも多いのがタンパク質で6・1g／100g、しかもアミノ酸スコア（39ページ参照）の高い良質タンパク質である。タンパク質は日本人の食事摂取基準（2010年版）では、成人の推定平均推奨量が男性60g／日、女性50g／日、必要量は10g少なく男性50g／日、女性40g／日である。最近の1人当たり米の年間消費量は58kg程度、この米摂取量から得られる1日当たりのタンパク量は約12gで、男性が20%、女性が24%を米から摂取していることになる。タンパク質の1／4～1／5を恒常的に米から摂取しており、この意味するところは大きい。米をベースに、肉類や魚介類、大豆や味噌などを摂ればタンパク質の必要量が確保できるのである。

　米を主食とする和食が世界無形文化遺産に登録されたが、その根幹には米が栄養バランスをとりやすいことが少なからず評価されたのであろう。

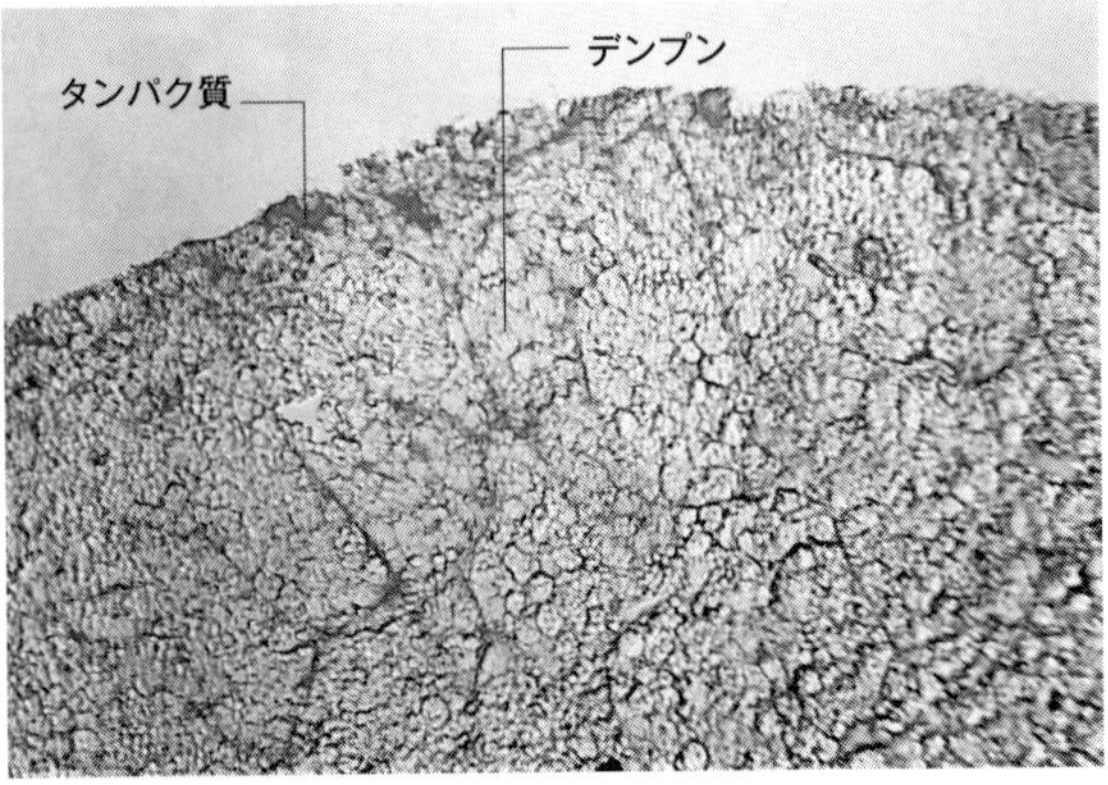

米のデンプンとタンパク質（熊谷武久氏提供、農文協『食品加工総覧』9、86の2pより）
色の濃い部分がタンパク質、白い部分がデンプン。米の表面（上）にタンパク質が多く、中心部（下）に少ない。

2 ❶ 可食部 100g 当たりの米の成分表（五訂 日本食品標準成分表より一部抜粋）

米の種類		玄米	5分つき米	7分つき米	白米	胚芽米
エネルギー (kcal)		350	353	357	356	354
水分 (g)		15.5	15.5	15.5	15.5	15.5
タンパク質 (g)		6.8	6.5	6.3	6.1	6.5
脂質 (g)		2.7	1.8	1.5	0.9	2.0
炭水化物 (g)		73.8	75.4	76.1	77.1	75.3
灰分 (g)		1.2	0.8	0.6	0.4	0.7
ミネラル (mg)	ナトリウム	1	1	1	1	1
	カリウム	230	150	120	88	150
	カルシウム	9	7	6	5	7
	マグネシウム	110	64	45	23	51
	リン	290	210	180	94	150
	鉄	2.1	1.5	1.3	0.8	0.9
ビタミン (mg)	ビタミンE	1.4	0.8	0.4	0.1	1.0
	ビタミンB_1	0.41	0.3	0.24	0.08	0.23
	ビタミンB_2	0.04	0.03	0.03	0.02	0.03
	葉酸＊	27	18	15	12	18
	パントテン酸	1.36	0.99	0.83	0.66	0.99
脂肪酸 (g)	飽和	0.62	0.57	0.48	0.29	0.55
	一価不飽和	0.82	0.42	0.35	0.21	0.52
	多価不飽和	0.89	0.62	0.52	0.31	0.69
食物繊維 (g)	総量	3.0	1.4	0.9	0.5	1.3

（精米歩留） 5分つき米で 95～96%、7分つき米 93～94%、白米 90～92%

＊単位はμg

2 1 玄米 100g 当たりの白米の各栄養成分の比率（五訂 日本食品標準成分表から作図、2001）

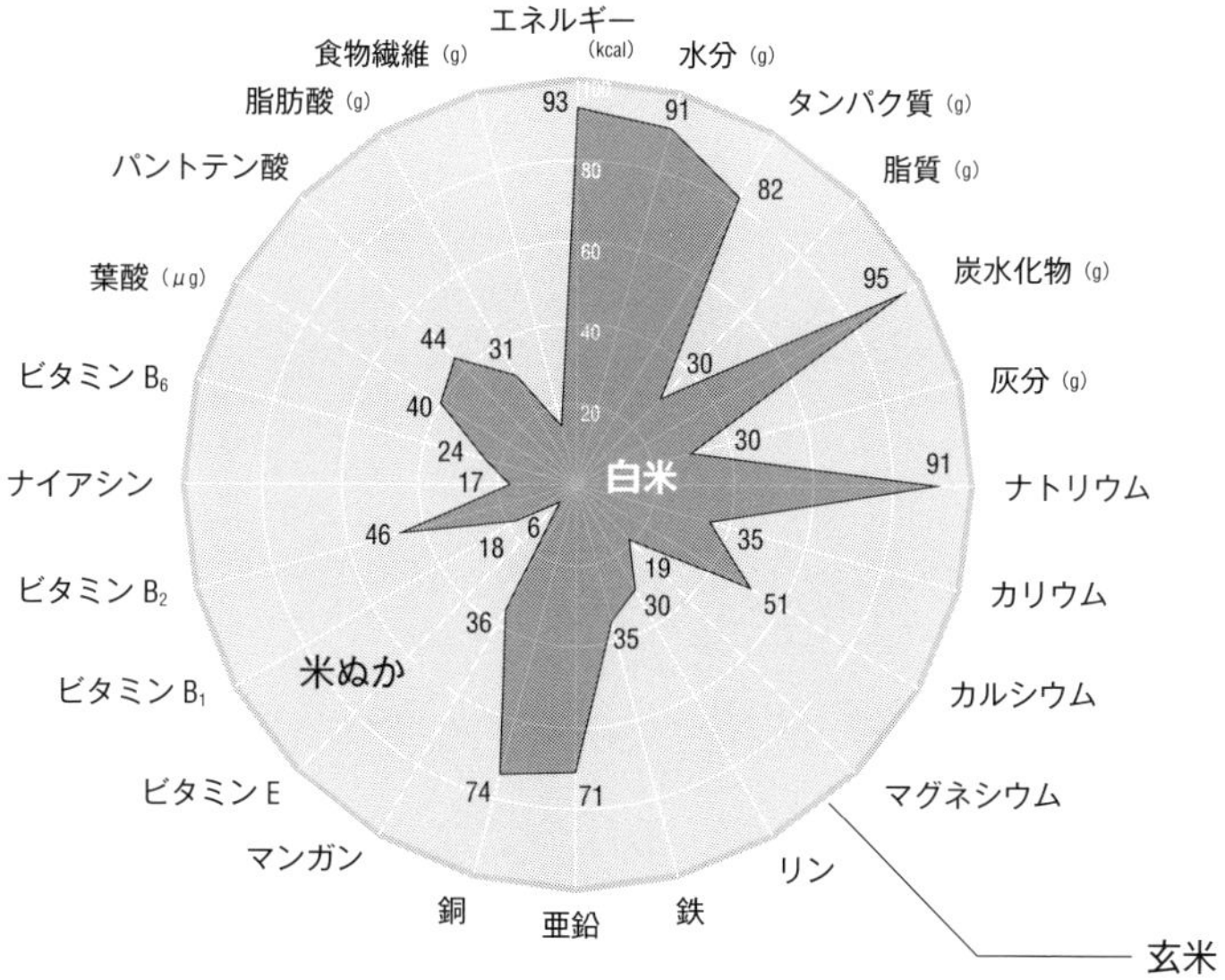

精米歩留91%として算出、単位がない成分は mg

2 米の栄養成分や機能性成分、それに含油成分

栄養成分はぬか層や白米表層に偏在する

ぬか層を除いた白米は大部分がデンプンだが、その内部は均一なように見えてじつは成分に大きな偏りがある。堀野ら[*1]によると玄米を外層から順次削り7層（ぬか層、L1〜L6）に分け、その層別成分を分析すると、デンプンの含有率は内層になるほど高くなり、白米表層L1で50%、L2が60%、L3が65%、そしてL6で80%となる（表2❷）。アミロースも同様の傾向である。

逆に、タンパク質、脂肪、少糖類の各含有率は表層ほど高く、そこでは白米全体の平均値の2倍以上になっている。

その他、アミノ酸やP、K、Mgの含有率は無論、ぬか層のほうが高く、白米では表層付近に集積している。また、白米表層（L1層）に強い呈味性があり、田島ら[*2]はこの層を「サピオ（ラテン語で旨いこと）層」と名付けている。

先ほど述べたタンパク質含有率は白米外周部が内部よりも高いが、それもよく見ると難消化性タンパクであるプロラミン（PBⅠ：プロテインボディーワン）が多い。内部は易消化性タンパクであるグルテリン（PBⅡ：プロテインボディーツー）が多く分布している。[*3]このように、米の栄養成分といっても粒内で偏在し、とくにぬか層や白米表層には多くの成分が局在している。

機能性成分は糊粉層と胚芽に

各種機能性成分（第4章78ページから参照）の玄米内での所在も解明されつつある。例えば水溶性のα-トコフェロールやα-トコトリエノールは、表層部を削り取った胚芽、とくに胚盤に多く存在することが、IMS（イメージングマススペクトロメトリー）解析で可視化されている。[*4]

また、米油に機能性成分が多く含まれていることが注目されているが、玄米のどの部分に油が多く含まれているのか、品種「金南風」で調べられている[*5]（表2❸）。これによると、玄米1000粒（22.2g）当たりの

含油量は約2・6%で0・58g、部位別含油率では胚が29%ともっとも高く、次いでぬか層（果皮、種皮を含む）15%、胚乳0・75%である。また、油脂の染色剤オイルレッドO（Oil red O）の観察では、果皮と種皮が染まらず、胚では胚盤の染色が強く、油の主な貯蔵組織は糊粉層と胚盤であるとしている。

以上からすれば、油溶性機能性成分は主にぬか層（糊粉層）の中層に、水溶性機能性成分は主に胚芽（胚盤）の近傍に多く含まれているようだ。新形質米の1つである胚芽の大きい巨大胚芽米では、金南風に比べ糊粉層の重量が1・30倍、胚1・94倍、胚乳0・87倍にもなる。果皮と種皮を除き糊粉層と胚芽だけを搾油すれば、搾油効率や搾油量がいっそう高まることになろう。

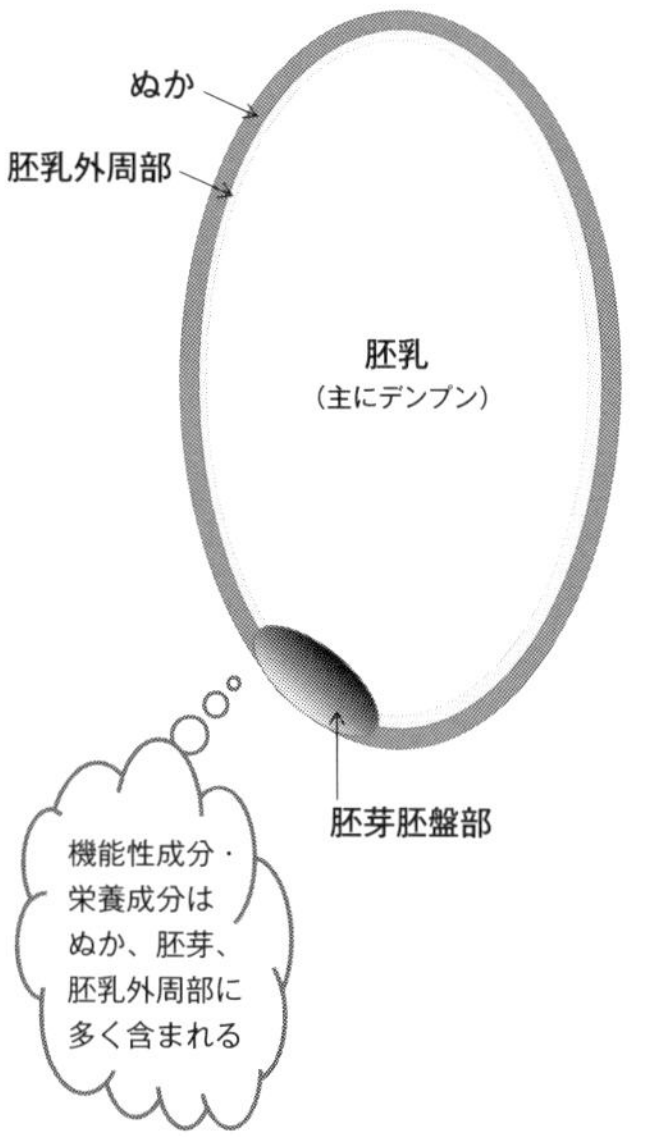

2 ❷ 米粒主要成分の層別分布（堀野ら 1992）

層別	デンプン	アミロース	タンパク	脂肪	少糖類	アミノ酸	P	K	Mg
	研削米粉中（%）						（%db）		
ぬか（100-91）	35	0.8	14.2	5.9	2.0	0.65	2.51	2.09	1.06
L1（91-86）	50	6.5	16.5	2.9	8.5	0.30	1.90	1.39	0.83
L2（86-81）	60	9.3	17.4	2.3	6.1	0.10	0.74	0.58	0.06
L3（81-76）	65	12.0	13.6	1.9	3.6	0.05	0.26	0.16	0.03
L4（76-71）	70	13.7	10.1	1.7	2.2	0.02	0.12	0.09	0.02
L5（71-66）	75	14.7	8.5	1.6	0.3	0.00	0.08	0.07	0.02
L6（66-0）	80	17.6	4.9	0.3	2.9	0.02	0.06	0.06	0.01
玄米	75	14.9	7.9	2.3	4.9	0.09	0.37	0.29	0.13
白米	80	16.4	7.1	1.4	3.7	0.04	0.23	0.17	0.07

米粉水分約11%、デンプンは参考値、アミロースはデンプンの内数で実測値、
少糖類（オリゴ糖）はマルトース系のDP2-DP7の合計、アミノ酸は主要24種の合計

2 ❸ 玄米中の組織別含油量（佐藤 2012）

品種：金南風

組織	1000粒重		含油率	含油量
	（g/1000粒）	（%）	（%）	（g/1000粒）
玄米	22.27	100.0	2.60	0.58
胚	0.55	2.5	29.09	0.16
糊粉層	1.78	8.0	15.17	0.27
胚乳	19.94	89.5	0.75	0.15

3 米デンプンを分解する

アミロースとアミロペクチン

栄養表示基準上、米のデンプンは炭水化物、糖質、糖類などと表示され、その関係は図2 2のようになる。炭水化物は食物繊維を含まない食品では糖質と同じになる。糖類は単糖類と二糖類でなり、単糖類はそれ以上加水分解されない糖の最小単位で、ブドウ糖（グルコース）や果糖などがそれに当たる。米のデンプンはアミロースとアミロペクチンからなり、アミロースはブドウ糖が直鎖状（あるいはらせん状）に結合した単純な構造であるのに対して、アミロペクチンはブドウ糖の鎖状結合が網目状に枝分かれした複雑な構造をしている。両者の構造の違いは図2 3のモデルでよく説明されている。

アミロースは、①食物繊維と同様に消化に対して抵抗性を示す性質がある、②水が存在するとアミロース分子間で相互に弱く結合し、多数のアミロース重合体を形成する、③個々のアミロース分子は水に溶けるが重合体中の分子数が増えると不溶性になり、これが「老化」と呼ばれる、④熱水に溶けるが冷却すると速やかに沈殿し結晶化する。一方、アミロペクチンは、①消化吸収がきわめてよく高カロリーとなり、食後血糖値を高める、②アミロペクチンは分子間結合が形成され難く、ほとんど老化しない、③熱水に溶けるが冷却すると速やかに沈殿せずにゲル状になる、④ご飯を適度に捏《こ》ねると分子間で絡み合い粘りが増す、⑤アミロースに比べ糊化温度が高く糊化溶液の粘性も大きい、という特徴がある。

アミロペクチン100%の餅米

米は利用上からは粳《うるち》米と糯《もち》米に分けられるが、これは胚乳部に蓄積されたデンプンの質の違いによるものである。粳米はアミロース含有率が9～30%（ジャポニカ18～23%、インディカ9～30%）、分枝状に結合したアミロペクチンが70～85%。一方、糯米はほぼ100%がアミロペクチンである。粳米のアミロース含有率は主に品種によって決まるが、登熟期間中の気温が高いとアミロース含有率が低くなる傾向を示す。

外観からすると、粳玄米は半透明のあめ色、糯玄米は不透明な乳白色（俗にいわれる「はぜる」）を呈す。糯米は乾燥条件などによっては「はぜない」場合もある。「はぜる」現象は米粒デンプンの貯蔵細胞間に非常に小さい空隙が生じ、これが細胞境界面で光を散乱させるからといわれている。

ご飯にするとデンプンが加熱により結合が解かれるが、冷えるとふたたび結合して難消化性デンプン（レジスタントスターチ）になる。腸の中では食物繊維のような働きをして小腸で消化されず大腸まで届き、腸内環境を改善する。冷めたおにぎりなどにはこの働きが期待され、暖かいご飯よりも血糖値が上がりにくいようである。

2-2 栄養表示基準上の炭水化物、糖質、糖類の関係

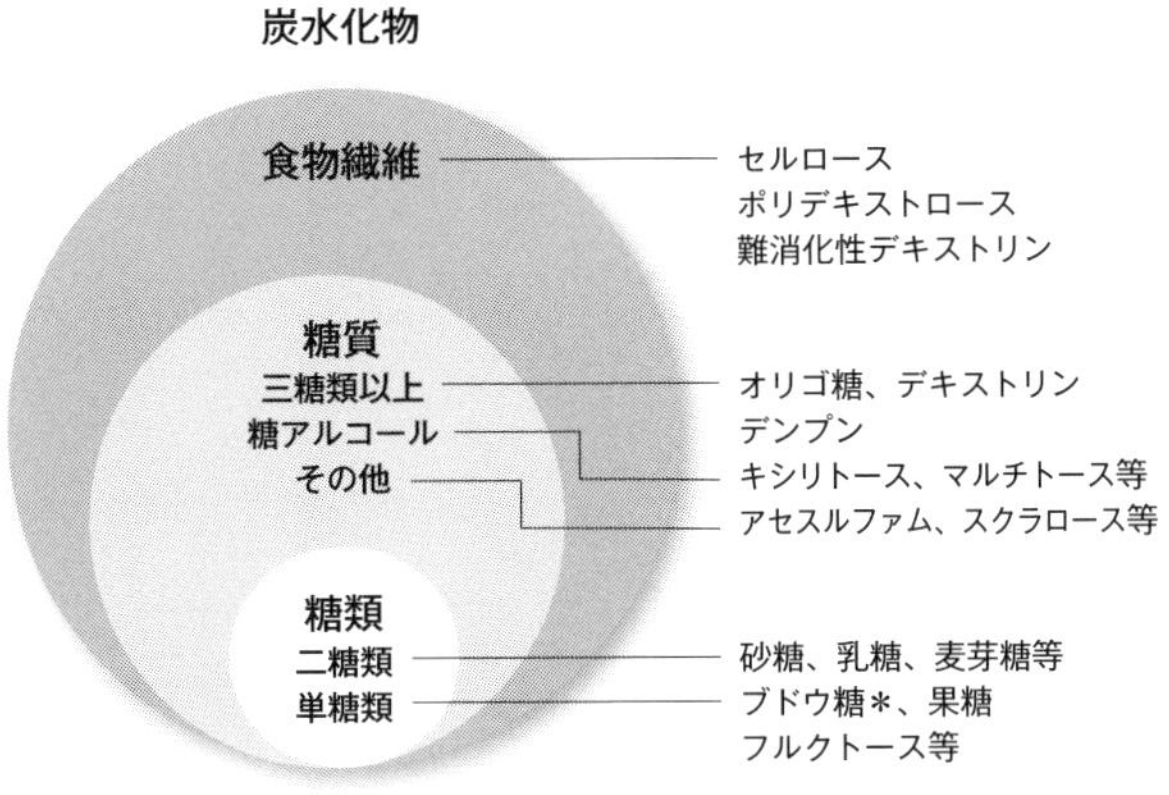

（＊直鎖状結合するとアミロース、分枝状結合するとアミロペクチン）

2-3 アミロースとアミロペクチン分子構造の模式図

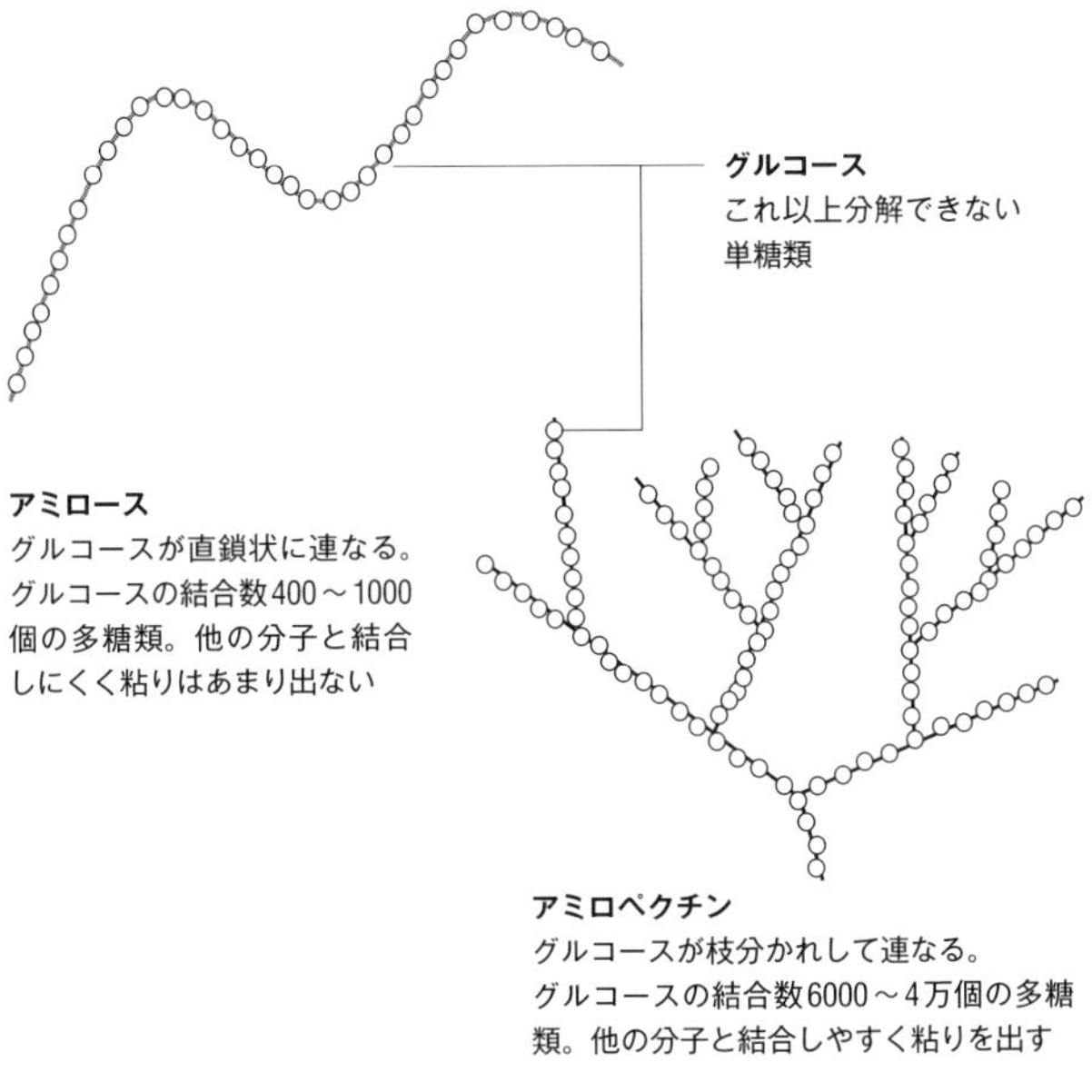

4 脂肪酸と食物繊維

バランスのよい米の不飽和脂肪酸

米の脂肪酸は表2❶で見たように、二重結合をもたない飽和脂肪酸、二重結合が1つある一価不飽和脂肪酸（以下、「一価」）、2つ以上ある多価不飽和脂肪酸（以下、「多価」）に分かれる。

不飽和脂肪酸は植物油に多く含まれ、常温で液状。「一価」はオレイン酸系（オメガ9：n-9系）、「多価」にはαリノレン酸系（オメガ3：n-3系）とリノール酸系（オメガ6：n-6系）がある。数字は鎖状の炭素の何番目に二重結合があるのかを示している。αリノレン酸とリノール酸は必須アミノ酸で、体内合成できないので外から摂取する必要がある。不足すると発育不全、皮膚の角質化、組織再生力や脳の働きの低下を招く。米の「多価」不飽和脂肪酸はn-6脂肪酸とn-9脂肪酸の中間に位置し、特徴の異なる二つの脂肪酸がバランスよく含まれている。最近の研究では摂取するn-3とn-6の比率が重要と考えられている。

ところでこの不飽和脂肪酸は表2❶に見たように、玄米に多いが、胚芽米と分搗き米では、胚芽米が分搗き米を上回っている。このことから不飽和脂肪酸は胚芽の胚盤に多いことが示唆される。

白米にもある米の食物繊維

食物繊維は人の消化酵素で消化されない難消化性成分のことを指す。米のそれは表2❶では炭水化物と別欄に示してあるが、その重量は炭水化物に含まれている。玄米ではぬかに多く含まれ、100g当たり3・0gであるが、白米ではぬかが除かれるので0・5gと少ない。米の食物繊維は水溶性と不溶性に分かれ、白米では大部分が不溶性である。胚乳デンプンを包む膜はセルロースやヘミセルロースで、この膜が白米の食物繊維の元になっている。

食物繊維の主な生理作用としては、消化管機能や腸の蠕動《ぜんどう》運動を促進させ、栄養素の吸収を緩慢にするなどが知られている。

5 小麦に優るアミノ酸バランス

米には、口から摂食しないといけない必須アミノ酸の一つであるリジンが、小麦に比べて多いのが特徴である。

必須アミノ酸とはタンパク質を構成するアミノ酸約20種類の中で体内合成できないアミノ酸のことで、成人8種類、小児9種類、乳児10種類が知られている。欠乏すると血液や筋肉、骨などの合成が阻害される。

タンパク質の良し悪しを表わす指標であるアミノ酸スコアは、値が高いほど良質とされ、米が65、小麦が44、トウモロコシが32である。リジンが制限アミノ酸（必要量に対して充足率の低いアミノ酸）となり、他の必須アミノ酸の働きを律速（抑制）する。このため、小麦食では米食に比べてリジンが少ない分、リジンを豊富に含む肉や乳、卵や豆類、あるいはそれらの加工品で補わなければならない。

無論、米もそれだけではリジンが不足するが、米だけのリジン摂取でも最低限の生命維持は可能ともいわれている。日常活動を支えるには、タンパク質やリジンの不足分は大豆やその加工品、あるいは魚介類などで補われているが、穀類の中で米がもっとも栄養バランスがよいといわれるのはこのことによる。

また、小麦タンパクにはアレルゲンが存在し小麦アレルギーが増えているが、この点、米のアレルギー体質をもつ子どもは少なく、離乳食品にも米の利用は広がっている。

以上のように、小麦食は小麦と肉類の組み合わせが不可欠である。というより、狩猟文化では肉類が主でそれに小麦が加わったのに対して、米食では米が主食、それに副菜《おかず》と汁などで補う食様式となったといえそうである。じつに興味深いことである。同じ穀物であっても米と小麦は、食文化の形成に大きな違いをもたらすことになったのであろう。

新米と古米の違いは?

新米とは収穫年内に精米・包装した米

古くは新米と古米の区分に明確な定義がなかった。食糧管理制度下(1942~1995年)では11月から翌年10月までを米穀年度としていたが、この年度では早場米や10月までに収穫された米は古米になり、現実に則さない。また、米の品質劣化が梅雨期頃から顕著になるので、梅雨明け後の米を古米とする考えもあったが、近年は低温倉庫(多くが15℃保管)が普及して梅雨の影響も少なくなった。このような状況から、新米は収穫してからあまり日が経っていない米、やがて日が経ち古くなった米を古米としてきたが、これではあまりにも曖昧であり、流通販売上の表示に混乱が生じる。このため、JAS法に基づき新米表示できるのは、収穫年内に精米・包装された白米(精白米)ということになった。その結果、実際に店頭で新米表示された米が並んでいるのは、翌年の年初から春くらいまでになる。

古米化は徐々に進む

古米は新米に比べ、①ご飯が硬く粘りが少ない、②ご飯の光沢や白度が低い、③古米臭がある、④水分が低くご飯にすると新米より膨れ、「炊き増え(容積が増える)」する、などの傾向がある。古古米ではさらにその傾向が増す。低温倉庫が普及して新米と古米の品質差は大幅に少なくなったものの、低温貯蔵でも緩慢であるが品質低下が進む。例えば、常温貯蔵では梅雨期を過ぎると発芽率の低下は著しいが、低温倉庫でも低下する。また、表層ぬかの酸化による新鮮さやビタミンB_1の含量も徐々に低下する。実際にはこれらは大きな支障にならないが、徐々に品質は劣化している。

他方で、古米は「炊き増え」するので、東南アジアや南アジアでは好まれ、日本でも値段が下がらなかった時代もあった。今でも寿司飯では、古米のほうが酢の効きがよいとして好まれる場合もある。粘りが少ないのでピラフやチャーハンにも向いている。

良食味品種のほうが〝古米化〟しにくい!?

古米による食味低下の大きな要因は遊離脂肪酸の増加である。9品種の新米と古米の品種別遊離脂肪酸の生成量を比較した試験報告（図2-4[*6]）によると、古米化すると、遊離脂肪酸の生成量はいずれの品種においても増加するが、その程度に違いが認められる。コシヒカリやヒノヒカリは遊離脂肪酸の生成量や増加量が少ないが、ツクシホマレ、ミナミニシキ、ユメヒカリは逆の傾向を示す。良食味品種のほうが遊離脂肪酸の生成量が少なく、増加量も少ないのである。同様に古米化による食味低下にも品種間に違いがあり、食味低下しにくい品種はキヌヒカリ、夢つくし、ちくし7号、ミネアサヒ、低下しやすい品種はちくし4号、ちくし8号であったとしている。

古米臭は脂質が酸化分解したにおい

古米臭の生成には脂質が関連している。搗精や高温処理などによる物理的損傷、貯蔵中の酵素分解などの生物的損傷などによって、脂質がリパーゼなどの酵素の働きでグリセリンと遊離脂肪酸とに分解される。この遊離脂肪酸がリポキシゲナーゼ、ヒドロペルオキシドリアーゼによる酸化分解を経て、古米臭の原因となる臭気成分ヘキサナールやペンタナールなどになる。[*7] 古米臭の軽減には、卵白粉末、硫酸アンモニウム、タマネギ乾燥粉末、ニンニク乾燥粉末の単独あるいは両方[*8]、香り米[*9]、東南アジア料理で味付けに用いられているニオイタコノキ葉[*10]を添加して炊飯すると効果がある。また、古米は再搗精（歩留約1・5%低下、白度約4%向上）して炊飯すると、古米臭の低減と食味改善が図れる。[*11]

2-4 新米と古米における品種別遊離脂肪酸の生成量の比較[*6]
（松江 2012）

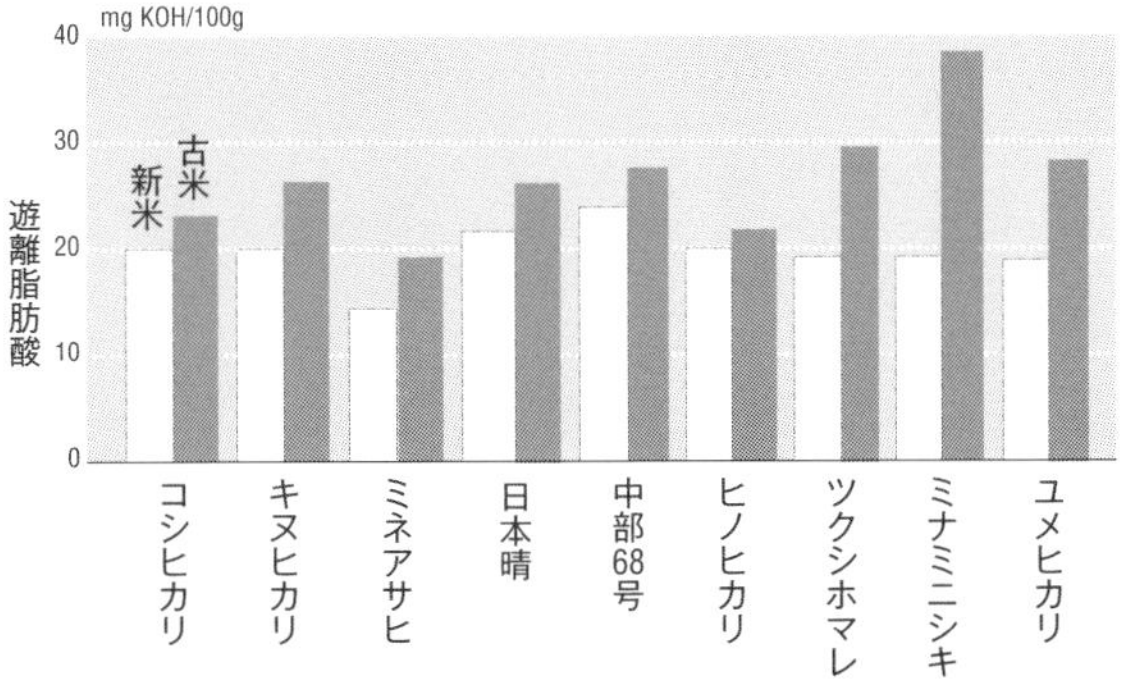

古米臭抑制・機能性にも期待大の香り米

古米臭とは逆に、特徴的な香りをもつのが香り米である。インディカではよく知られているが、ジャポニカにも香り米がある。日本の在来種には「みやかおり」「はぎのかおり」「ヒエリ」「さわかおり」などがある。見かけは変わらないが、炊くと「ポップコーンのような香ばしい匂い」や「新米の強い匂い」などが増す。主成分はアセチルピロリンやピロリドンなどである。人によっては「ネズミの尿の臭い」として嫌う人もある。前述のように古米に香り米を混ぜて炊くと風味がよくなり、古米臭が鼻につかなくなる。混ぜる割合は個人の好みによる。

海外で有名な香り米には、パキスタンとインドのインダス川流域で栽培されている「バスマティ」の品種群、タイではジャスミンのような香りがする「カーオホームマリ（通称ジャスミンライス）」がある。これらは高価格で取り引きされ、政府が生産を奨励している。中国、他の東南アジアでも栽培されている。国内では、香り米は明治時代の半ばくらいまで各地で栽培されていたが、それ以降は少なくなり、また貯蔵中に普通米に匂いが移るなどの理由から忘れ去られてきた。しかし最近、グルメ嗜好が高まりごく僅かであるが復活している。耐冷性に優れ多収で香りの強い「キタカオリ」や「バスマティ」の血筋を引く「サリークイーン」が育成されている。日本人には香りが若干弱い「サリークイーン」が受け入れやすいようである。

また、香り米に関する注目すべき研究情報がある。[*12] 高機能性成分として期待される総γ-オリザノールの含有量が、非香り米より明らかに高く、品種間差はあるが総じてジャポニカがインディカよりも高いと聞く。γ-オリザノールは健康への高い効能が認められつつあり、国内でももっと香り米を見直してもよいであろう。

古代米の復活

古代米は、「古代から栽培してきた品種」「古代野生種の形質を残した品種」を指す。「古代ロマン」を髣髴《ほうふつ》させる宣伝文句として使われており、赤米、黒米、緑米などの色素米が代表選手。赤米にはタンニン系、黒米にはアントシアニン系、緑米にはクロロフィル系の色素が含まれ健康によいとされている。これらの米を室温保存後に発芽試験したところ（稲熊 2014）[*13]、黒米や赤米が普通米よりも長期間発芽率が保たれた。子孫を残すために自ら抗酸化力をもった植物色素を作り出しているのである。実に興味深い。かつては下等米として扱われてきたが、今や健康ブームを背景に、品種改良も進み地域おこしの貴重な食素材となっている。

第3章

米の美味しさを科学する

1 ご飯の美味しさとは

美味しさに関わる要因

ご飯の美味しさには図3 1に示すように多くの要因が関わっている。各工程での美味しさを確保するための要点は以下のようである。

①品種・産地・栽培　低アミロース品種の選択、過剰なチッソ施肥量の回避、立毛胴割れを防ぐための適期収穫の励行、早朝収穫の回避など

②乾燥・調製　胴割れを起こさない乾燥速度の調整（0・8～1・0％／h）、炊飯時の水浸割れ粒抑制のための過乾燥防止、適正な粒厚選別など

③貯蔵　品質劣化や害虫・カビの発生を招かない温度・湿度管理など

④精米　砕米発生の抑制、過度な米温上昇の抑制、過搗精防止など

⑤炊飯　適度な洗米、米量・加水量の丁寧な秤量、蒸らし直後の攪拌など

低アミロースと低タンパク、低胴割れと低水浸割れの米

多くの要因の中でも、アミロース含量が低いほど食味がよく、高いとご飯が硬く粘りが弱くなる。アミロース含量は、普通米は20％程度、品種、栽培時期、生育温度などで左右される。稲の登熟温度が高いと低アミロースになることが知られているが、植物工場でない限り天候の制御は困難であるので、現状では低アミロース品種を選ぶしかない。

タンパク含量については、かつては単収を高め、同時に貴重なタンパク源を確保するために、チッソが多投されてきた。しかしチッソ多投は米のタンパク質含有率を

高め、ご飯の「粘り」を下げ「硬さ」を上げる。これはデンプン粒子を取り巻くタンパク質（36ページ写真）が、炊飯時にデンプンの吸水と糊化・膨化を抑制するからである。良好な食感は、ご飯の「粘り」と「硬さ」の適度なバランスにある。

なお、美味しさを求める低タンパク化、すなわちチッソ施肥量の削減は、イネ自体の基礎体力を弱めるので限界にあるとの指摘もなされている。

玄米の胴割れは、乾燥機の自動水分測定や乾燥の自動制御化により、近年では少なくなっている。また、白米の水浸割れ（第1章の9参照）に起因するご飯からの溶出デンプンは、ご飯のベタツキを増すことになる。このため近年では過乾燥防止のための自動停止装置が乾燥機に標準装備されるようになり、胴割れ米は大幅に少なくなっている。

以上のほかに、ミネラル含量や脂肪酸度が食味に関係する。日本品種ではマグネシウムとカリウムの比率（Mg／K比）が大きいほど「粘り」があり美味しいとする説[*1]がある。また、酵素（リパーゼなど）によって分解生成される脂肪酸が増えると、ご飯の香りや味、粘りも低下する。

3 1 米飯の品質に影響を及ぼす因子

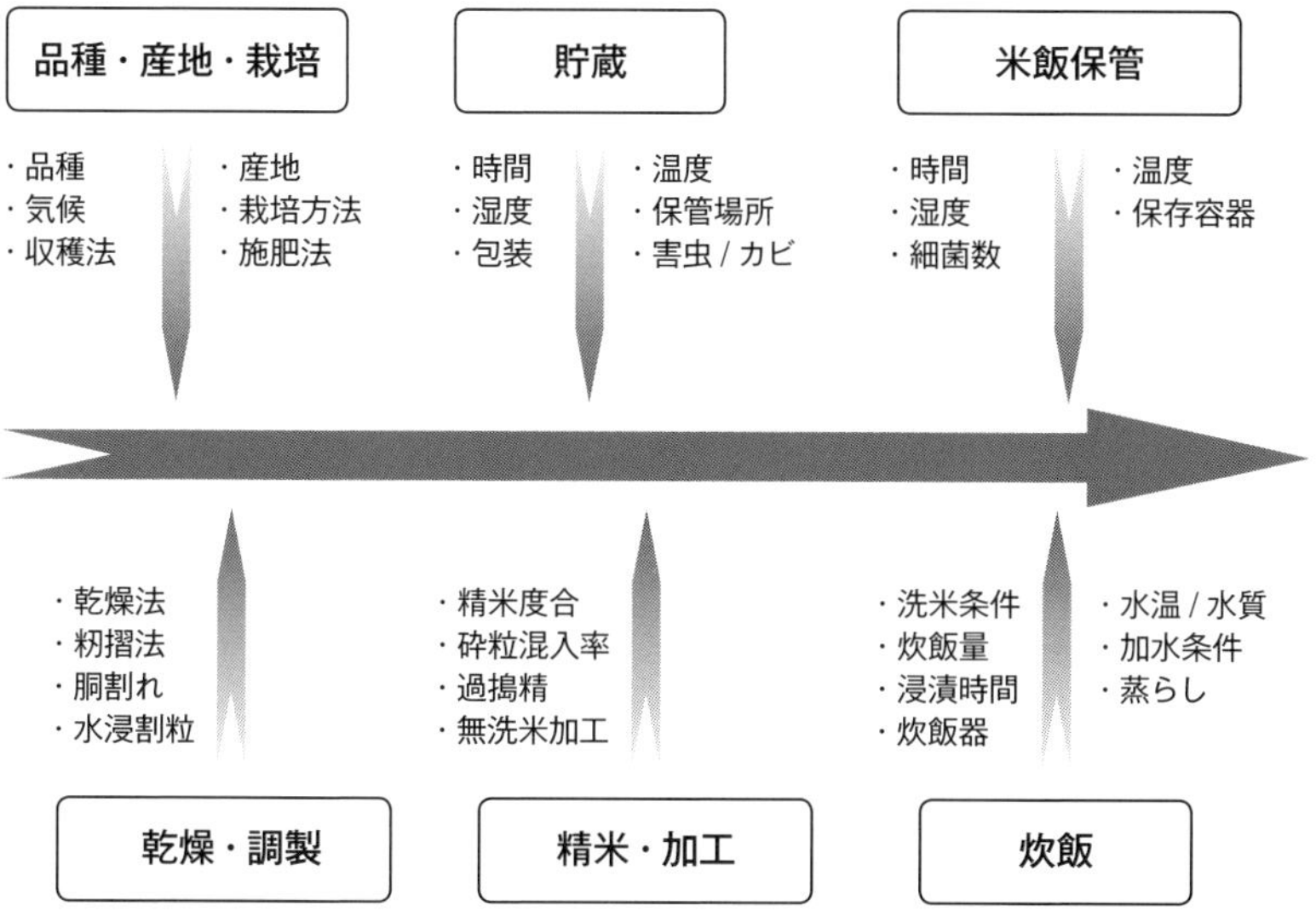

2 日本人の好みは

日本人の多くが美味しいと感じる米やご飯は、玄米では外観に光沢や透明感があり白米では白く、亀裂粒、砕米、未熟粒が少ないジャポニカ米である。ご飯では艶があり、粒がふっくらして煮崩れがなく、香りは新米特有の軽い芳香があり、異臭がないことが上げられる。また個人の好みによるが、多くの人は適度な硬さと粘りを求め、さまざまなおかずを引き立てる、控えめな食味に魅了されているのである（表3❶）。

最近はグルメ志向が高まり、料理によって求める米やご飯の特徴に変化が生じている。温かい白飯、あるいは冷えた弁当として食べるのか、寿司、カレーライス、チャーハン用などとして使うのか、用途によって求められる米の美味しさの条件が違ってきている。

冷夏により米不足が起きた1993年、店頭から国産米が消えたことを記憶している人は少なくないであろう。緊急輸入されたインディカ米は食感がパラパラ、ボソボソ、さすがに口に合わず、年配者には苦い記憶として残っている。しかし、このインディカ米、海外では違和感なく常食されている。美味しさは人間の五感（視覚、味覚、嗅覚、触覚、聴覚）を駆使して感じるもの、民族、自然、風土、食文化などの違いも大きく影響するのである。

3 ❶ 日本人にとっての良質米・美味しいご飯とは

米	ご飯
◉外観 ・玄米では光沢があり、透明感がある ・白米では白度が高い ・米粒に亀裂が少ない ・砕米が少ない ・未熟粒が少ない ●香り ・異臭がない ●米の種類 ・ジャポニカ種（短粒種）	◉外観 ・透明感があって白く、つやがあり、粒がふっくらして、煮崩れしない ◉香り ・新米特有の軽い芳香があり、異臭、古米臭がしない ◉食感 ・適度な硬さ、粘りがあり、冷めても硬くならない ●味 ・かすかな甘みを感じる

3 米が美味しく食べられる期間

主食用米は早場米地域を除いて多くが秋に収穫され、その後1年を通じて食される。日本ではこの間、多くが低温倉庫や準低温倉庫などで玄米貯蔵され、品質劣化を防いでいる。低温貯蔵でも徐々に品質は劣化するが、保管条件が適切であれば数年経過しても十分食べることができる。とはいっても、収穫したての新米にははるかに及ばない。

米は野菜と同じ生鮮食品であり、加工食品ではないので、そもそも「賞味期限」の表示義務はない。その代わりに、米袋に「精米年月日」を表示することになっている。ちなみに、賞味期限は消費期限と異なり、美味しい品質が保持されることを保証する期限である。一方、消費期限は定められた方法で保存した場合に、安全性を欠くおそれがない期限で、年月日で表示されている。

米は乾燥すると野菜などの生ものよりはるかに日持ちがよいが、精米すると次第に脂肪酸度が高くなり品質が劣化する。劣化しない期限は、保管中の温度や湿度は無論のこと、いかに酸化されにくいように保管管理しているか（袋をきちっと締めて密封しているか）などに左右される。

ふつう、白米を冷暗所で常温保存した場合、3〜4月で約1カ月、5〜6月で約3週間、7〜9月で約2週間、10〜2月で約2カ月、これが米流通上の目安となっている。

また、横江ら[*2]は恒温下で保管した白米と無洗米の食味保持期間を、官能試験の「総合評価」を指標に示している。それによると、食味保持期間は白米、無洗米ともに温度25℃で2カ月、20℃で3カ月、15℃で5カ月、5℃で7カ月である。前述の流通上の目安のほうがやや短いのは、保存条件や米水分の違いなどを見込んで、安全側に設定されているからである。いずれにしても精米後はなるべく早く食べてしまうのが望ましいことになるが、美味しさにこだわりがなければお米は比較的長期の保管でも問題なく食べられる食品といえる。

4 米の食品表示

袋詰めされた米の表示は、ＪＡＳ法に基づく「玄米及び精米品質表示基準」によってすべての販売者に義務づけられている。表示内容の一例を図 3 2 に示す。

①名称：「玄米」、「もち精米」、「うるち精米」または「精米」、「胚芽米」と記載する。

②原料玄米：産地、品種及び産年が同一の検査米では「単一原料米」と記載、産地（都道府県名、市町村名、その他一般に知られている地名、輸入米では原産国名等）、品種及び産年を併記する。また「複数原料米」では、例示のように使用割合の多い順に産地及び使用割合を記載する。原料玄米が産地、品種、産年のすべての証明がない原料玄米は「未検査米」とする。

③内容量：ｇまたはkgの単位で記載。精麦や雑穀が混合したものは、精麦や雑穀を合せた内容重量と各混合重量を括弧書きする。

④精米年月日：精米年月日または輸入年月日、玄米では調製年月日を記載する。

⑤販売者：氏名または名称、住所、電話番号を記載する。

また、ＪＡＳ法では「ＪＡＳ規格制度」も定められ、その製品が一定の品質を有することや特別な方法で生産されているものには「ＪＡＳマーク」を付すことができる。

3 2 白米（精米）表示の一例（ブレンド米の場合）

<table>
<tr><td>名称</td><td colspan="4">精米</td></tr>
<tr><td rowspan="2">原料玄米</td><td>産地</td><td>品種</td><td>産年</td><td>使用割合</td></tr>
<tr><td colspan="4">複数原料米
国内産
○○県　コシヒカリ 24年産　6割
○○県　あきたこまち24年産 3割
未検査米　1割</td></tr>
<tr><td>内容量</td><td colspan="4">5kg</td></tr>
<tr><td>精米年月日</td><td colspan="4">平成○年○月○日</td></tr>
<tr><td>販売者</td><td colspan="4">○○米穀株式会社
○○市○○区○○　△－△－△
電話番号×××（×××）××××</td></tr>
</table>

5 ご飯の美味しさ、食べて測る

人が食べてみて決める

食味を総合的に測る手段は、「人が食べて決める」、つまり官能試験が基本になっている。[*3] この方法では人によって好みが異なり、同じ人でも食する時や場所で食感が異なるので、客観性や再現性が気になる。このため理化学的方法や食味計の利用が進むが、基準となるのは官能評価、現在ではほかに優る手段がないので、いかに科学的に官能試験を行なうかに注力が払われている。

国内産米の美味しさの評価は、日本穀物検定協会（穀検）が「米の食味試験要綱および米の食味試験実施要領」（食糧庁1966）に準拠して試験を実施し、1971年以降毎年、代表品種の判定結果を「米の食味ランキング」として公表している。食味試験の要綱は以下のようである。

基準米をもとにプラスマイナス3段階評価

県奨励品種で一定の作付面積があるものを対象にして、同一条件で炊いた基準米（複数産地のコシヒカリブレンド米）との食味を多重相対比較法で評価している。食味試験は穀検が選抜訓練した専門エキスパートパネル20名で実施されている。パネルはあらかじめ食味の順番による評価の偏りをなくすため、1グループ3〜4名の6グループに編成、グループ別に順序を変えて試食する。

評価項目は6項目（外観、香り、味、粘り、硬さ、総合評価）、各項目について「基準と同じ」は「0」、これより良・不良の度合を3段階に分け、「±1・±2・±3」で判定する。「総合評価」が基準米よりもとくに良好なものを「特A」、良好なもの「A」、おおむね同等のもの「A'」、やや劣るものを「B」、劣るものを「B'」に格付けする。食味試験は同時に4点を評価しうち1点は基準米、したがって1回の試験で3点を評価する。食味ランキングは何カ月もかかって決定され、結果は市場価格に影響を与える。

あくまでも主観的な相対評価

食味判定は人が行なう限りどうしても主観に左右され

る。これをできるだけ排除するためにいろいろな工夫がなされている。原料米の精米歩合と白度を適切に管理し、炊飯条件（炊飯器、洗米、水浸漬時間、加水量、蒸らし時間など）を一定にする。食味試験の場所、試食方法、評価項目などを決めて基準米との相対評価をする。しかし、どうしても排除できない要因、①個人差、②同一パネルでも時と場所による評価の変動、③食味評価の的確な数量表現が困難（例えば評価3でも2に近い場合と4に近い場合がある）、④人の作為による評価、などがある。①と②は統計学的処理を加えて少なくできるが、③は回避できない。④は評価結果からパネルを除外することも必要になる。

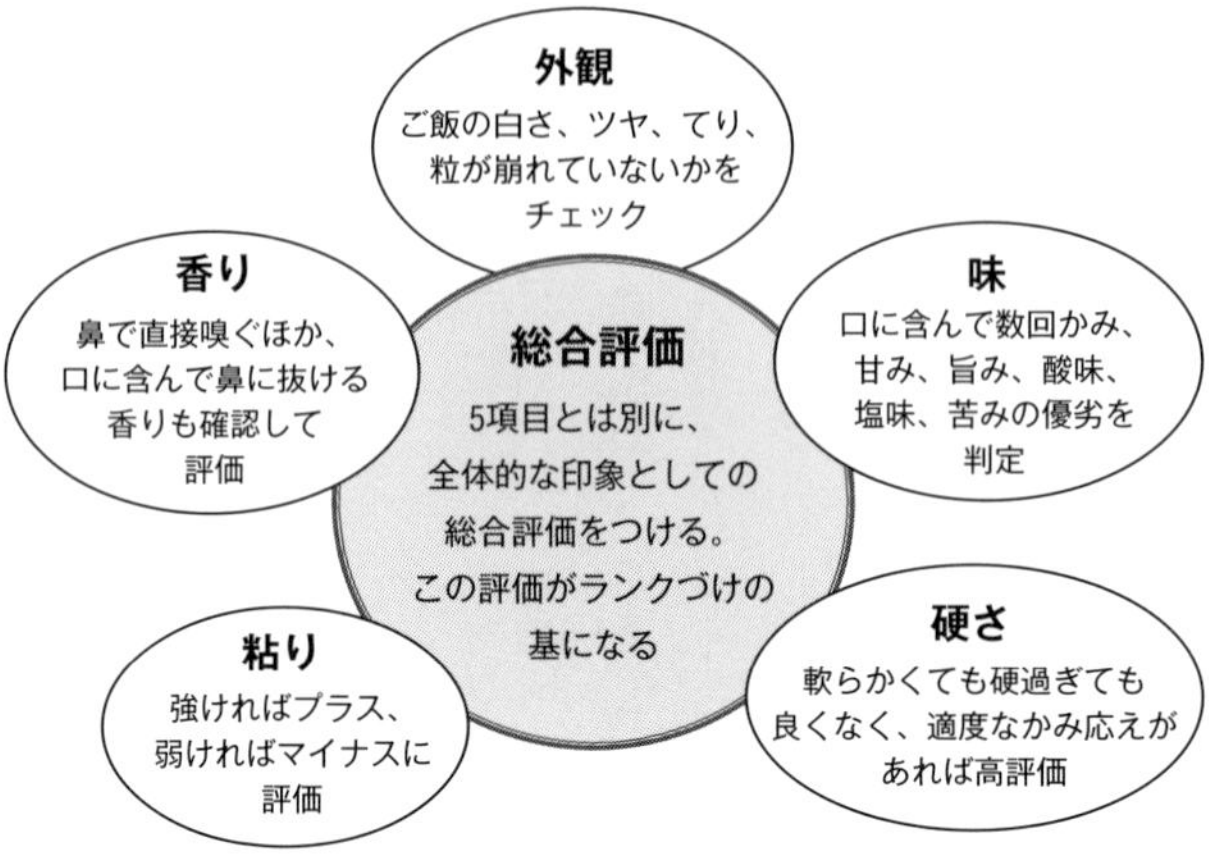
外観
ご飯の白さ、ツヤ、てり、粒が崩れていないかをチェック
味
口に含んで数回かみ、甘み、旨み、酸味、塩味、苦みの優劣を判定
硬さ
軟らかくても硬過ぎても良くなく、適度なかみ応えがあれば高評価
粘り
強ければプラス、弱ければマイナスに評価
香り
鼻で直接嗅ぐほか、口に含んで鼻に抜ける香りも確認して評価
総合評価
5項目とは別に、全体的な印象としての総合評価をつける。この評価がランクづけの基になる

食味試験ではこれをチェックする

　官能試験の客観性を高めるために、女性を対象にしてパネルの地域間差や年齢間差、パネル数の影響についての研究報告[*4]がなされている。これによると、パネルの地域差はないが、特定の年代のパネルを用いると評価値に偏りが生じる可能性があることや、エキスパートパネルでなくても40名程度で試験すると評価精度が高いことが検証されている。

　以上からわかるように、可能な限り客観的に食味評価しても、あくまでもそれは主観的な相対評価であり絶対評価にならないので、AがBより、BがCよりも美味しいと感じる人が多いというぐらいの評価であることを理解しておく必要がありそうである。

6 ご飯の美味しさ、器械で測る

官能試験では時間と手間がかかる。そこで、化学的成分（タンパク質、アミロース、脂質、水分等）と特性値の関係から作成した食味判定式を基本に、その判定式を組み込んだ食味測定装置が数種類市販されている。

測定装置は、成分測定するセンサー部と得られた測定値を解析するデータ処理部で構成され、「食味値」が点数表示される。測定装置は簡易・迅速性、安定性、再現性などに優れ、米卸、精米工場等で使われている。成分測定には近赤外線（波長800〜3000㎚）が用いられ、吸収スペクトル分析によって得られた成分値から食味判定式によって食味値が算出される。食味判定式は各社独自のノウハウによって構築されている。米粒、ご飯、米粉でも測定できるようになっている。

さらに官能評価に近づけるために、食味計に加え、硬さ粘り計、新鮮度測定器（サタケ「シンセンサ」）を組

3 3 食味鑑定団（サタケ製）

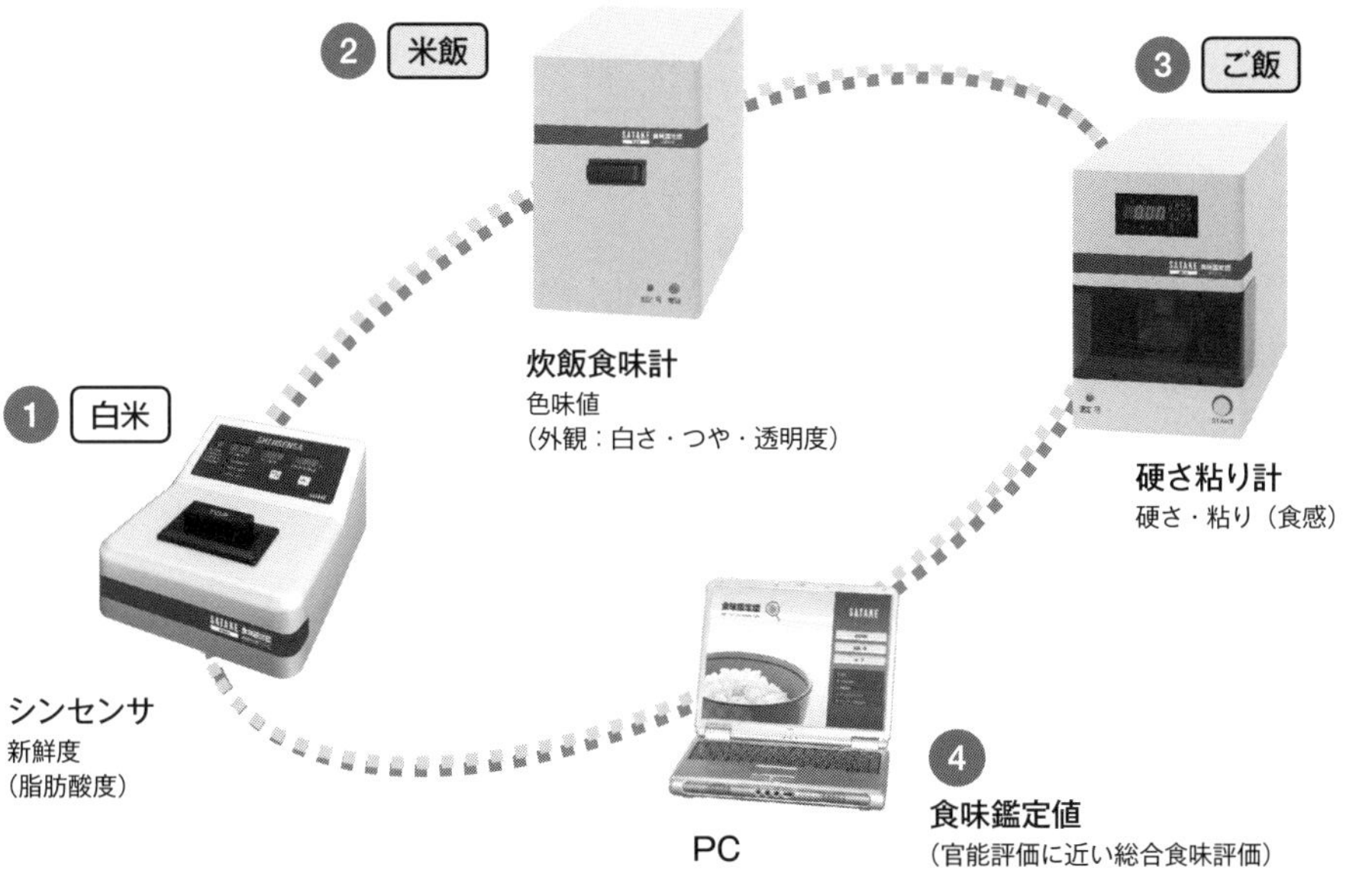

み合わせた「食味鑑定団」も市販されている。食味鑑定団（図3 3）は3つの測定器とパソコンで構成され、操作手順は、①シンセンサで白米の新鮮度を測定してご飯の香りを推定変換、②炊飯食味計でご飯の食味値を測定、③硬さ粘り計でご飯の硬さ・粘りを測定、最後に各計測機器の値を総合評価して食味鑑定値が自動算出される。ほかにも、外観・硬さ・粘り・香りの4項目が算出・表示される。図3 4に見るように、鑑定値と官能試験の「総合評価」には高い正の相関が認められている。[*5] 食味鑑定値は100点満点、標準的な米で75点程度、80点以上で良好、70点以下で不良としている。測定時間は1サンプル15分程度である。現在のところ測定できるのは日本で流通している短粒種の白米と無洗米で、海外に多い中粒種や長粒種は算出できない（現在、中国でのインディカ米について検量線の開発が始まっている）。

このほかにも、品種改良など試験研究用として、玄米1粒のタンパク含量を近赤外スペクトルから高精度で迅速測定（7粒／10秒）してから、選別する、非破壊式の1粒成分自動選別機が開発されている。[*6]

3 4 食味鑑定値と官能試験の総合評価（藤田 2009、一部加筆）

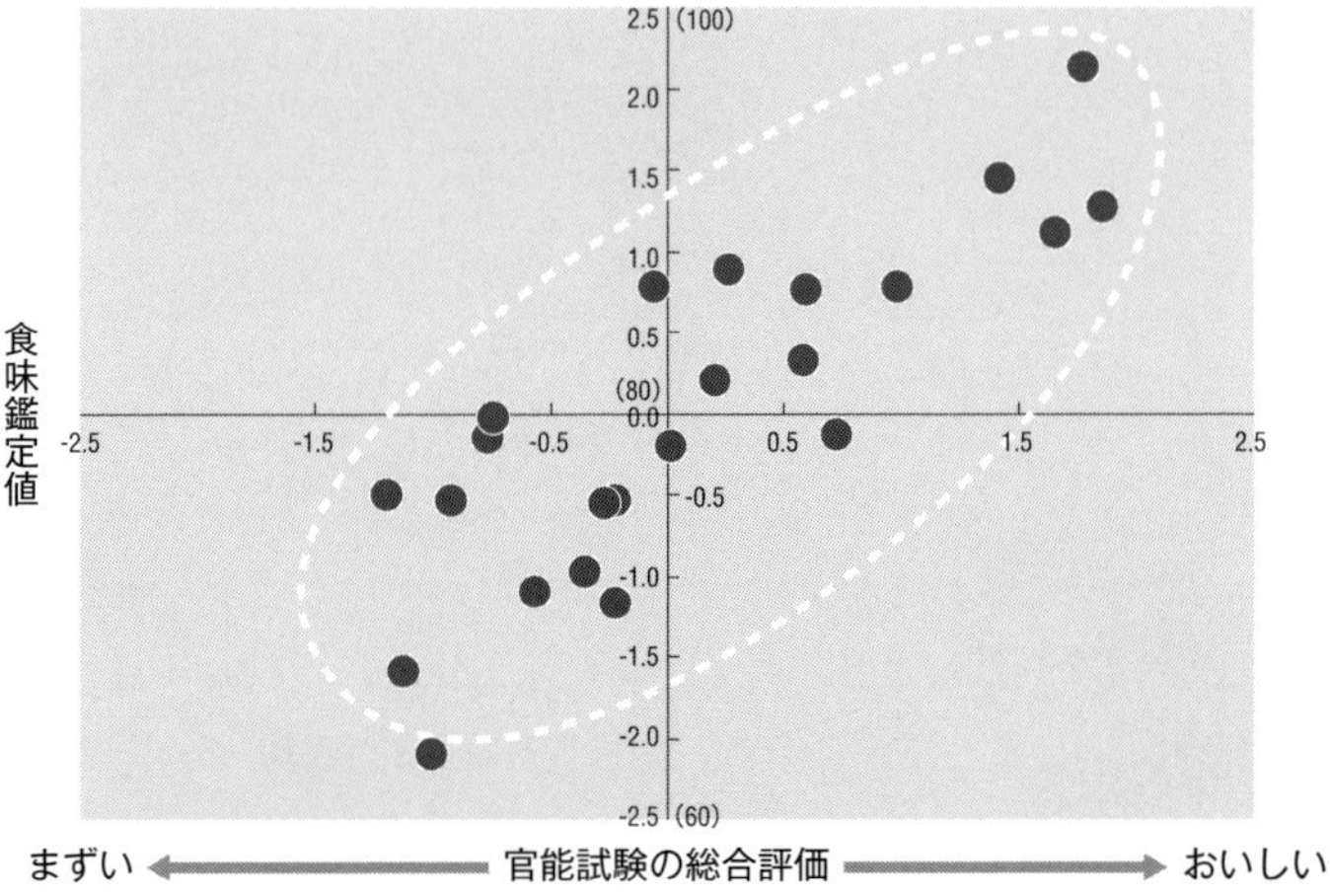

＊食味鑑定値の100、80、60は官能評価の2.5、0.0、-2.5に対応する

7 米は厚いほど美味しい？

玄米の粒厚は稲の登熟とともに増加し、長さや幅と違って登熟期終盤まで肥大する（図3 5）。一般的に、開花と登熟の早い粒ほど、また粒厚が厚いほど充実して1粒が重く、食味は良好な傾向にある。[*7] 近年、温暖化の影響により稲登熟期における高温障害が増えてきている。このため1粒ごとに登熟差が生じ粒厚に影響を与えて1等米比率が下がり、粒厚の薄い玄米の選別除去量が増えている。

松江[*8]は玄米3品種について、粒厚0・1㎜単位で仕分けした場合の食味評価（表3 2）を行ない、粒厚が薄くなるほど食味が劣り1・9㎜未満では顕著であったが一方、粒厚が厚い2・2㎜以上の場合も2・2〜2・1㎜より僅かであるが食味が低下したとしている。これは粒厚が薄くなるほど高タンパク化するので、タンパク含有量が多いほど食味が劣るとするこれまでの知見と符合しているが、厚過ぎる場合には他の原因によるようである。

3 5 玄米の外形（長さ、幅、暑さ）の発達（星川 1975）

品種：ヨネシロ

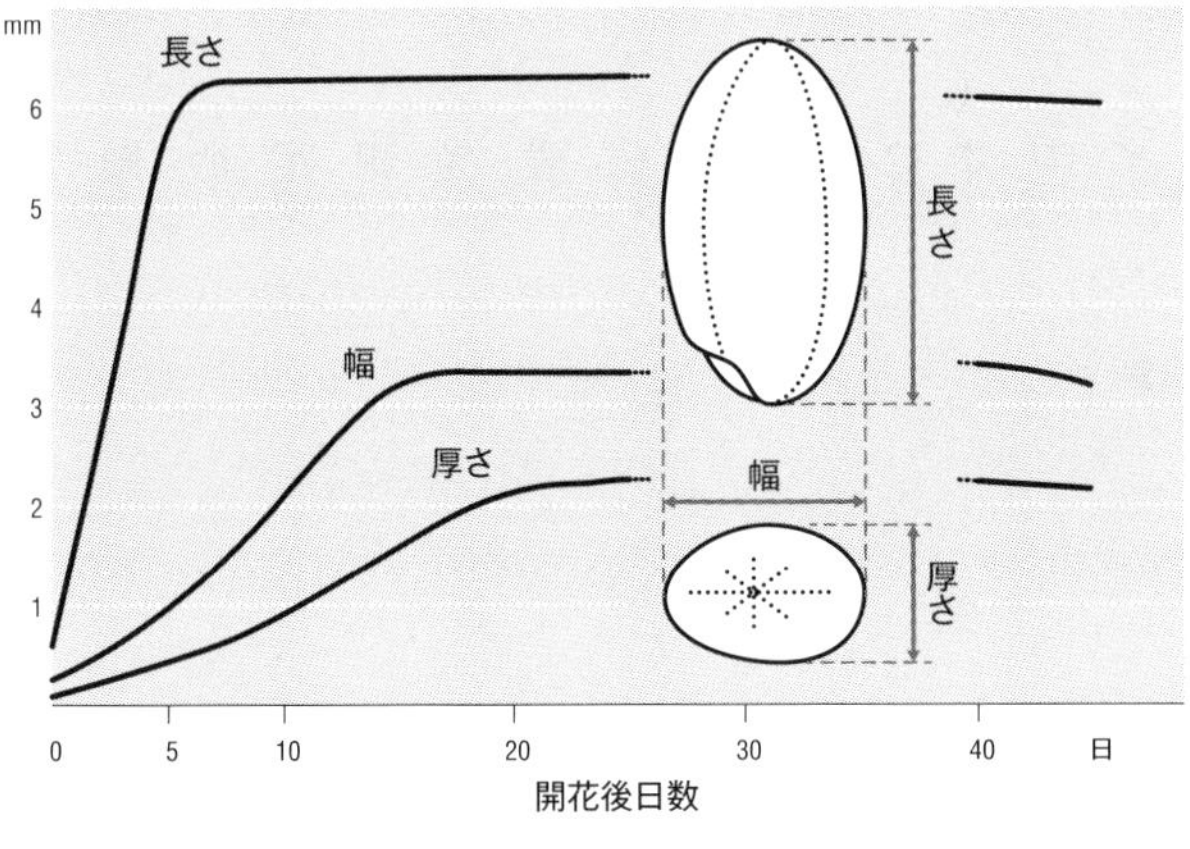

3 2 玄米粒径別の食味総合評価[*6]（松江 2012）

玄米粒厚(mm) ＼ 品種名	コシヒカリ	日本晴	ヒノヒカリ
＞2.2	0.13	0.19	0.07
2.2～2.1	0.40*	0.13	0.20
2.1～2.0	0.00	0.06	0.13
2.0～1.9	-0.80*	-0.50*	-0.60*
1.9～1.8	-2.27*	-1.81*	-1.60*
1.8～1.7	-3.13*	-3.50*	-3.19*
1.7～1.6	-3.93*	-4.37*	-3.99*

食味の基準米：各品種の玄米粒厚1.8mm 以上のものとした
＊：5%水準で有意性があることを示す

8 米の白さと美味しさ

白度は暗黒を0%、酸化マグネシウム（極微粉末）付着面の白さを100%と定義し、100等分して表示される。米の白度計には、ぬかの吸光度が大きい中心波長452nm・半値幅100nmの光を透過させる青色フィルターが使用されている。白米は白いほど消費者に好まれる傾向にあるので、流通段階で白度が問題になる。

図3-6に示すように、玄米は精米が進むほどぬかが取り除かれて白くなり、精米歩留90%くらいまでは歩留と白度に高い負の相関がある。このため歩留の推定に白度が使われている。白度は品種や元の玄米色に影響されるが、7分搗きくらいになると白米に近づき、精米歩留90%くらいになると、元の玄米白度より20%ほど上昇して40%程度になる。歩留89%以下になると、胚乳デンプン本来の白度を示す（酒米などもそう）。コイン精米や家庭精米で白度を求め搗き過ぎると「旨み層」（23ページ参照）を削り、甘みが失われ淡白な味の米になってしまう。家庭精米では自分の好みに合った白度を見つけ出すのも楽しみの1つとなろう。

3-6 精米歩留と白度

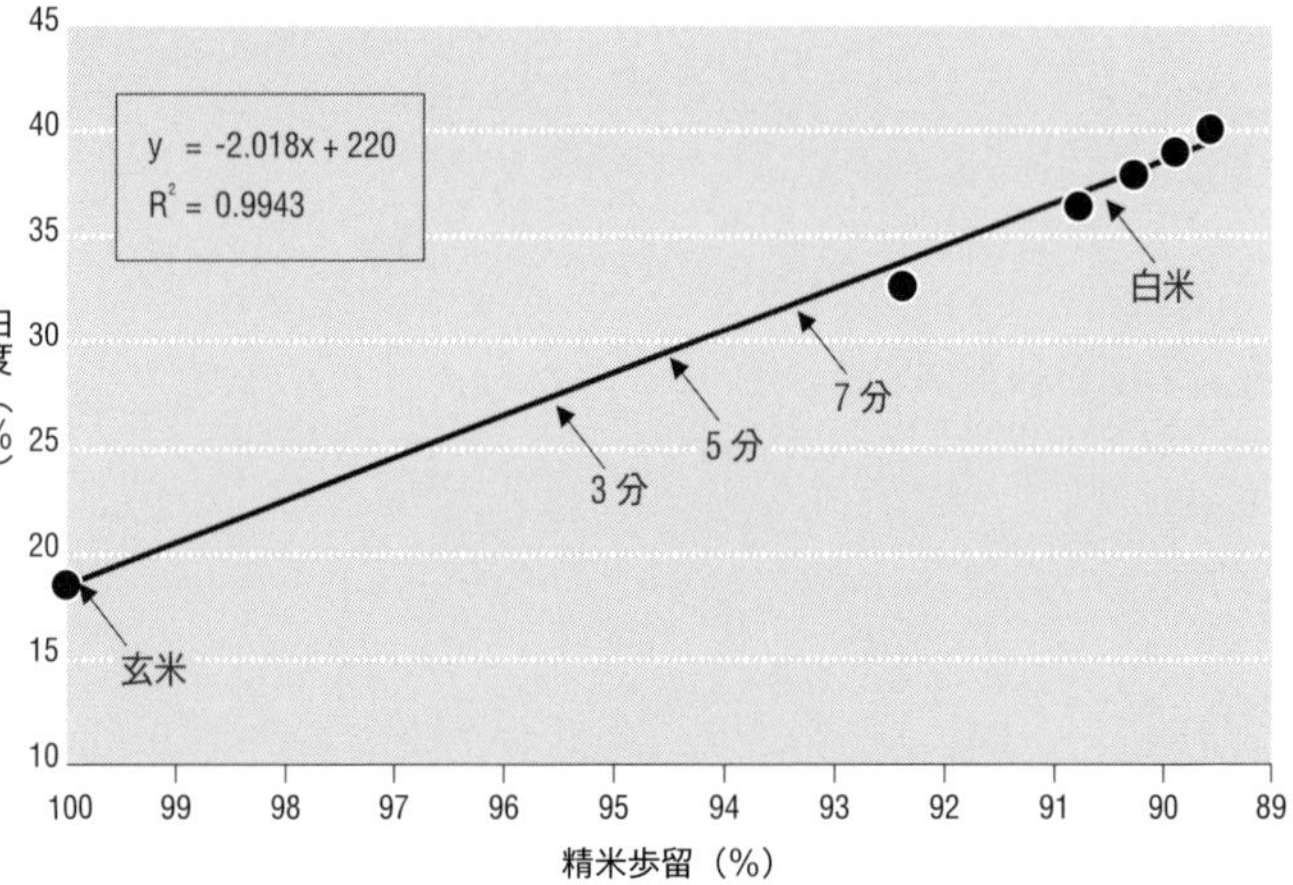

1）供試材料：平成21年産福島コシヒカリ
2）精米方法：家庭用精米機（S社製マジックミル）で3分、5分、7分、白米モード搗精

9 白米保管の大敵は温度

白米を冷蔵、室温、恒温槽で20日間保管したときの色と食味の変化が調べられている（表3❸[*9]）。精米直後を基準にすると、5℃の冷蔵保管では食味値が変わらず、15〜25℃の室温保管でもシンセサでの新鮮度（FD値）が4ポイントほど低下するが、食味鑑定値には影響がなかった。また、官能試験（外観、香り、硬さ、粘り、味、総合評価）でも食味の低下が認められなかった。一方、40℃の恒温槽保管では新鮮度が28ポイント低下、官能評価も硬さと粘りは変わらなかったが、外観、香り、味、総合評価はやや低下し、白米の色艶も少し落ち、黄ばみや劣化臭が認められた。色、外観、食味の維持には低温保存が不可欠なようである。

このように白米の鮮度は保管温度に大きく影響されるので、スーパーなどの量販店では低温保管されており、家庭でも冷暗所や冷蔵庫などでの保管が望ましい。白米の室温保管では夏は2週間、春・秋は1カ月、冬は2カ月くらいが目安となろう。

3 ❸ 白米保管時の白度・食味の変化（川上2010より作表）

供試白米	平成21年度福島県産コシヒカリ 精米歩留91.2%、白度40.0%、残芽9%			
保管条件（温度）	対照（精米直後）	冷蔵（5℃）	室温（15〜25℃）	恒温槽（40℃）
保管方法・期間	ラミネート袋、20日間			
新鮮度（FD値）	96	95	92	68
色彩色差計 L*/a*/b*	72.8/-3.0/4.8	73.1/-2.9/4.7	73.2/-3.0/4.7	73.5/-3.0/5.5
食味鑑定値	86	86	85	69

注）L*（白ー黒）、a*（赤ー緑）、b*（黄ー青）

10 ご飯を保温すると色も味も低下する

ＩＨ炊飯器で炊飯後保温したご飯の2時間後、6時間後の品質が比較されている（表3 ❹）[*9]。2時間後は炊飯直後と食味が同等であったが、6時間後には僅かではあるが黄ばみが増え、香りと味の低下、硬さの増加が認められている。これはご飯を長時間保温しておくと、ご飯に含まれているアミノ酸と糖がアミノ・カルボニル反応（メイラード反応ともいう）を起こし、褐色色素（メラノイヒン）により黄ばみ、同時に発生する揮発物質が不快臭を招くからである[*9/10]。また細菌の繁殖も起こる。もともと玄米にいる耐熱性菌バチルス・セレウス菌は100℃でも死滅しない。そのためご飯を長時間保温しておくと、この菌が繁殖してしまう。この菌類はほとんどがぬか中にあり、精米でぬかが除去されていると思っても完全には除けない。

このため炊飯後はなるだけ早く食べるのが好ましい。やむなく残す場合には、ご飯が暖かいうちにラップで包み冷凍保存し、食べるときに電子レンジで加熱するのがよい。冷凍でなく冷蔵（4～5℃）では、デンプンが老化して硬くなりかえって不味くなる。

3 ❹ ご飯保温時の色と食味の変化（川上2010より作表）

供試白米	平成21年度福島県産コシヒカリ 精米歩留91.2%、白度40.0%、残芽9%		
保管条件	対照 （保温直後）	保温2時間	保温6時間
保管方法・期間	ラミネート袋、20日間		
新鮮度 （FD値）	96	95	92
色彩色差計 L*・a*・b*	73.1・-3.0・4.9	73.6・-3.0・4.8	73.2・-3.0・5.6
食味鑑定値	86	83	83

注）L*（白ー黒）、a*（赤ー緑）、b*（黄ー青）

第4章

米と健康機能性、その強化

1 米の炭水化物とＧＩ値

ＧＩ値とはなにか？

米の主成分は炭水化物である。炭水化物が体に消化吸収される速度を数値化したのがＧＩ（グリセミックインデックス：Glycemic Index）値で、数値が高いほど血糖値の上昇が激しく、低いほど緩やかになる。そのためＧＩ値は炭水化物を摂食する場合の参考値になっている。

具体的には炭水化物50ｇ摂取時の血糖値の上昇度合を、ブドウ糖を１００とした場合の相対値で示し、次式で計算される。欧米では白パン、日本ではご飯が基準になることもある。

ＧＩ値＝（試料摂取時の血糖値上昇曲線の面積）／（ブドウ糖摂取時の血糖値上昇曲線の面積）×１００

4 ❶ 穀類・パンのGI値

食品	GI値	食品	GI値
餅	84	おかゆ玄米	46
白米	83	あんパン	94
もち米	80	フランスパン	92
赤飯	76	食パン	90
おかゆ白米	56	バターロール	82
玄米	55	ナン	81
五穀米	54	ベーグル	74
発芽玄米	53	クロワッサン	67
黒米	49	ライ麦パン	57
赤米	48	全粒粉パン	49
はと麦	47		

ＧＩ値の計算は、上昇曲線が描く面積で決まるため、上昇速度やピーク値が低くても長時間血糖値が上がる食品はその値が高くなる。逆に砂糖のように急激に血糖値が上昇し、速やかに下降するようなものは値が低い。このため、ＧＩ値は血糖値の急上昇によりインスリンが過剰分泌して急降下するような場合、ピーク値の高低の影響度合を正確に表現できないともいわれている。当然ながら健常者を対象にした測定データは、糖尿病患者の参考にならない。

また、１食分当たりでなく炭水化物50ｇ当たりの試料で比較するため、ウドンとソバでは比較重量が違うことになる。炭水化物の含有量が非常に少ない肉類などは実測できない。例えば豚モモ肉１００ｇ当たり炭水化物は約０・２ｇであり、試料用肉は25㎏も摂取しなければならず、測定はできない。基準試料がなにか、測定法に違いがないかなど、ＧＩ値を比較するにあたっては注意が求められる。

米を中心に低ＧＩ値食品をバランスよく摂る

食後血糖値が上昇するとすい臓から分泌されるインスリンが増え、糖質がエネルギー（グリコーゲン）として体内に取り込まれる。過剰な糖質は肝臓や筋肉での貯蔵可能量を超えると体脂肪として蓄積される。体内脂肪を減らし減量するには血糖値が穏やかに上昇する低ＧＩ値の食品を選ぶことが有効である。

主な穀類のＧＩ値の一例を表4❶に示す。一般的に色の黒いものの値が低く、玄米、ライ麦、雑穀などは白米や精製された麦よりも低い。また粒状のものは粉状のものよりも値が低く、ご飯は小麦パンよりも低い。

低いＧＩ値のものでも、摂取量が多ければ体脂肪の蓄積を招く。ＧＩ値の適正な使い方は、今までの摂取量を変えずに、中身を低ＧＩ値の食材に入れ替えるときに参考となる。ＧＩ値のみに注目して必須栄養素の摂取量を減らせば、むしろ健康状態に悪影響を与える。ＧＩ値が低ければよいのではなく、穀物・野菜・果物等といった各分類の中で低ＧＩ食品を選び、バランスのよい摂取をするのがよい食べ方といえよう。米は穀物の中ではその主役となる。

2 胚芽米はビタミンの濃縮パック

胚芽米は胚芽をできるだけ残すように精米した米のことである。胚芽にはタンパク質、脂肪、ビタミン、ミネラルなど微量栄養素や生理活性成分が豊富に含まれ、貯蔵中も呼吸活動が維持されている。この胚芽の残存程度は主に品種特性に左右され、胚芽残存率として数値化されている（第1章の6参照）。残存率の高い胚芽米は発芽処理すると78ページで紹介するGABA（γ‐アミノ酪酸）を富化することも可能である。[*1] また、胚芽米の栄養価値を保持するために、米を研がずに炊飯できるように無洗米加工したものもある。

胚芽米の標準栄養成分は前掲（第2章の表2❶）の通り、玄米と白米の中間に位置する。注目されるのは、胚芽米にはビタミンB群とEが相対的に多いことである（図4❶）。ビタミンB_1はぬか（胚芽を除く）にもっとも多いものの胚芽にも35％含まれ、ビタミンEは胚芽に56％ともっとも多い（図4❷）。胚芽はビタミンの濃縮パックといえる。ビタミンB_1は人体でのブドウ糖代謝に不可欠で、白米食で不足した分は副食から補給しないと脚気病になることがよく知られている。ビタミンEが胚芽米にきわだって多いのは、胚芽の胚盤（胚芽底部で胚乳に接する部分）に多く分布しているからである。胚芽米には胚盤が多く残っているので、ビタミンEの含有量が玄米に近い。

また、胚芽米を毎日食べている人から、よく耳にするのは便通が快適で胃もたれしないということがある。これは食物繊維の効果である。胚芽米の食物繊維含量は、白米の3倍、玄米の半分近くもある。そのうえ、胚芽米にはビタミンB群が多く含まれるので、腸内細菌を増やして活動を活発にし、腸の働きをよくすることが広く知られている。

4 1 ビタミン類含有量の比較（五訂 日本食品標準成分表より）

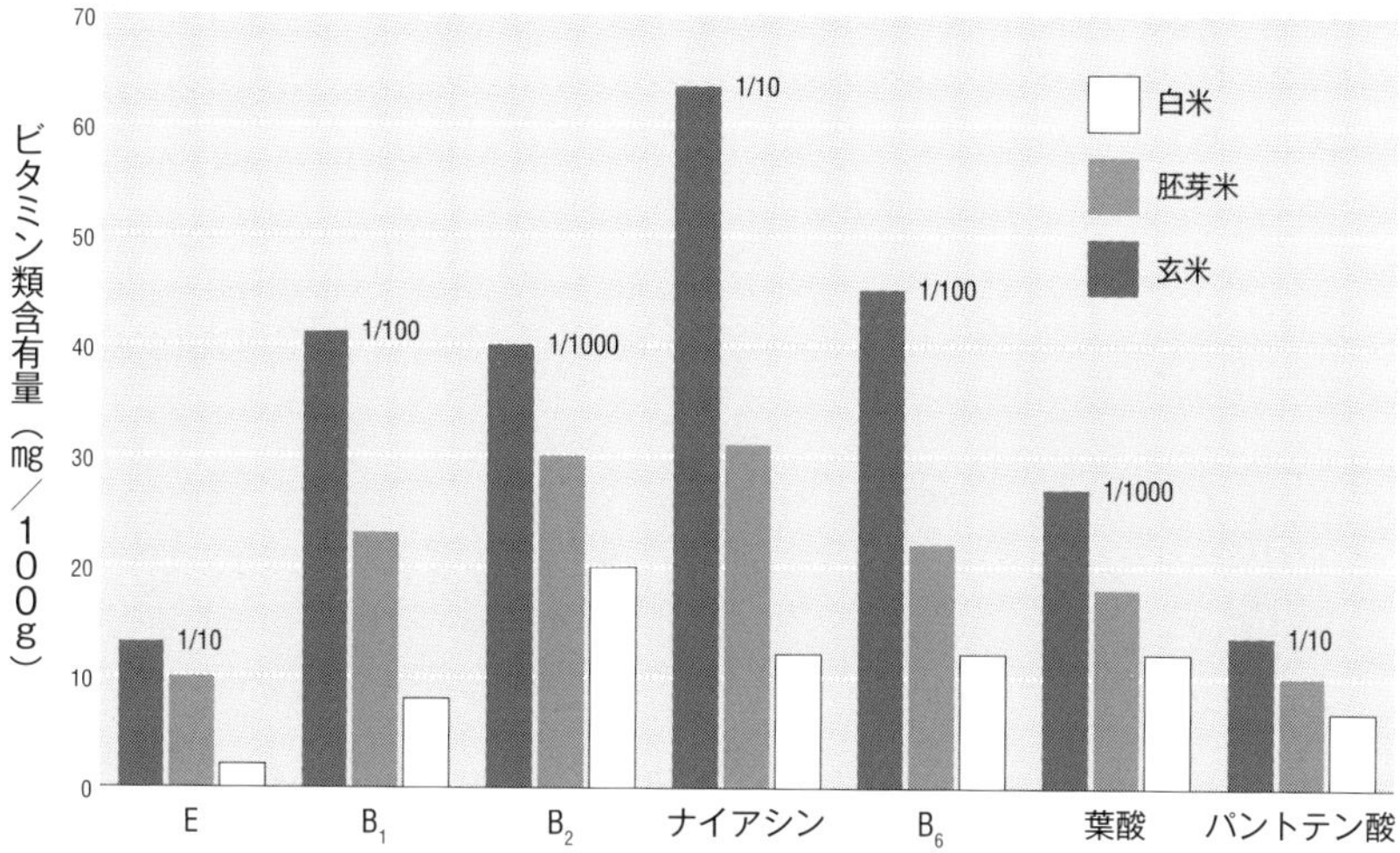

＊図中の数値は縮尺率。実際の含有量＝たて軸の数値×縮尺率

4 2 玄米のビタミン B_1（左）およびビタミン E（右）の分布 ＊2

（五訂 日本食品標準成分表に基づいた推定値：五明作図）

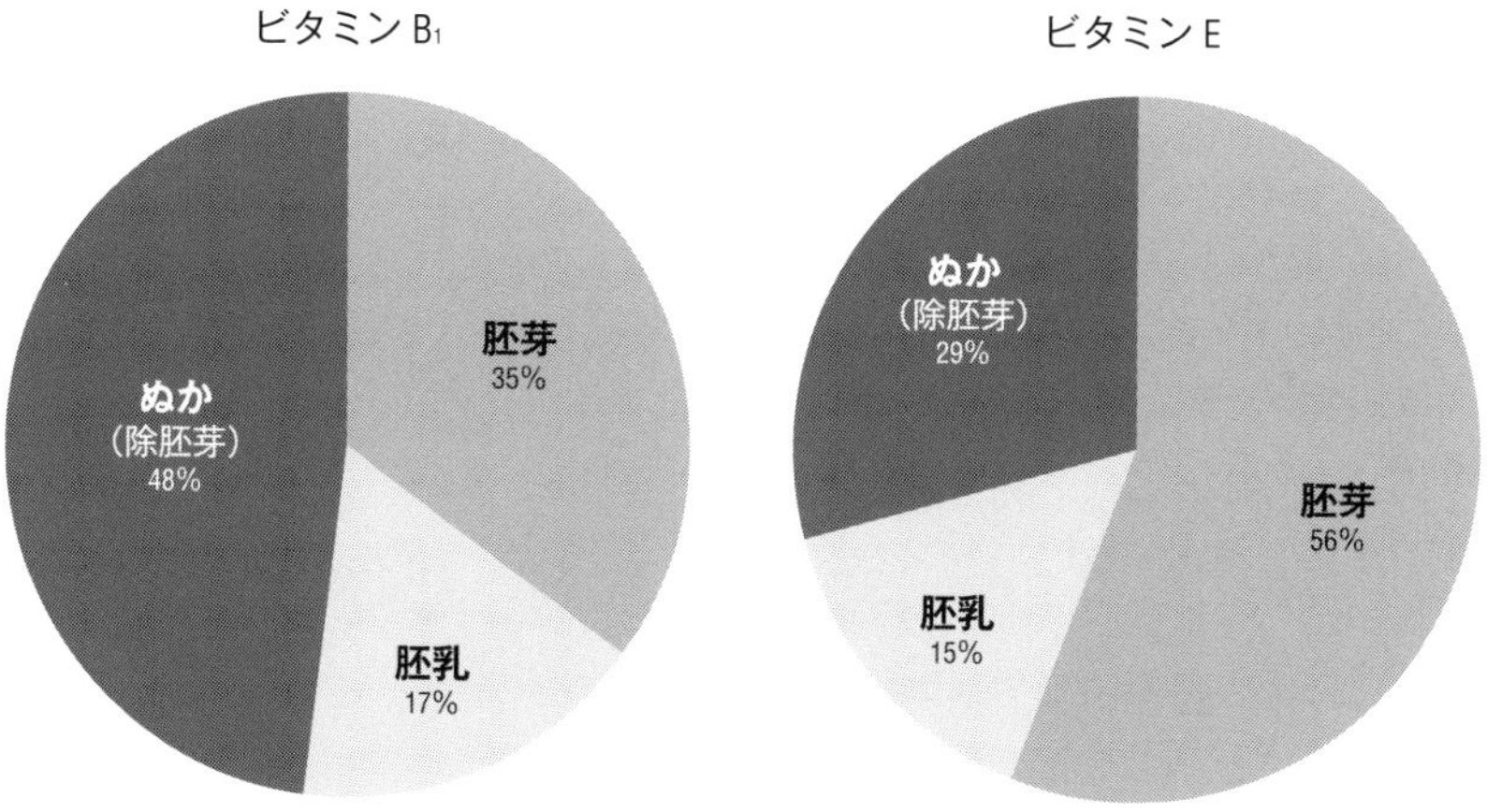

3 胚芽精米法と胚芽米の保管

胚芽精米には専用の胚芽米精米機と研米機が使われる。研削式精米機では回転数をやや下げて軽く2回通しが行なわれる。その後、肌ぬか（精米後も残っている粘着性のぬか）を除去するために研米機で仕上げ処理をすれば無洗胚芽米が製造できる。最近では台所で使える家庭用小型精米機に胚芽米運転モードがある機種では、胚芽米にほぼ近いものが簡単に加工でき、手軽に胚芽米ご飯が食べられる。胚芽米を炊くと、白米のご飯に馴染んだ人はやや食べにくいとする声が少なくないが、逆に旨味が強く、ほのかな甘味が感じられるとする人もある。また、胚芽米を水に浸漬すると、残っている胚芽からGABA（ギャバ、γ-アミノ酪酸）が富化されることが明らかになっている。

ただ、胚芽米は白米よりもやや貯蔵性が低いので注意を要する。外部湿度が高いところに置いておくと、残芽

胚芽精米の一工夫！

低圧力2～3回搗きで胚芽米の食味を高める　（農文協『農技大系・作物編』2-①口絵33p、写真：倉持正実）

1回搗きの胚芽米　ぬかが残る

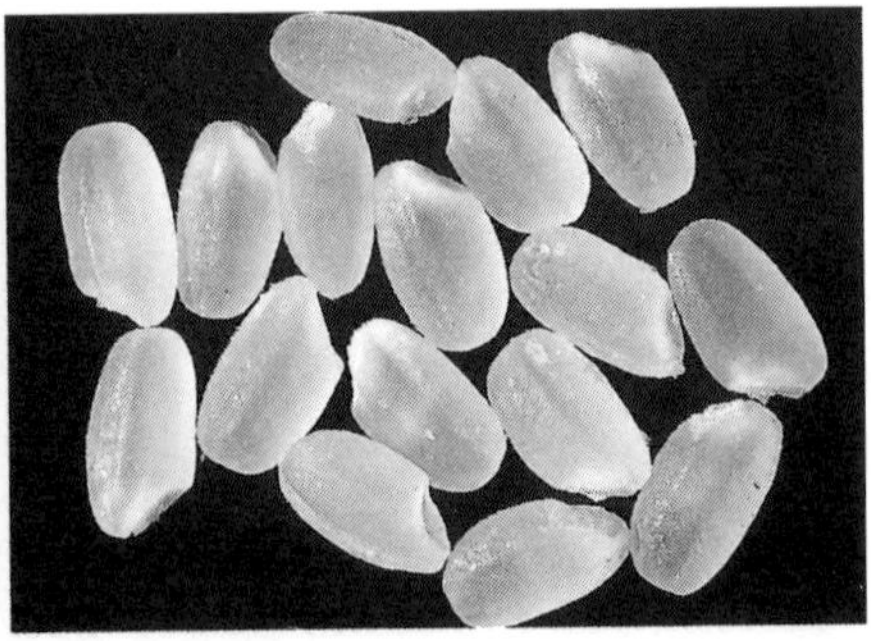

低圧3回搗きの胚芽米　米温上昇が抑えられ、白度は上がり胚芽も残る。ぬか切れがよく、砕米も少ないので食味もよい

部分やぬか層が変敗しやすく、胚芽米の外観・白度やご飯の食味・粘りが低下しやすく、古米化も進みやすい。これを防ぐには、外部湿度の影響を受けにくい包装材、例えばクラフト紙にポリ樹脂でコーティングしたクラフトSP袋などで保管するのが有効であるが、[*3] 胚芽米は精米後なるべく早めに食べてしまうのが好ましい。さもないと鮮度や味が落ちやすく食べにくくなる。

胚芽米と脚気病の話

胚芽米で必ず話題になるのが脚気病である。古くは「江戸患い」として猛威をふるい、恐れられた。参勤交代で江戸入りした大名などが患い、国元に戻ると治る。庶民は自分たちに無縁の贅沢病とうそぶいていたが、豊作年には米価が下がり庶民にも「患い」が流行った。時代が下り明治時代の半ば、同じ症状が全国に拡がり、とくに白米を腹一杯食べていた陸軍で蔓延。日清戦争（1894〜95）では多数の脚気病死者を出した。続く日露戦争（1904〜05）でも、戦死者4・7万人に対し脚気病死者2・8万人、深刻さを増した。戦後に早速、「臨時脚気病調査会」が設置され、まとめ役は陸軍医務局長森林太郎(鷗外)であった。一方、海軍はいち早く洋食に切り替え脚気病が発症しなかった。病の原因はわからないままに、森林太郎を含め多くの医学者は伝染病の一種と説いていた。文豪・鷗外は意外に頑迷であったようである。

1910年に農学者鈴木梅太郎（東京帝大教授）が、ハトの実験から米ぬか成分オリザニン（ビタミンB_1）が鳥類脚気病の予防・治癒に有効なことを発見、しかし誇り高き医学界はなかなかこれを認めなかった。大正末期の脚気病死者は毎年2万人以上。1932年、医学者島薗順次郎（東京帝大教授）が原因はビタミンB_1欠乏であることを臨床試験で検証、「胚芽米常用論」を提唱した。これに先立ち、米屋の朝日胤一氏と精米機製造業の佐竹利市氏が、同教授のもとに精米機を持ち込み胚芽米の加工研究に加わり、横型研削式胚芽米搗精機が完成していた。「脚気病は伝染病でなく、食物の微量栄養素の欠乏」、積年の脚気論争が決着を見たのである。

4 発芽玄米ってなに？

玄米より食べやすくGABAが豊富

発芽玄米はその名の通り「発芽させた玄米」のこと、0・5～1㎜ほどの芽が出たものから、芽が外観から判別できない程度のものまである。発芽玄米が注目されるのは、炊飯すると玄米ご飯よりも軟らかくて高齢者も食べやすく、しかも栄養成分が高い点にある。発芽によって各種酵素が活性化され、糖質分解が進んで甘みが増し、タンパク質も分解され旨味成分であるアミノ酸が増える。また、発芽玄米は各種機能性成分を多く含み、なかでもGABA（ギャバ、γ-アミノ酪酸）含有量が顕著に増え、食物繊維も多く含む。日本発芽玄米協会（現、高機能玄米協会）は、乾物100g当たりGABA含有量が15㎎以上のものを「発芽玄米」としている。

発芽玄米が一躍注目されるようになったのは、米胚芽、胚芽を含む米ぬか、胚芽米を40～50℃以下の水に浸すと、このGABA含有量が急増することが発見されたことに始まる。[*4] そのときのデータが図4 3で、見たとおり水温40℃下でグルタミン酸が分解されGABA含有量が急増している。GABA富化量は品種や玄米のグルタミン酸含有量の違いによっても異なるが、主要10品種では、どの品種でも白米の10倍程度に増加するという。

4 3 胚芽水浸漬におけるGABAとグルタミン酸含有量の変化（上）とGABA生成に及ぼす水温の影響（下）（三枝ら 1996）

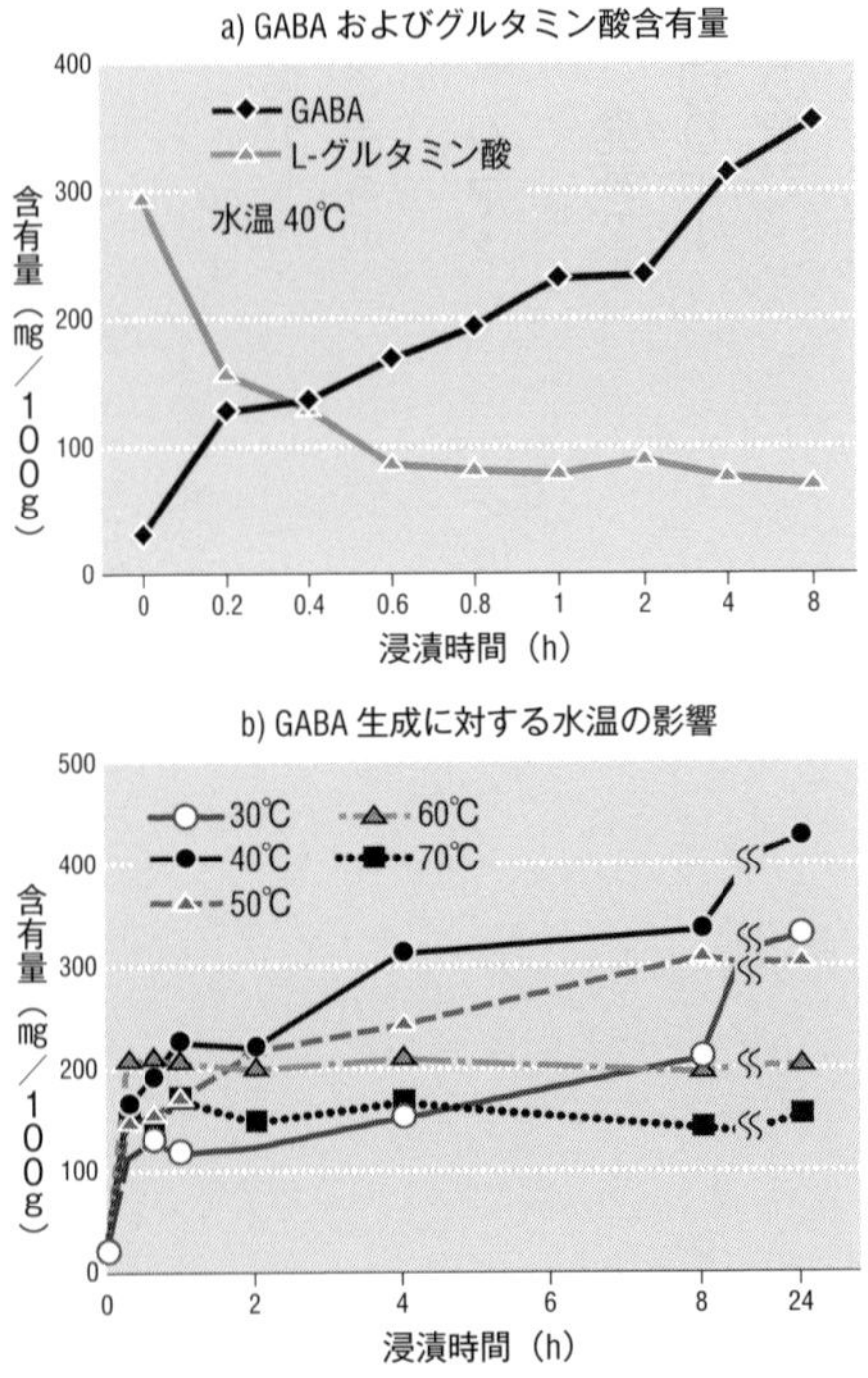

こうした知見をもとに、発芽玄米を素材に米がゆ、酢、味噌、ドリンク、パン類、菓子類などの商品開発がなされてきた。

栄養成分と機能性成分がいっぱい

玄米が白米よりも栄養が豊富なことはいうまでもない。さらに発芽玄米は、もともと玄米がもっている栄養性成分や機能性成分のうえに、前述のとおり発芽時の酵素活性化によってＧＡＢＡが玄米の2～3倍、白米の10倍程度にまで増える。また、白米にはほとんど含まれない食物繊維が豊富に含まれ、カリウム、マグネシウム、ビタミンB_1やビタミンＥなども多い。こうした発芽玄米に含まれている機能性成分の機能については後述（本章末「米には高機能性成分がいっぱい」参照）の通りである。

発芽玄米は栄養面から、また健康面からも優れた加工米であり、糖尿病、高脂血症、高血圧、アレルギーなどに有効なことが臨床試験で確かめられている。その効果は代謝障害だけでなく、抗ストレス、アルツハイマー性痴呆の予防にまで及びそうである。さらに最近、発芽玄米から新たに発見された希少成分ＰＳＧ（アシル化ステロール配糖体）のサプリメントを、成人男性51名に12週間、1日30～50㎎摂取させたところ、肥満防止、血中ＬＤＬコレステロール、ｎｏｎＨＤＬコレステロール値、ＬＨ比が有意に下がり、動脈硬化のリスクが低減できることが報告されている。[*5]

タマネギで発芽促進!!

発芽玄米の製法は、「洗米」→「浸漬（発芽）」→「水切り」→「蒸煮」→「冷却」→「包装」→「二次殺菌」の順で、水浸漬は30～35℃で約24ｈ、蒸煮・冷却後水分35％程度で真空パックするウエットタイプと、水分15％程度まで乾燥して保存性を高めるドライタイプがある。前者は食味に優るがパック開封後カビが発生しやすいので、使い切りの小パック（１００～１５０ｇ）家庭用。後者はエネルギーコストが低く大量生産できるので、学校給食や外食向きである。また、浸漬工程でタマネギ、とくに赤タマネギを加えると発芽促進や微生物繁殖抑制があるとする特許[*6]がある。これは発芽力の弱い原料玄米での利用、また発芽時間の短縮、防カビ性、タマネギ有用成分ケルセチンの添加効果もあり、天然素材活用による製法として注目される。

5 発芽玄米、玄米をより美味しく食べる

栄養成分、機能性成分いずれも申し分がない発芽玄米、食味も大幅に改善されたが、白米に馴染んだ人には、まだ食感が硬く〝ボソボソ〟感があり常食化しにくい。そのため、年間流通量は1・5万t程度に留まっている。好みは人で違うので発芽玄米と白米とは別物、比べること自体が適当でないとする声もあるが、さらなる食味の改善が課題となっている。

ぬか層の薄い品種の利用、表面加工などで食べやすく

発芽玄米をいかに食べやすくするか、浸漬時間を短くするかなどについてはすでに多くの試みもなされている。例えば、品種では一般的にぬか層が薄い、北海道産「ほしのゆめ」、関東産「キヌヒカリ」、九州産「夢つくし」などの利用、玄米表面を軽く削って多数の切削傷を付けてから発芽玄米加工する、あるいは発芽玄米にしてから軽く削るなどの工夫がなされている。[*7] 実践事例では籾の状態でほんの少し発芽させて籾摺りすると不快臭が残らないという報告もある（『現代農業』2001・12・157p）。

また、発芽玄米は玄米に比べてぬか層が軟らかくなっているため基本的に白米と同じように炊くことができる。炊飯器の中には発芽玄米用コースを設けたものも登場している。また現在では家庭で玄米を発芽させる発芽玄米器や、発芽玄米のGABA生成機能をもつ電気炊飯器も登場している。発芽玄米は徐々に生活に身近な存在になりつつあるが、玄米特有のぬか臭や食感が残っているので、どうしても常食化できない人が少なくない。人によって嗜好が異なるので一概に言えないが、良食味化の点からはまだまだ改良の余地があると考える。

籾の状態でほんの少し発芽させ、それから籾摺りした発芽玄米
（農文協『現代農業』2001年12月号157p、写真：倉持正実）

ぬか臭についていえば、香り米を数%混ぜるとほぼ抑えられる（45ページ参照）。

玄米をおいしくする「緩慢凍結乾燥製法」

発芽玄米ではないが、玄米そのものを美味しくする試みもある。その一つとして、「緩慢凍結乾燥による美味しい乾燥玄米製法」が開発されている。[*8] これは、北海道産「おぼろづき」由来のアミロース低減化遺伝子Wx1-1、あるいは「北海PL9」由来のqAC9・3をもち、アミロース含有量が約12～14%の玄米を、図4-4に示す加工処理をすると食感が白米のように軟らかい乾燥玄米ができる。玄米表面には無数の細かい亀裂が生じ、また、食物繊維、ビタミンE、GABAが白米より多く含まれ、浸漬処理や圧力釜を用いることなく、ふつうの家庭用炊飯器でもすぐに炊飯できる。

アミロース低減化遺伝子Wx1-1を保有する品種はほかに「おぼろづき」「ゆきがすみ」「ゆめぴりか」、qAC9・3を保有する品種は「ゆきさやか」がある。現時点では、限られた遺伝子をもつ玄米に有効であるが、今後はアミロペクチンの多様性や加工法をいろいろ組み合わせることによって、品質や食味、機能性を向上させた乾燥玄米の開発が期待できそうである。[*9]

図4-4 乾燥玄米の緩慢凍結乾燥製法
（農研機構 北海道農業研究センター）

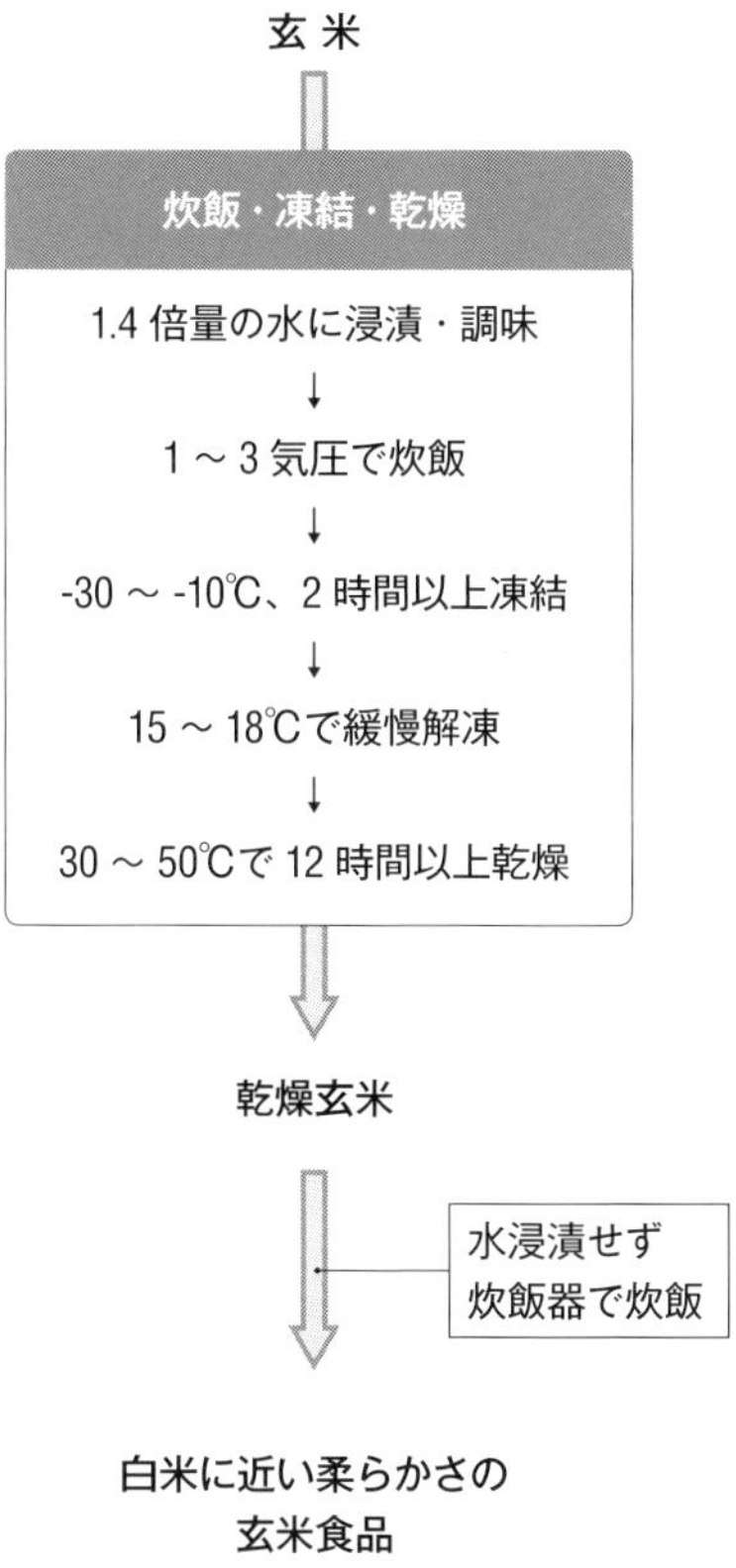

6 GABA（ギャバ）米、その効能と美味しさ

GABAを自然富化させた加工米

籾や玄米を加温・加湿してGABAを自然富化させたのがGABA米である。胴割れが少ないので次項で述べるように精米や無洗米加工ができ、しかも砕米発生が僅かである。GABA玄米のGABA含有量は、温度・湿度、富化時間、品種によって違いが生じるが、およそ10〜20㎎／100g、普通玄米の約3倍、普通白米の約10倍である。しかも、図4-5[*10]に見るようにGABA白米（精米歩留約90％）のGABA含有量はGABA玄米の約70％、さらに歩留が低くなってもGABAを含有している。これはGABAが米粒内部にまで浸透しているからである。

GABA無洗米で血圧改善

GABAは本章の最後で述べているように、血圧降下作用や精神安定作用などを有している。図4-6に GABA米としては初の人介入試験の結果を示した。[*11] 北海道産米「ゆめぴりか」のGABA無洗米（GABA量16・8㎎／日）とプラセボ（無富化無洗米）を被験者39名（被験食群22名、プラセボ食群17名）に8週間摂食させた二重盲検並行群間比較試験である。その結果、家庭での収縮期血圧（起床時）が摂取後6、8週目及び摂取終了後1週目に改善され、拡張期血圧も摂取終了後1週目に有意な低い値を示した。また、精神状態と睡眠の質に改善傾向（VASテスト）が見られ、コルチゾールとアディポネクチンの血中濃度が増え、ストレス緩和傾向も認められている。

GABA米の食味は普通白米と同等で、炊飯してもGABA量は減らない。GABA米を用いたレトルト米飯や乾燥米飯などの製品販売も始まっている。GABAにはストレス緩和作用があるので、地震被災者や救援者などの災害食としても注目されている。

白米と変わらない食味・食感

以上のように、GABA米にはぬかに含まれるγ-

オリザノールや食物繊維などの成分が含まれていないが、普通白米と同等の食味・食感であるので常食化できる。GABA米は健康米を志向した良食味で食べやすい白米、発芽玄米とは別領域の米と理解される。GABA米は「機能性表示食品」としてすでに消費者庁に登録されている。

4-5 精米歩留とGABA含有量の関係（水野ら 2011）

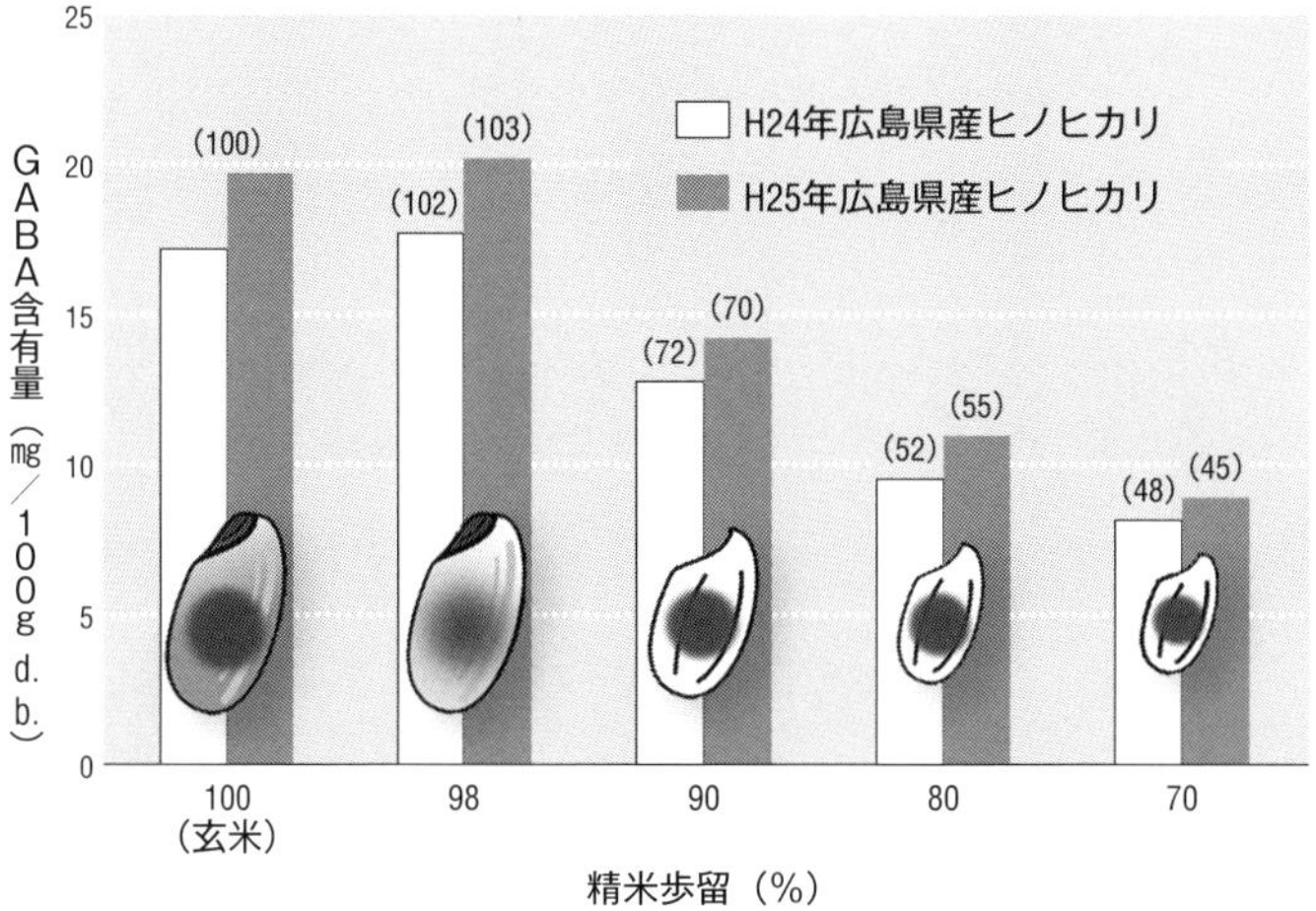

4-6 GABA米摂食による家庭起床時における血圧降下作用の検証（Nishimura et al. 2014）

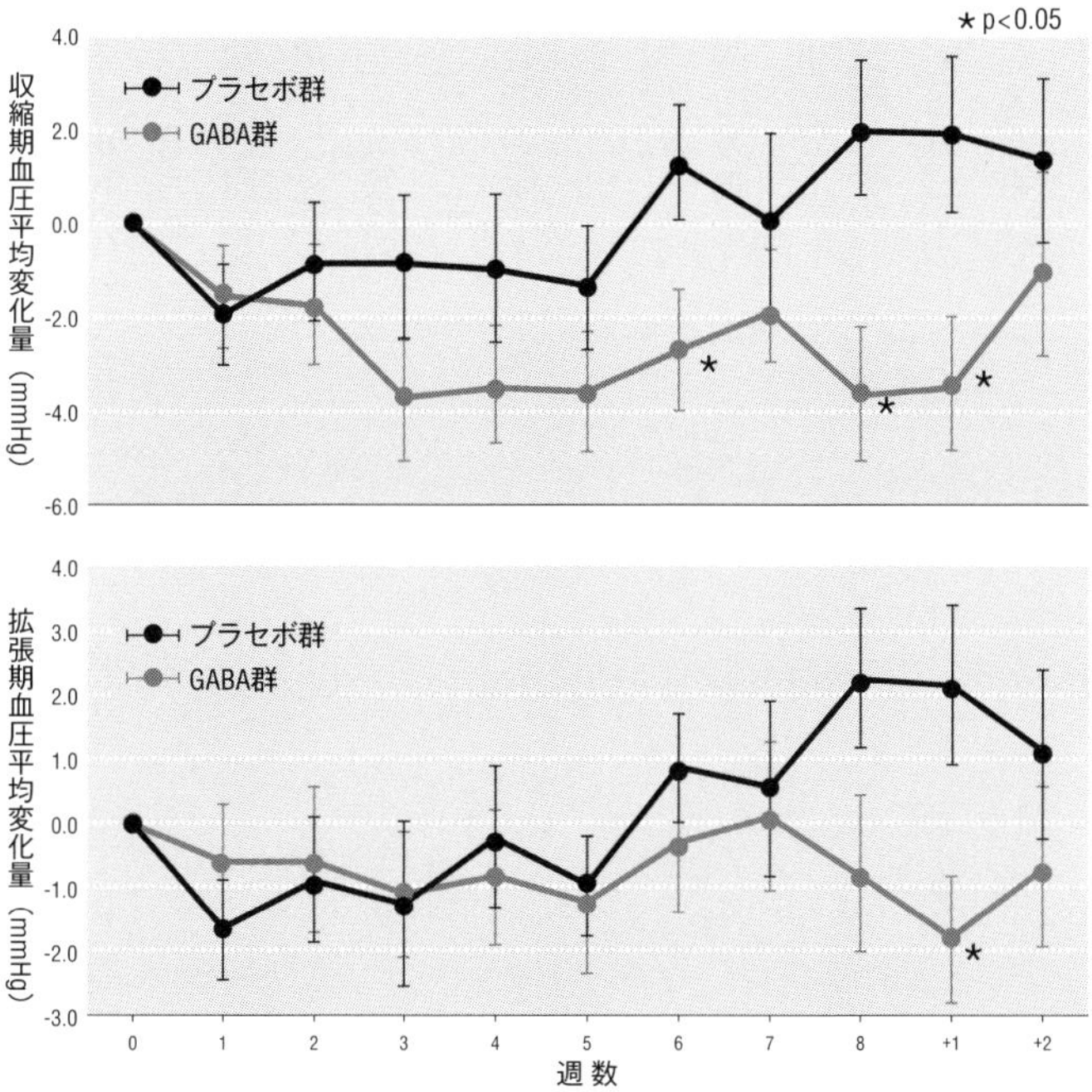

7 熱と水で自然富化、シンプルなGABA米製法

GABA米の製法はシンプルである。籾あるいは玄米を高温・高湿空気（60〜70℃、90％程度）にあて、粒水分を高めると自然にGABAは富化する。胚芽やぬか層に存在するグルタミン酸がグルタミン酸脱炭酸酵素（GAD）によってGABAに転換され、並行して水溶性であるGABAが水分の高い胚芽から水分の低い胚乳へ自然に浸透・移行する。その後、水分約15％まで乾燥する。水分の上昇や下降が緩やかなので、胴割れ粒がほとんど発生しない。そのため発芽玄米では難しい精米や無洗米の加工ができる。GABA富化した米の総称がGABA米、籾摺りしてGABA玄米、精米してGABA白米、無洗米加工すればGABA無洗米となる。上述のように、GABA白米、GABA無洗米ともに粒内にGABAを含有し、しかも普通米と同等の良食味である。

GABA米の製造工程（サタケホームページより、一部加筆）

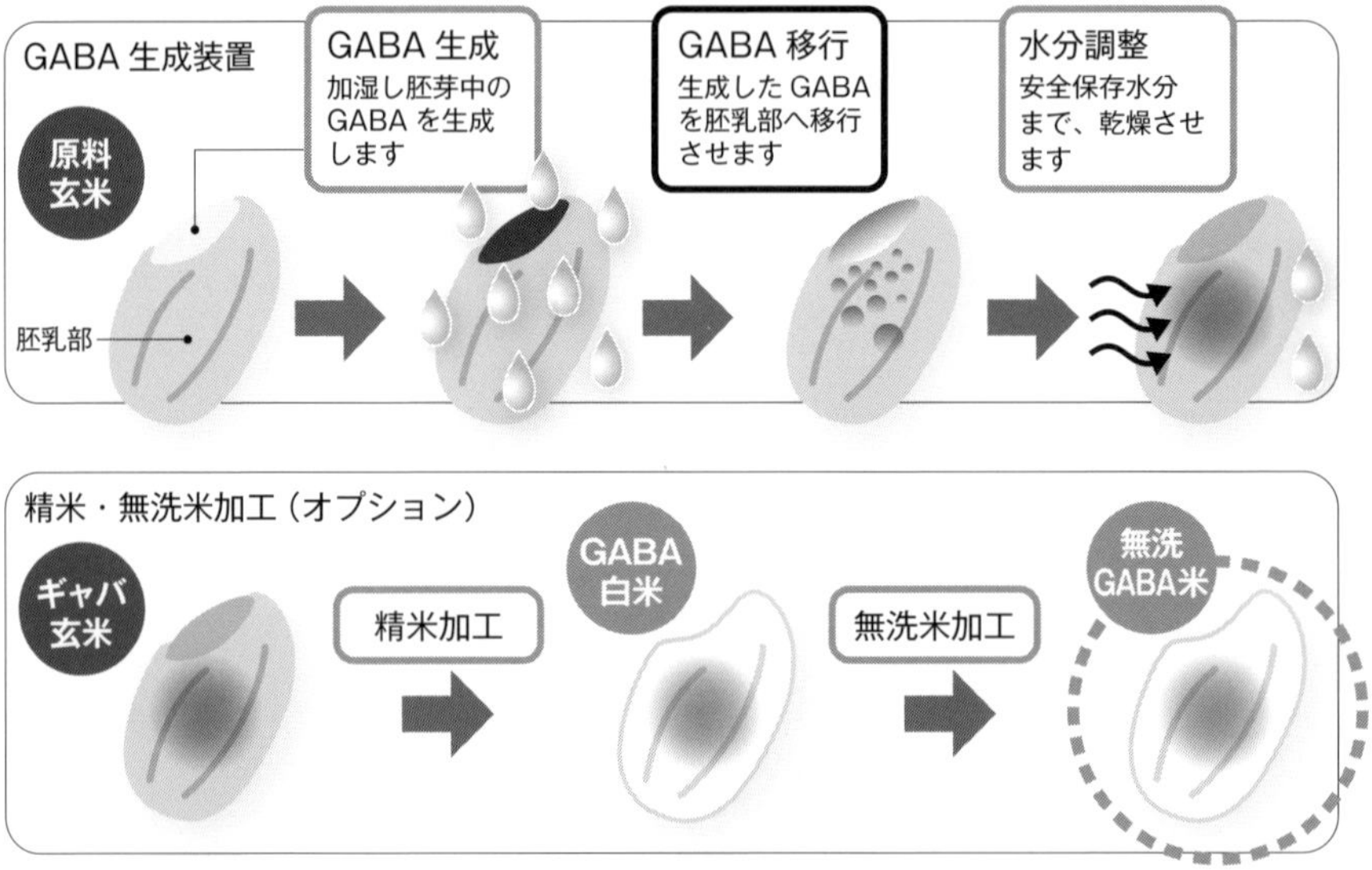

胚芽部に蓄積したグルタミン酸からGABAを生成し、胚乳部に自然吸収。精米してぬかと胚芽を削れば白米、無洗米加工をすればGABA無洗米ができる。

新形質米もGABA富化でパワーアップ

GABA米製法は発芽玄米と同様に水浸漬法に始まり、ついで微量加水法[12]、今日では富化時間の短縮と胴割れが軽減できる高温・高湿法[10]に進化し、国内外で実用化が進んでいる。

今後は、新形質米（新しい形質や特性をもった米）、例えば腎臓病患者の食事療法用主食米として開発された低グルテリン米（易消化性タンパクのグルテリン含量が低く、難消化性タンパクのプロラミンが多い）などを原料にしてGABA富化すれば、新形質米が有する形質に加えGABA効果を付加できる。新しい米の創出が容易に可能となろう。

中高圧処理でぬか成分が胚乳に移行する

玄米を水分28％程度にまで加水して、加温（20、40、55℃）・加圧（0・1、100Mpa）を組み合わせた処理で、米ぬかに含まれる総ポリフェノール量（p-ヒドロキシン安息香酸、バニリン酸、シリンガ酸、p-クマル酸、フェルラ酸、シナピン酸を実測）が可食部である胚乳部に浸透移行することが示されている。[13] 55℃-100Mpaでもっとも浸透・移行が多い。なかでもフェルラ酸の増加が顕著で、糯《もち》米よりも粳《うるち》米に効果（コシヒカリ4・2倍）があるという。圧力も100Mpaの高圧でなく0・1Mpa（常圧）でもかなり高い移行効果があることが示されており、設備費の点から低・中圧での実用化が期待される。

同様の結果が、高アミロース米の湿熱処理（0・1Mpa、10分）で、ぬか中の抗酸化能成分であるポリフェノールが胚乳へ移行することが確認されている。[14] 玄米水分は15％から20％に上昇する。

また、玄米（品種あきろまん）を高圧処理（6000気圧）した「健康米」が、ある印刷会社から販売されている。タンパク質やデンプンが変成して中身が炊けた状態になり、玄米の硬いイメージが一新。GABAが通常玄米の2倍に増え、消化吸収されやすく調理も簡単。高齢者に好評で、お通じがよくなり介護する側の負担も軽減されたという報道もある。高圧処理が新たな健康米の途を拓くことになるかもしれない。

8 時代とともに変わるコーティング米

表面を各種物質で覆った米

白米や無洗米の表面に各種物質を被覆したのがコーティング米である。被覆の目的は、①光沢を増すことによる商品価値の向上、②貯蔵中の鮮度保持と品質劣化の防止、③害虫や微生物による品質低下の防止、④栄養成分などの被覆による米の機能性強化などが挙げられる。被覆材の種類は目的によって違い、植物油、糖蜜、炭酸カルシウム、ブドウ糖、ビタミン類、ミネラル、デキストリンなどの単体や複合材。製法には回転容器で米と被覆材・粘着材の加熱混合、あるいは濃厚溶液の噴霧添加、粉末被覆材水溶液の噴霧攪拌などがある。

沖縄で受け入れられ、普及

桂木（2007）[*15]によれば、日本でコーティング米が本格化したのは過剰米問題が始まる1970年代半ば以降である。L-リジン被覆の「水晶米-S」が販売されたが反響が少なく、続いて販売されたL-リジン塩、L-グルタミン酸ナトリウムなどのコーティング米も伸びなかった。

これに先立ちアメリカ統治下にあった沖縄ではやや事情が違っていた。戦後の米不足を補うのに、1958年にアメリカから援助米が輸入され、これを機にアメリカで普及していたコーティングライスも持ち込まれた。価格や栄養面からも受け入れやすかったので、沖縄の精米工場にアメリカ製コーティング設備が65年に導入され、以降改良が重ねられた。現在でも本土でのコーティング米の普及は伸びないのに対して、沖縄で違和感が少ないのはこんな歴史的背景によると思われる。その後も沖縄では鮮度保持や古米臭抑制を狙ったトレハロースのコーティング米、最近ではビタミンEやFeのコーティング米（図4-7上段、商品名カルライナス）が、栄養補給や貧血防止のために製造販売されている。白米100g当たりビタミンE6mg、Fe4mgを含んでいる。2007年には、ビタミンミックス（ビタミンA、C、D、E、B_1、B_2、B_6、B_{12}、ナイアシン、葉酸、パントテン酸）のコーティング米や、粉末化したウコン、ゴーヤ、長寿草などの沖縄特産の植物や薬草の水溶液を噴霧攪拌し、水分蒸散して仕上げるコーティング米が販売されている。

白米にぬか成分を被覆した米など

一方、本土では戦後まもなく、白米を常食しても脚気に罹らないビタミンB_1強化米が販売された。これはビタミンB_1を溶かした酢酸液に白米を浸漬して水切り後、蒸熱乾燥したもので、炊飯釜に少量加えて炊飯する。80年代に入ると、ビタミン6種類（B_1、B_2、B_6、ナイアシン、E、パントテン酸）とミネラル2種類（カルシウム、鉄）の強化米（武田薬品、「新玄」）が販売された。これらは、白米の栄養成分を玄米に近付けるためにぬか成分等を被覆したもの（図4 7下段）や、乳幼児に不足がちな成分を補強したものである。

時代とともに不足する栄養成分が異なってくるので、それに応じた強化米が今後も開発されていくであろう。

4 7 ビタミンE・鉄分等のコーティング米（上段）、**ぬか成分などのコーティング米**（下段）

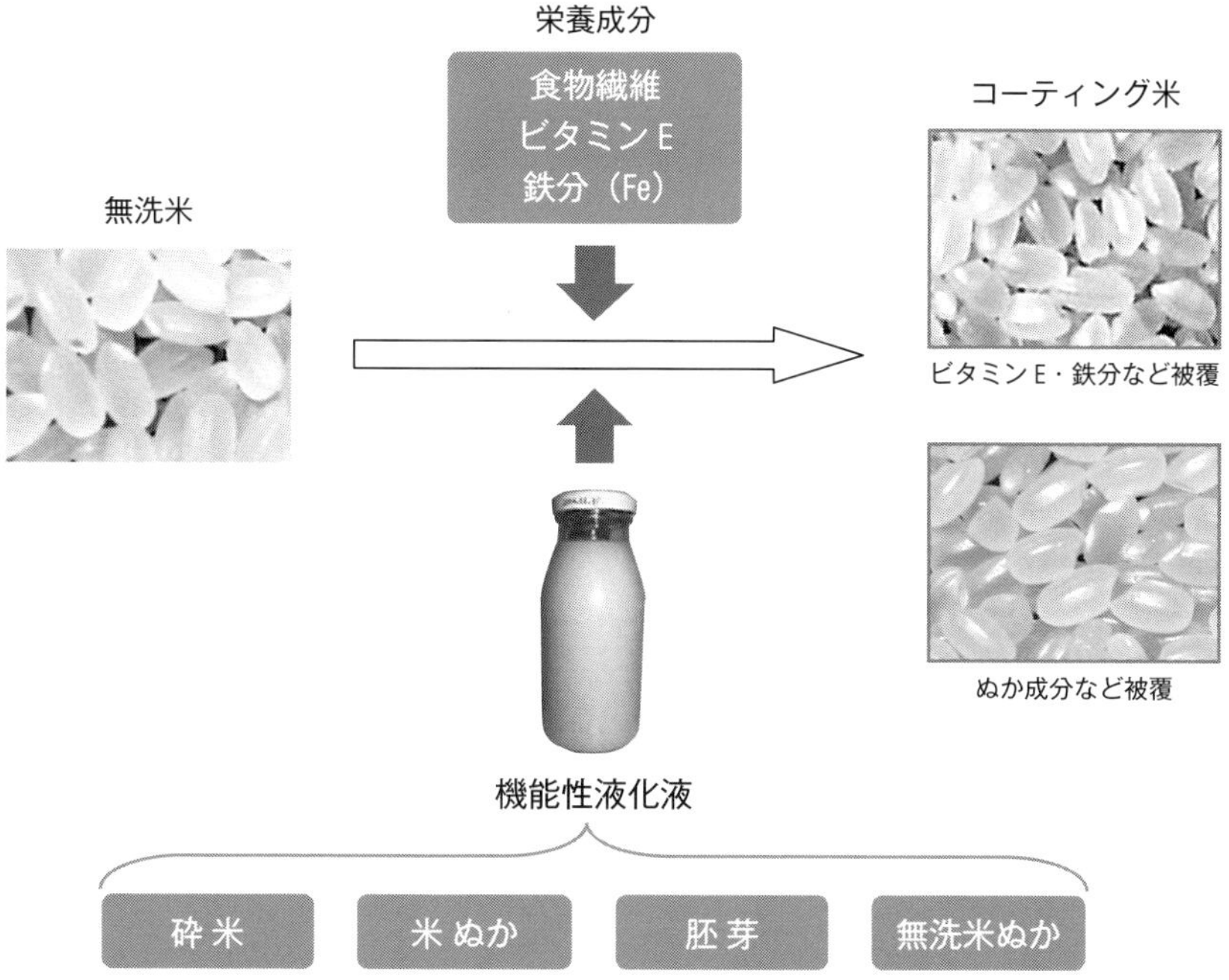

米には高機能性成分がいっぱい

米由来の主な高機能性成分には、水溶性のγ-アミノ酪酸、イノシトール、トコトリエノールなど、油溶性のγ-オリザノール、フェルラ酸などがある。これらの成分の効能について文献的調査を試みた。

γ-アミノ酪酸（ギャバ、GABA）

γ-アミノ酪酸（gamma-aminobutyric acid、$C_4H_9NO_2$、以下、GABAと表記）は、自然界に広く分布する非タンパク質構成のアミノ酸の一種。高等動物では抑制性神経伝達物質として脳内に多く存在し、興奮を抑え精神を安定させる作用が知られている。1950年代頃から精神障害症状の緩和に医薬品として使用。90年代に発芽玄米がGABAを多く含むことが解明され、GABA富化加工品の開発が進んだ。

GABAはグルタミン酸から脱炭酸酵素（GAD：グルタミン酸デカルボキシラーゼ）の働きによって生成され、生体内では主に中枢神経系で生合成される。GABAの合成・代謝はTCAサイクルと密接にリンクし、GABAが増えると代謝速度が上がり、脳内グルコースの代謝促進や脳血流の増加などにより脳機能が改善するとされる。[*16/17/18] また、作用機序としては、GABAは血液脳関門*を通過しないので、GABAの経口投与では中枢神経に作用するのではなく末梢神経で血圧降下作用を発現し、[*19] 血圧上昇ホルモンであるノルアドレナリンの分泌を抑制して血管収縮を緩め、血圧調節するとも考えられている。[*20] 主な作用は以下のようである。

＊脳血管と脳の間の物質移動を選択的制御する仕組み

（1）精神安定作用　グルタミン酸が興奮性、対してGABAは興奮抑制作用を示す。[21] GABAは脳神経中枢系に局在し、パーキンソン病など神経系に不具合があるとその程度に応じて脳脊髄液中の濃度を変え、重度になるほど下がる。[22/23] また、気分の「ふさぎ」など精神状態が不安定な人は血漿中のGABA濃度が低く、[24] アルコール依存症患者で気分が落ち込みやすい人の脳脊髄液中のGABA濃度も低い。[25] さらに健常者でも、脳脊髄液中のGABA濃度は加齢とともに減り、とくに女性が顕著である。[26/27]

GABA食品の経口摂取効果としては、GABA高含有食品を更年期の人にGABA量26・4㎎／日、初老期の人に64・2㎎／日を8週間摂取させたところ、不定愁訴（Kupperman指数による評価）や抑うつ、不眠、イライラ、倦怠感などの自律神経調節不良が4週間以降から改善している。[28/29] また、正常高値あるいは血圧高めの人にGABA豆乳180g（GABA量30㎎／日）を摂取させると、自律神経の興奮を鎮め、ストレス緊張状態の緩和を裏付ける血中コルチゾール値が有意に低下し、血圧も下がる。[30] さらに、健康な人（21～34歳の男・女性）にGABA70㎎／日を摂取させ脳波を測定すると、癒し効果（α波上昇、β波降下）が認められている。[31]

（2）血圧降下　交感神経が興奮すると神経末端からノルアドレナリンが放出され、血管が収縮し血圧が上昇する。前項でも述べたように、GABAはノルアドレナリンの分泌を抑制して血圧上昇を抑える。そのメカニズムはラット実験などで確認されている。[20/32]

GABA投与による血圧低下事例をみると、GABA富化錠剤（GABA量80㎎／日）のプラセボ対照二重盲検群間比較試験での摂取、[33] またGABA含有発酵乳酸菌製品1本・100㎖（GABA量12・3㎎／日）の摂取で、[34] 8週間程度で正常高値血圧者の収縮期・拡張期血圧のいずれにも降圧効果があり、また別種のGABA富化錠剤（GABA量20、40、80㎎／日の3種）の摂取でも40㎎で収縮期のみ、80㎎で収縮期・拡張期のいずれも有意に低下している。[35] また、GABA含有発酵乳の摂取（GABA量10～12㎎／日）[36] や、GABA含有酵母エキスを配合した和風調味料（GABA量20㎎／日）[32] を軽症や正常高値血圧者が摂取すると、2～4週間後に有意に血圧が下がることが確認されている。さらに、各種GABA富化クロレラでも、GABA量30㎎／日[37]、GABA量10、20、30㎎／日[38]、GABA量20㎎／日[39]で収縮期血圧が4週間以降に有意に低下した。また、拡張期血圧には有意でなかったものの低下傾向にあったとしている。

最近、本章6で述べた、GABA無洗米（GABA量16・8㎎／日）の二重盲検並行群間比較試験が行なわれている。米としては初の臨床試験である。その結果、家庭での起床時収縮期血圧の降下や、精神状態と睡眠の質に改善（VASテスト）が見られ、早朝高血圧の改善効果が有意に認められている。[11]

以上のほか、正常血圧者にGABA投与しても血圧変動がないこと[40/41/42]、同じGABA濃度でも米胚芽発酵濃縮GABA液がGABA水溶液よりも、血圧上昇が抑制されることがラット試験で解明され、この違いはGABA単体よりも他の米ぬか有効成分（イノシトール、フィチン酸、食物繊維など）が相乗効果を示すと考察されている[1/41]。

医薬品としてのGABAは、1日当たりの服用量3gを3回に分ける処方（「ガンマロン錠」医薬品取扱説明書）がある。症例では、本態性高血圧患者にGABA量1・5～3g／日投薬で1～3日で著効を示し、1～2週間後に最低血圧値に、以降では低下がなかった。健常者への1日3gの1カ月摂取でも副作用がなかった[40/43]。また、1日5gの過剰摂取でもとくに副作用がない[44]。これに比べると食品からの摂取量は桁違いに低いので害はないといえる。

以上、要するに軽症高血圧者や正常高値血圧者の収縮期血圧には、1日GABA量10～20㎎の4週間以上の摂取で、拡張期血圧にはそれ以上の摂取量で効果がある。正常血圧者がGABA摂取しても血圧変動に影響がなく、副作用もなく安全性が高いといえよう。

（3）中性脂肪低減　ラットに1g／㎏（体重）のGABAを連続投与（11日間）すると、血中中性脂肪濃度が顕著に低下し、その効果はGABAと分岐鎖アミノ酸1g／㎏を組み合わせるとさらに高まった[45]。人の場合でも、血中中性脂肪値がやや高めの人にGABA100㎎／日を摂取させると、中性脂肪の平均値が摂取前の111・1㎎／㎗から4週間後には76・0㎎／㎗の正常値に戻ったことが認められている[45]。

（4）成長ホルモンの分泌促進

GABA経口摂取で血漿中成長ホルモン濃度の上昇、成長ホルモン分泌作用に男女差がある[46/47]。また、GABAの成長ホルモン分泌作用は、ドーパミン受容体拮抗剤投与で抑制されたことから、ドーパミン放出を介したものであると考察されている。[*44]

（5）記憶学習促進　GABAに記憶学習促進作用があることがラット（夜行性で明所を嫌う習性）で確かめられている。明暗識別学習直後にGABA投与すると、投与量に比例して認識能力（明所で飲水可能、暗所で不可）が有意に向上した。[*48] また、GABAを豊富に含む発芽玄米をアルツハイマー型痴呆マウスに2週間連続摂取させると、学習記憶障害が抑制されたとしている。[*49]

イノシトール

おそらく胚（胚盤）に含有すると思われるイノシトール（inositol）は、ヒドロキシ基の位置により9種類の異性体がある環状多価アルコールで、広義の糖質に分類され、通常はmyo-イノシトールのことを指す。フィチン酸の加水分解で調製される。イノシトールは体内の各臓器に広く分布し、ビタミン様物質（ビタミンB群）として多様な生理的機能を発揮することが知られている。体内での自然合成には限界があるので、食事からの補給が必要である。脂肪肝、肝硬変、過コレステロール血症、動脈硬化症などに対する摂取目安量は500〜2000mg/日の範囲とか。初乳に32・7±15・2mg/100mℓ、常乳に14・9±3・1mg/100mℓ含まれ、乳児に不可欠な成長物質として粉ミルクに添加されている。[*50] 食品では冷凍などの加工品よりも生の果物（メロン、グレープフルーツなど）やナッツ類（アーモンド、ピーナッツなど）に多く含まれる。[*51] 摂取目安量からすれば、例えばオレンジでは毎日2個以上、アーモンドでは100粒以上となり、一般食品だけでは摂取が容易でない。医薬品でも抗脂肪肝の治療に使われている。食餌性イノシトールは大部分が腸から吸収されて全身で利用され、過剰投与（18g/日）による健康被害は認められていない。[*52] 主な作用については以下の報告がある。

（1）高脂血症抑制　罹病者（メタボリックシンドロームの患者を含む）への2週間のイノシトール経口投与（1週目は5g/日、2週目は10g/日）で、LDLコレステロール、関連項目（総コレステロール、

LDLコレステロール、sd-LDL（スモールデンスLDL）、アポリポタンタンパク質B（食後高脂血症マーカー）が有意に低下。また、血中プラスマローゲンに有意な上昇があり、空腹時血糖値とウエスト周が減少傾向を示し、メタボリックシンドローム群ではsd-LDL、hsCRP（動脈炎症の指標）と血糖値の低下、血中プラスマローゲン濃度の上昇が顕著であった[*53]としている。

sd-LDLは〝超悪玉コレストロール〟、通常のLDLより小粒径で比重が高く、血中に長時間滞留する。抗酸化物質が乏しいので酸化されやすく、動脈壁に浸透して強い動脈硬化を招くとされている。

(2) 脳機能の改善　イノシトールは神経を正常に保つための必要物質である。パニック症候群患者21名にイノシトール12g／日を4週間投与[*54]、並びに患者20名に18g／日を1カ月投与[*55]したところ、発作頻度、重症化、広場恐怖症の有意な減少を見ている。また、強迫性障害（OCD）患者13名にイノシトール18g／日の6週間投与で、イエールブラウン（Yale-Brown）強迫性障害評価尺度によるスコアが改善されている[*56]。さらに、うつ病患者28名にイノシトール12g／日の4週間投与で、13名にハミルトンうつ病評価尺度によるスコアが改善された[*57]。しかし、投与を止めるとすぐに再発したとの報告もある[*58]。

トコトリエノール

玄米、とくに胚芽とぬか層に含まれているトコトリエノールは、トコフェロールと併せビタミンEの一種、トコフェロールの約50倍の抗酸化能があり「スーパービタミンE」と呼ばれている。α-、β-、γ-、δ-の4種類があり、3つの不飽和結合をもっている。体内に吸収されると、皮膚に多く分布することが知られており、紫外線やオゾンによる酸化ストレスへの保護作用が期待されている[*59]。また、熱安定性（180℃以下）やpH安定性（pH3～10）が高く、急毒性もなく、人に240㎎／日を18～24カ月間投与しても異常がなかった[*60]。期待される主な作用は次のようである。

(1) 高脂血症の改善　トコトリエノールは血清コレステロールとHDL（善玉コレステロール）を下げずに、LDL（悪玉コレステロール）を有意に下げる報告が多い。例えば、①アメリカ心臓協会（AHA）で定める食餌療法を受けた高脂血症患者にトコトリエノール高含有材TRFを240㎎（α-トコフェロール40㎎、α-トコトリエノール48㎎、γ-トコトリエノール112㎎、δ-トコトリエノール40㎎）投与すると、コレステロール値が4週間で5％、8週間で7％低下した。また、γ-トコトリエノール（単体）200㎎／日・8週間投与では13％低下し、γ種の効果が顕著であった[*61]、②同様の試験が行なわれ、TRF200㎎／日の投与で、4週間後に総血清コレステロールが15％、LDLが8％低下し、γ-トコトリエノール（単体）を112㎎／日・4週間摂取でも31％低下、γ種がもっとも影響する[*62]、③ビタミンE高含有材（トコフェロール18㎎、トコトリエノール42㎎、パーム油240㎎）を成人に1錠／日、30日間連続摂取させると、総血清コレステロールが5・0～35・9％、LDLが0・9～37・0％低下したが、トリグリセリド（中性脂肪）及びHDLには有意差がなかった[*63]、④高コレステロール患者50名（男23名、女27名、49-83歳、コレステロール5・6mmol／L以上）に12カ月間、1日3・1gの米ぬかけん化物（ぬかを水酸化ナトリウムなどで加水分解したもの）、あるいはプラセボ（対照油脂）を摂取させると、けん化物摂取群は血清総コレステロールが14・1％、LDLが20・6％低下。また、HDL／コレステロールレベルが上昇し、トリグリセリド／HDLが低下した。一方、プラセボ群には変化がなかった[*64]、⑤高コレステロール患者90名（18名・5群）に35日ずつ3段階の食事（アメリカ心臓協会（AHA）が定める食事方法）をさせ、TRF25（トコトリエノール86・9％含有）を25-200㎎／日摂取させると、100㎎／日の場合がもっとも効果が高く、総コレステロール20％、LDL25％、アポリポ蛋白質14％の低下が見られ、HDLには有意な増加が認められた[*65]。

（2）アテローム性動脈硬化改善

トコトリエノールは動物や人における血小板凝集抑制作用、血管収縮阻害作用などが指摘されている[*60]。50名の血管狭窄を伴う頸動脈硬化症患者にパームビット（パームオイルに含有されるγ-トコトリエノール、α-トコトリエノールの高含有画分）の18カ月以上の投与で、12カ月後には28％の患者に改善、8％の患者に悪化が見られた。プラセボ（対照）群での悪化が40％であったことからすれば、頸動脈高アテローム血症にトコトリエノールは有効なようである。一方、血清コレステロール、LDL、トリグリセリド、HDLには有意な差がなかったとしている。

（3）乳がん・大腸がんの増殖抑制

トコトリエノール高含有フラクション（TRF）は、180μg／L濃度でエストロゲンレセプター陰性ヒト乳がん細胞MDA-MB-435の増殖を50％抑制したが、α-トコフェロールでは1000μg／L濃度でもまったく抑制効果がなかった[*66]としている。また、ヒト乳がん細胞に対する乳がん治療薬Tamoxifenと TRFの併用で、エストロゲンレセプター陰性と陽性の両方に抑制効果が認められている。[*67] そのほか、米ぬか由来のδ-トコトリエノールが抗がん作用を示し、膵臓がん細胞の増殖阻害活性が飛躍的に高まった[*68]という。トコトリエノールの抗血管新生作用とその機構の解明も進んでいるようである。[*69]

（4）運動疲労の回復作用　トコトリエノールあるいはα-トコフェロールをラットに摂取させ、1日30分の運動負荷をかけ直後の血清中乳酸値を比べた結果、トコトリエノール投与群はα-トコフェロール群に比べて低い血清乳酸値を示した。[*70] また、ラットに高濃度トコトリエノールとトコフェロールを投与して体内分布を調べたところ、心臓、筋肉、皮膚の各組織において、トコフェロールの濃度分布に差がなかったが、トコトリエノールは濃度を増やすと各組織内の濃度が上昇した報告[*71]がある。

γ-オリザノール

γ-オリザノール（γ-Oryzanol）は米ぬか油から単離された、フェルラ酸と不飽和トリテルペンアルコールないしは植物ステロールのエステルの総称であるが、消化吸収による生理機能の多くは各々の成分によるようである。[*72] 玄米での含有量は40mg／100g程度、インディカよりもジャポニカに多く、品種間差がある。[*73] ぬか以外にもトウモロコシや大麦にも存在する。γ-オリザノールは天然の食品素材（無味無臭、熱に安定、水不溶）で、これまでの豊富な食経験、永年の医薬品としての利用、ラットによる反復投与毒性試験の結果（半数致死量 LD50＝2000mg／kg／日：経口）からすれば安全性が高い。

「医薬品」扱いであるため、食品では酸化防止剤以外には添加できないが、食用としてはγ-オリザノール高含有胚芽油「米胚芽油ガンマ」(γ-オリザノール30%含有：築野食品製）が市販されている。医薬品としては次の（1）、（2）の治療に、最近注目されている機能が（3）、（4）、（5）である。

（1）心身症の改善　治療薬として、更年期障害では90mg／日の2週間、[*74] 135mg／日の3週間、[*75] 300mg／日の4～8週間[*76]の投与で、種々の身体症状が改善されている。過敏性腸症候群では75mg／日の2週間投与で効果が認められている。[*77]

（2）高脂血症抑制　γ-オリザノールの代謝で生じる植物ステロールによって、コレステロール吸収阻害、コレステロール合成阻害、並びに排泄促進作用によるコレステロール低下に効果が見られ、成人に医薬品として1日300mg・4カ月連続投与で、血清中のコレステロールと中性脂肪が最高約60%改善。[*78] また、1日75mg程度でも改善されている。[*79]

（3）抗炎症効果　マウス（n=6～8）に腸炎を誘導後、γ-オリザノール50mg／kg体重／日の経口投与で、非投与群に腸管構造の炎症による崩壊が見られたが、投与群は正常に近い構造に回復。これによりγ-オリザノールには抗炎症作用があると考察されている。[*80]

（4）Ⅱ型糖尿病の予防と改善　善玉ホルモンの一種であるアディポネクチンは、脂肪酸合成抑制と脂肪酸分解促進により各臓器でグルコースの取り込みを促進（血糖値が低下）する作用がある。腸管より吸収されたγ-オリザノールが内臓脂肪中のNF-κB（遺伝子の発現を調節する細胞内タンパク質）の活性を抑制して血中アディポネクチンレベルを増大させ、Ⅱ型糖尿病を予防・改善する[*81]という。

（5）Ⅰ型アレルギーの発生抑制
花粉やダニなどのアレルゲンの体内侵入により免疫細胞がIgE抗体を産出する。これがアレルゲンと複合体を作り肥満細胞に結合すると、肥満細胞からヒスタミンやセロトニンが放出され、かゆみやくしゃみなどの症状を呈する。γ-オリザノールは複合体に結合して発症を抑制。[*81] 1～2月間摂取でじんま疹や掻痒症などが改善し、[*82] 300mg／日の4月間摂取で皮表脂質量が増加した報告[*83]がある。

フェルラ酸

フェルラ酸はフェニルアラニンからセルロースやリグニンなどを合成する経路で生成される中間体で、全植物に存在し、とくに米ぬか、小麦ふすま、テンサイ粕に多量に含まれている。米ぬか100g中のフェルラ酸の含有量は約250㎎。フェルラ酸はラジカル消去能と活性酸素消去能を有し、食品酸化防止剤（熱に安定、溶解性は水に0・06％、20％エタノールに0・2％）として、生鮮野菜、果実、菓子、デザートなどの加工時や、天然紫外線吸収剤として化粧品にも用いられている。

　フェルラ酸は豊富な食経験や既存食品添加物としての実績、あるいはラットによる反復投与毒性試験（LD50＝200㎎／㎏／日以上：経口）の結果から、安全性が高い素材である。最近注目される作用は以下のようである。

（1）アルツハイマー病（AD）の改善　高齢化に伴い増える傾向にあるADには有効な治療法が見つかっていない。ADを患うと記憶を司る脳海馬で神経細胞の脱落、老人斑、神経原線維の変化などが見られ、記憶・判断力に障害が起こる。AD発症機序に関するアミロイドβ仮説では、発症の20年前頃から原因物質アミロイドβペプチドが大脳皮質に蓄積し始め、さらに10年程度を経て神経原線維の変化が始まるという。AD患者98名にフェルラ酸100㎎含有食品を1日2回9カ月間摂食させると、比較的軽度の高齢発症患者の認知機能の改善・進行抑制効果があるとしている。[*84] 医薬の投与は発症後となるので、近年ではそれ以前からの日常的な食品からの摂取によるAD予防対策に関心が集まっている。

（2）持久力向上と抗疲労効果　強い運動や習慣性のない運動後に、体内には一時的に活性酸素の産生や抗酸化物質の減少が生じ、酸化ストレスによる身体疲労などの障害が起こる。マウスを用いフェルラ酸の運動機能向上と抗疲労効果が、流水に対する泳動時間で評価されている。[*85]

　マウス（n＝6）に24㎎／㎏／体重と48㎎／㎏／体重のフェルラ酸を投与すると、非投与群に対して泳動時間が1・4倍と1・7倍に延長した。また、1日1回、3日間の泳動試験（n＝10）では、2、3日目にフェルラ酸48㎎／㎏／体重を投与すると、非投与群で見られた3日目の泳動時間の短縮（約30％）がなく、1日目と同程度の泳動時間が保持された。フェルラ酸の摂取が肝臓の抗酸化酵素を活性化させ、脂質過酸化を抑制する可能性が示唆されている。[*86]

「機能性表示食品」制度

食品（生鮮食品を含む）の機能性表示に深く係わる「機能性表示食品」制度が2015年4月にスタートした。これは、既存の「特定保健用食品（特保）」や「栄養機能食品」が国の審査や許可を得て健康への効果を記載しているのに対して、審査や許可なしに企業責任で「健康表示」できる届け出制の新たな仕組みである。消費者庁へ「健康表示」の科学的根拠（最終製品や機能性関与成分をシステマチックレヴューから得られる確度の高いヒト介入による科学論文など）を届け出て、形式に過誤がなければ受理され、同庁ホームページに公開される。消費者に情報を公開して消費者の判断に委ねることが趣旨で、「特保」「栄養機能食品」に次ぐ第3の健康表示食品である。この制度は健康な人が活用することが前提で、病気の予防や疾病の改善を意味する表示や表現はできない。

これまでの「いわゆる健康食品」が人の健康に対する科学的根拠や品質管理が不十分なまま、しばしば健康被害を招いているのを新制度で改善できるのか、消費者が「機能性表示食品」と既存の「特保」や「栄養機能食品」、あるいは「薬」との違いを判別できるかなど、不安定材料を抱えながら新制度が発車している。

有機栽培米は美味しいか？

有機栽培米は化学合成された農薬や肥料を使わないで栽培したもの。ＪＡＳ法できびしいルールがある。とくに3年以上の無農薬・無化学肥料を続け、3作目以降ではじめて有機米として認定される。平成24年現在の認定農家数は約2千人、有機ＪＡＳほ場は（水田）3100㏊。生産量は1万300ｔで総生産量の0・1％程度である。

有機栽培は手間が掛かり低収量、それに見合う価格で売れないなどから二の足を踏む農家が多い。そんな中で増えているのが特別栽培米である。栽培期間中の農薬使用回数と化学肥料（チッソ）使用量が当地の5割以下である栽培米である。当地比とは、地域によって異なるが、各地域（多くは県全域）で慣行的に行なわれている農薬の使用回数と化学肥料の使用量との割合である。有機・特別栽培ともに「生物または天然物由来」のものは使うことができ、別途定められている。

さて、さまざま苦労してつくられる有機栽培米、はたして美味しいのかどうかである。

多くの人は有機栽培すると感覚的に美味しいと思う。無論、安全安心と感じる。ところが、有機栽培と普通栽培で、品種と登熟時期が同じであればアミロース含有率には差が少ない。問題はタンパク質の含有率である。含有率が低いほうが良食味になるので、有機栽培でのタンパク含有率の多寡がポイントになる。これを裏付ける有機栽培米の食味に関する比較試験の結果がある。それによると、有機栽培7、8、9年目の有機米栽培の食味が、普通栽培の基準米よりよかった年と悪かった年があり、悪かった年はタンパク含有率が高く米飯の粘りが低かったという。[*87] また、アイガモ栽培米の例では肥効が緩慢で持続性があるために青米の割合が多く、タンパク含有率も高く食味が低下傾向を示した。[*88] これらを踏まえ、松江[*89]は有機栽培においてもタンパク含有率が食味変動の支配的要因であるとしている。要するに、施用する有機質肥料（堆肥など）のチッソ肥効が、生育期後半まで残らないようにすることが大切である。有機栽培だから良食味とは一概にいえないのである。

第5章

米の乾燥・調製・貯蔵と鮮度

1 米のポストハーベスト技術

乾燥・調製・貯蔵の流れ

コンバイン収穫籾は乾燥後、籾摺・選別（玄米選別・異物除去）、貯蔵（玄米あるいは籾）、精米、選別（白米選別・異物除去）、計量包装・輸送等の工程を経て玄米で流通され、多くは白米として消費者に渡る。この収穫以降の工程がポストハーベスト分野である。図5❶のフローは主に個別農家や共同乾燥調製施設を利用する場合のもので、営農や作業のやり方、機械や施設の違いで多少異なる。

生籾の乾燥処理に違いがある

収穫した生籾は、バラあるいはコンバイン袋でトラックに積み、乾燥場へ搬入。生籾は水分が高いので速やかに乾燥するのが基本であるが、共同乾燥調製（貯蔵）施設、すなわちライスセンター（以下ＲＣ）やカントリエレベーター（以下ＣＥ）では、しばしば入荷が集中し、入荷籾量が乾燥機の容量を超え、すぐに乾燥ができない場合がある。収穫が天候のよい日や休日に集中するからである。生籾の放置は品質劣化を招くので、乾燥機が空くまで通気式コンテナで一時貯留され、その後一気に仕上げ水分15％以下に乾燥する場合と、貯留性が高まる水分17％程度の半乾籾まで乾燥する場合に分かれる。前者は個別農家やＲＣの場合で、乾燥籾はすぐに籾摺・選別、計量・包装して玄米出荷される。後者はＣＥの場合で、半乾籾は1カ月近く貯留し、収穫のピークが過ぎてから仕上げ乾燥する。乾燥した籾はそのままサイロ貯蔵しておき、引き合いに応じ籾摺・選別、計量・包装（あるいはバラ）して出荷される。

以上のように、ＲＣは玄米貯蔵、ＣＥは籾貯蔵というのがこれまでの大きな違いであった。ところが近年、後述のようにＲＣにも貯蔵装置が導入され、その違いが少なくなってきている。しかし、玄米貯蔵が主流で籾貯蔵が少ない状況に変わりはない。

精米、流通は多様なかたちで

貯蔵以外の各工程はRCとCEとに大差はないが、処理規模などによって機械や装置の大きさや能力が異なる。農家やRCから出荷された多くの玄米は、主に低温倉庫で保管される。保管米は注文に応じて、精米工場（米穀卸）に運搬して精米、計量・袋詰めして、流通ルートを経て消費者のもとに届く。また、「今搗き米」が美味しいとしてこれを好む消費者には、スーパーマーケットや小売店での店頭精米がある。農家の自家飯米や縁故米、あるいは直販米は別ルートとなる。

近年は、米やご飯の加工流通・販売が多様化し、家庭用以外に中食や外食産業での米利用が増えている。中食や外食では炊飯量が多いので、洗米の手間が省ける無洗米が好まれ、このニーズに応じて精米工場に無洗米加工装置が導入されている。このほかにも発芽玄米の加工や無菌米飯、レトルト米飯、乾燥米飯などの二次加工が食品工場で行なわれている。

5 1 米のポストハーベスト技術システムのフロー
(RC: ライスセンター、CE：カントリエレベーター)

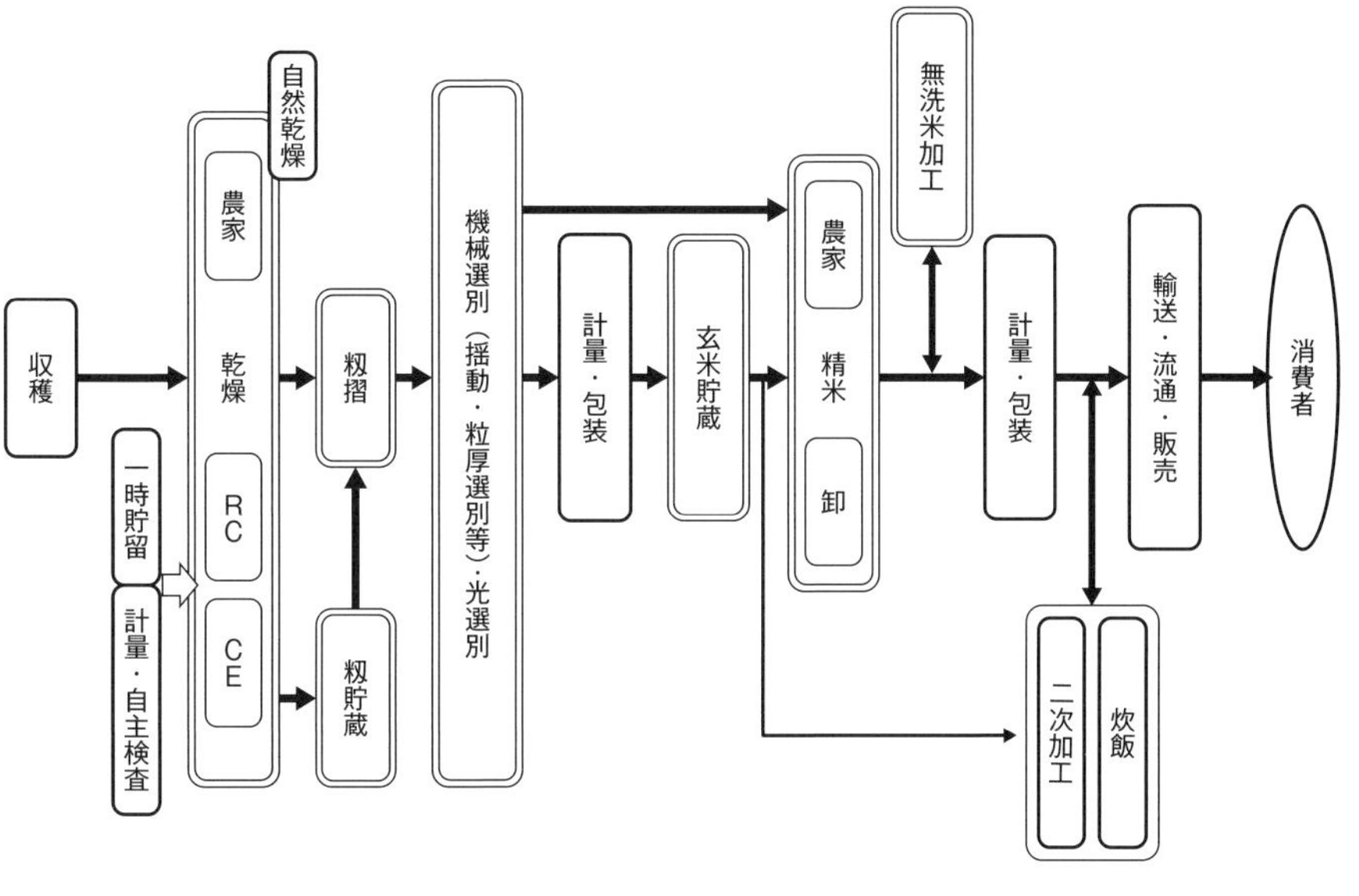

2 籾の構造を分解する

籾の形態を知ることは脱穀や選別、精米などを行なううえで重要である。収穫後におけるジャポニカ(日本型)の籾の各部を分解した状態を、図5 2[*1/2]に示す。玄米を覆う籾がら（穎）は外穎と内穎からなり、両手の指と指を鉤合《こうごう》したような形で組み合わされている。外穎と内穎には5本と3本の維管束が縦に走っている。また、内・外穎は小穂軸につながり、その下部にはほぼ同形の1対の護穎が位置し、護穎と副護穎は接合している。成熟すると護穎基部と副護穎の間に離層が形成され、籾は脱離しやすくなる。

次いで籾がらに注目すると、籾がらが籾全体に占める重量割合は品種によっても異なるが15~30%（ジャポニカでは約20%）で、害虫やカビなどの微生物の侵入や、不良な外部環境から玄米を保護している。また、玄米の生理活性を抑えて休眠(死んでいないが眠っている状態)

5 2 **籾の外観と構成および籾がら（穎）中央部横断面**

（左原図の一部：星川 1990、右原図：原島 1943）

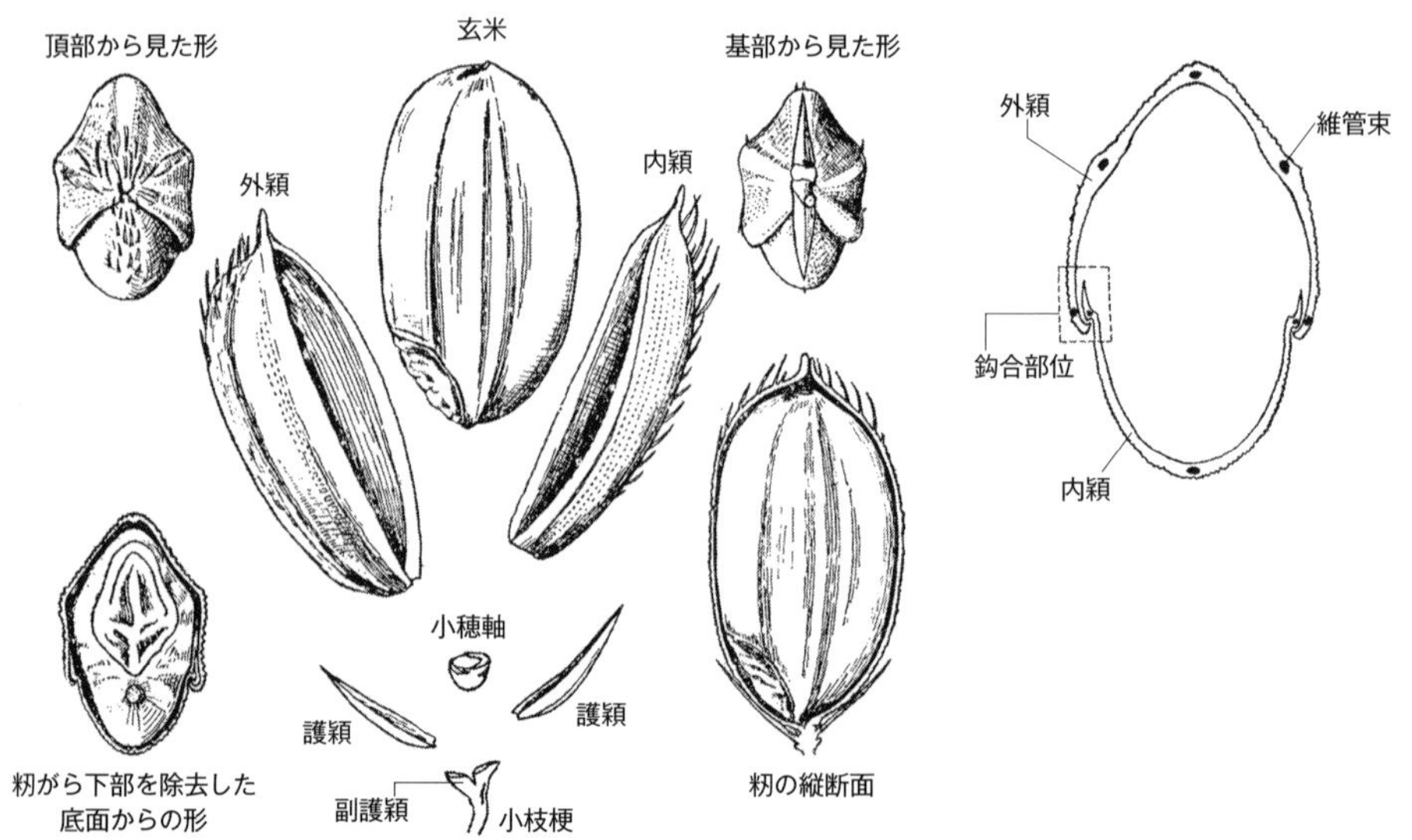

を促し、品質低下を抑制している。一方、土中から根を通して吸収したシリカ（ケイ酸：組織構造を硬くする）は茎葉や籾がらの外周部に偏って蓄積され、籾がらや茎葉を強靭にしている。

さらに、籾がらの透気性と透湿性についてはあまり知られていないが、籾がらは内側（玄米側）から外側（外気側）への透気や透湿が、外側から内側のそれらに比べはるかに高いことが解明されている。[*3] これは籾がら断面構造の特異性（第8章8参照）によるもので、籾がらが玄米の放湿（乾燥）や吸湿の調節機能を果たし、玄米の生命力が損なわれないように保護しているのである。イネが次世代に生命を繋いでいくための巧妙な仕組みに驚かされる。

インディカは収穫ロスが多い

稲は大きくはジャポニカとインディカに分類される。日本の栽培種であるジャポニカは収穫ロスを少なくするために、脱粒難に品種改良されてきた歴史がある。そのうえ、自脱型コンバインの高精度化も進み、実際の収穫ロスは2％以下と低い。ところが他のアジアで多く栽培されているインディカは脱粒易で、わずかに触れるだけでも脱粒する品種が少なくない。また、発展途上国では手刈りして人力脱穀する作業が多く、作業の仕方にもよるが穀粒のトータルロスは20％近くになっている場合も散見される。

東南アジアの農村を訪ね、圃場や道路に籾が落ちているのを見ると、せっかく丹精込めてつくった籾が〝もったいない〟と思うのは日本人だからであろうか。

しかし、よく現場の状況を観察する必要がある。というのは、田んぼや作業場で鶏が籾を啄んでいる光景をよく目にするからである。落ちている籾は鶏の餌として活用され、無駄にはなっていないのである。そこに農民の知恵を見ることができる。

3 収穫期における籾水分変化の特徴

収穫籾は水分ムラが意外に大きい

稲は出穂後、登熟期に入ると穎（籾）内に胚乳デンプンの蓄積が始まる。図53に示すように、糊熟期になると米粒は糊状化、続いて黄熟期になるとデンプンが構造化され固形化し、中心部は透明になり粒重が増し、やがて穂が垂れ下がる。その頃の籾は黄金色になる。枯熟期になると葉茎は灰黄色となり根の活動が停止する。

収穫適期といわれるのは黄熟期に入り玄米乾物重が最高に達し、青米割合の低下と立毛胴割れ率の増加がない頃である。外観は籾の80～85％以上が黄色化して枝梗にやや緑色（クロロフィル）が残り、籾水分は25～26％程度になる。黄熟期以降になると籾水分は漸次低下するが、気象条件に支配され外気湿度の変化にやや遅れて応答し、増減を繰り返しながら全体として低下していく。この

5 3 出穂後日数と米粒品質の変化（模式図）

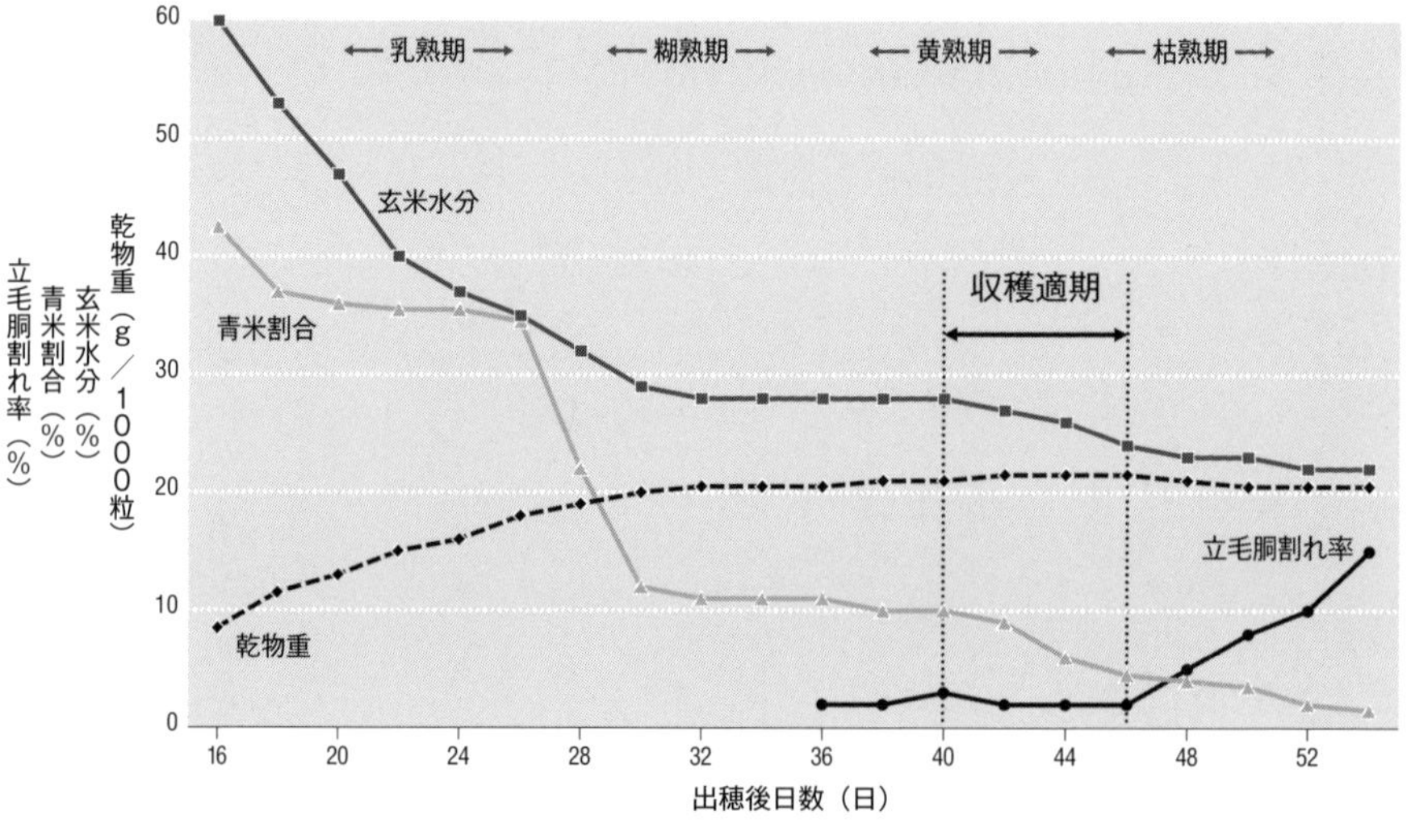

日々における水分変化の一例が、図5 4[*4]である。また、早朝の籾水分は結露や大気の相対湿度に影響され高くなっているので、おおむね午前10時頃から収穫作業が行なわれている。無論、雨に遭うと籾水分は上昇し晴天時に元に戻る。

ここで留意したいのは、上述の水分はあくまでも平均水分であること。1粒単位で見ると、測定事例（CEでの入荷籾、図5 5[*5]）に示すように収穫籾の平均水分は約22・8％であるが、単粒の水分分布で見ると12〜37％、予想以上にムラが大きいのである。一部の籾であっても高水分籾が混じるとカビなどの発生原因となる。この水分ムラは乾燥して水分が低下するにつれて縮小するが、完全に解消することはない。

5 4 収穫期における立毛中の平均籾水分の変化の一例

（山下 1989）

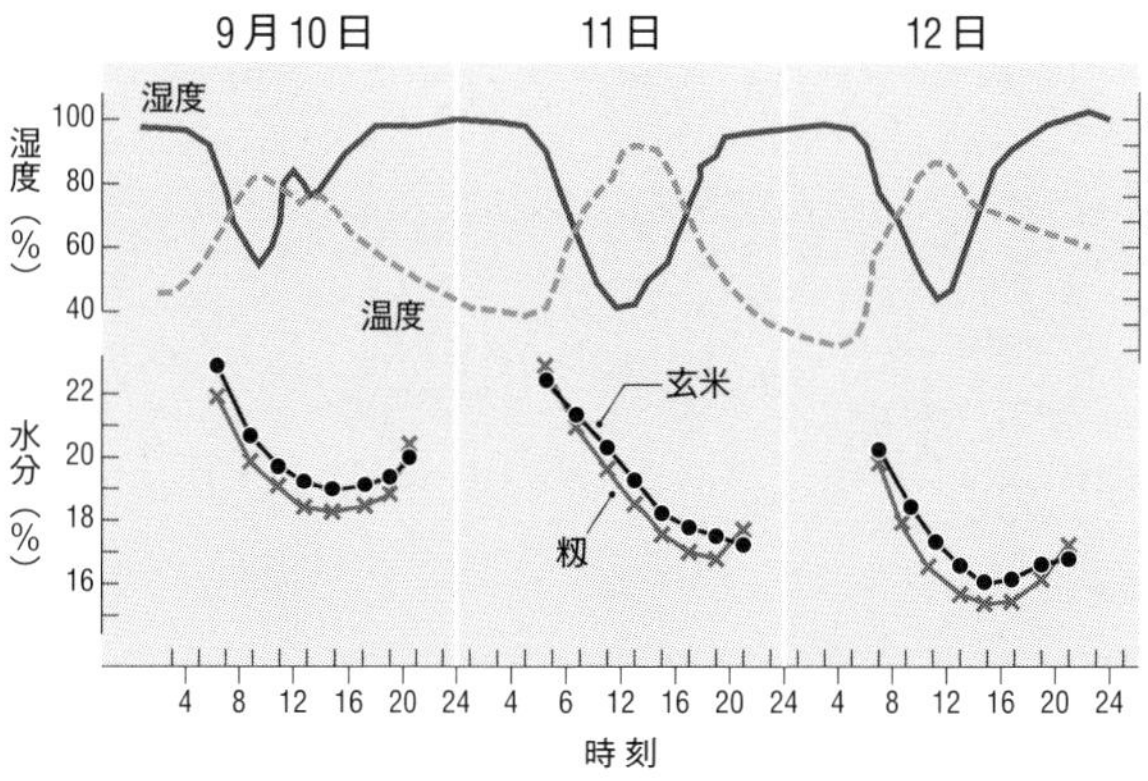

5 5 カントリーエレベーター入荷籾の単粒水分分布

（山下 1991）

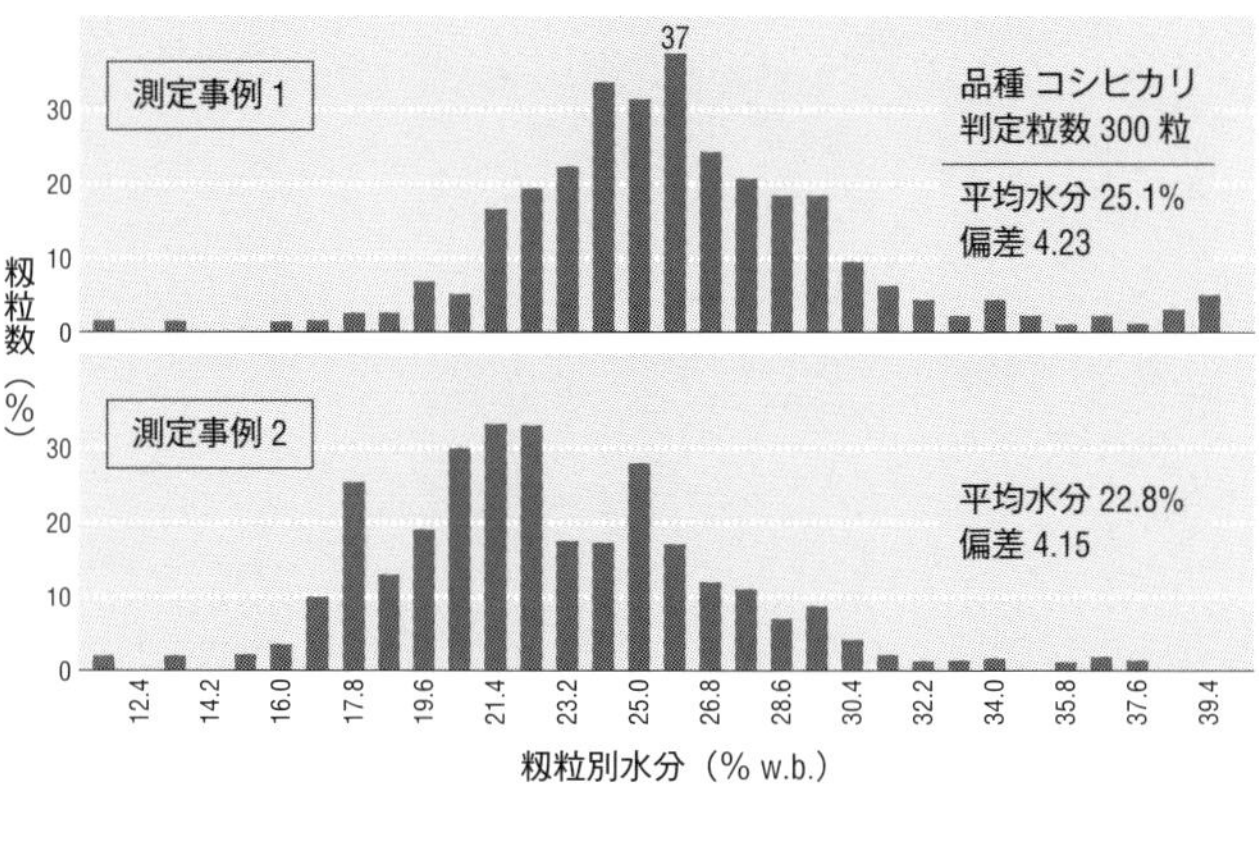

開花日の差が、そのまま登熟・水分の差に

ところで、この水分ムラはどうして生じるのであろうか。開花中のイネ1穂内の1粒ごとの開花順序を観察した図5 6が、この答えを示している。この図は1穂内

の1次枝梗（穂軸から分かれた枝）や、2次枝梗（1次枝梗からさらに分かれた枝）における穎（籾）の開花順序を示している。この開花順序には法則性があることが、松島ら[*6]によって解明されている。

図中の数字1は開花が1日目、2は2日目であることを示し、8日目の開花もある。開花順序はその後の登熟の順序とほぼ一致し、登熟の早い穎は成熟が早い。また、同じ枝梗内では先端の粒（穎）の開花が早く、次いで最下位から上位に向かい、先端から2番目の粒（穎）の開花がもっとも遅くなる。この順序は2次枝梗内でも同様である。概していえば穂先側は穂首側よりも登熟が早く、籾や枝梗の水分も低くなる。収穫してしまえば外観からわかりにくいが、登熟差や水分差が大きい籾が混在しているのである。このことは稲の特質に由来するもので、乾燥や貯蔵などで品質保持を図るうえで考慮しなければならない重要なことである。

5 6 1穂中の開花順序（松島・真中 1956）

4 生籾の安全貯留限界

CE、RCだけでなく、農家でも収穫した生籾を一時的に貯留しておかねばならないことがある。しかし水分が高い籾ほど長時間放置しておくと変敗する。CEなどで「ヤケ米」と呼ばれている。

では、どれぐらいの期間内であれば品質劣化が生じないのであろうか。これについては、生籾の安全貯留限界として多くの試験結果にもとづき作成された図5 7（元四国農試1966）が目安になる。貯留限界は、籾水分と穀温に影響され、籾水分が高いほど、また貯留温度が高いほど短くなる。籾水分が20～21％以上では1日以内、なかでも水分25％になると穀温25℃で5時間、35℃で3時間ともいわれている。このため、営農指針などでは生籾は4時間以内に乾燥を開始するか、通気して穀温上昇を防ぐことが奨励されている。

水分が高い籾を堆積しておくと呼吸熱が蓄積するので、堆積籾内部にヒートスポットがあるかないかに注意する。一方、水分17～18％にまで下がると30日間程度の長い貯留が可能になり、さらに15％以下まで乾燥すると品質が長期に安定する。

5 7 籾の水分・穀温と安全貯留限界日数（四国農試 1966）

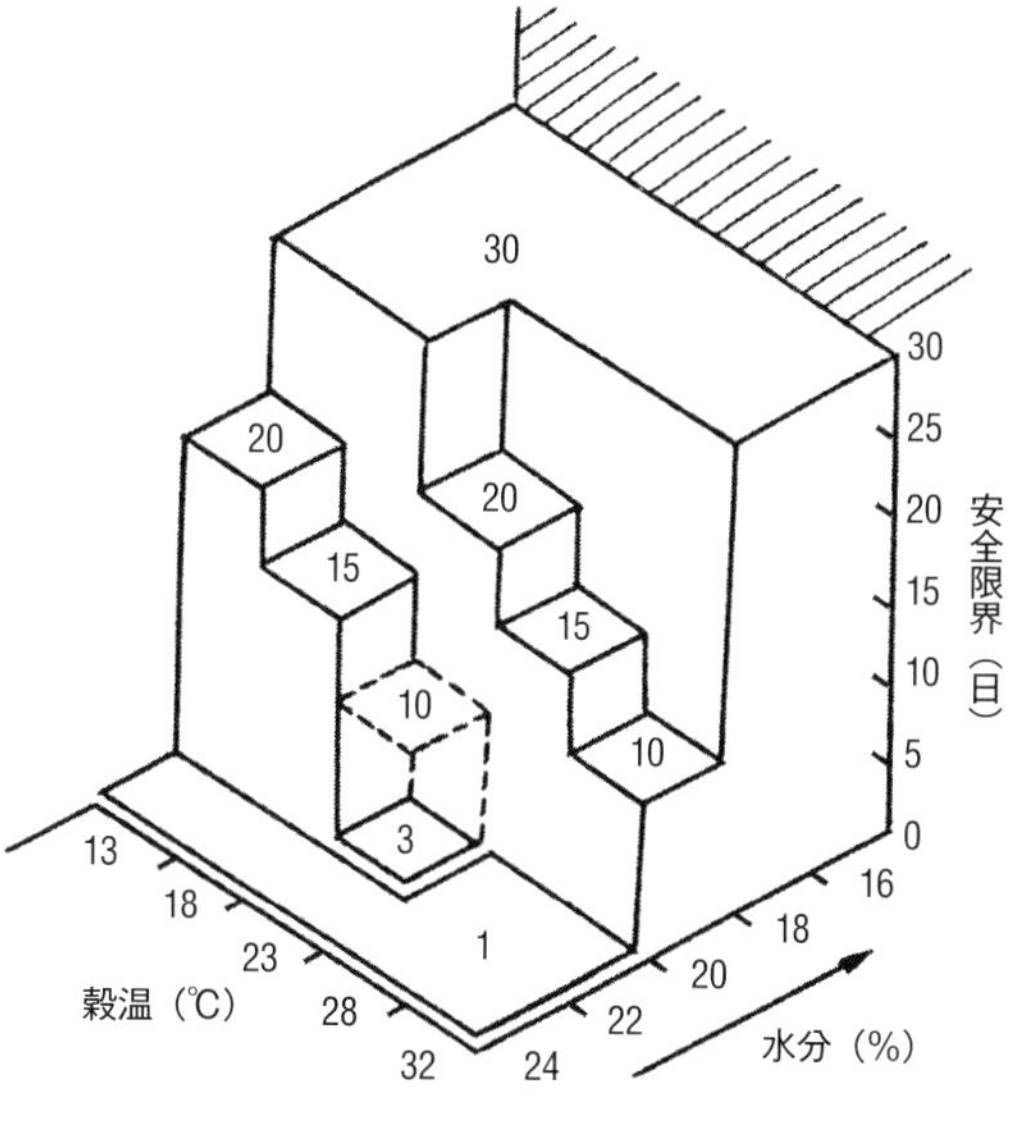

5 乾燥は米の貯蔵性を高める

乾燥は米の変質防止、貯蔵性や加工性の向上などを目的に行なわれる。収穫期の籾は前述のように生籾とも呼ばれ水分が高い。成熟が進むにつれて水分が次第に低下するが、その程度は、そのときの天候などの外的条件（晴天時か降雨後か、朝か日中か夕方かなど）に左右され、上下する。高水分籾ほどコンバイン袋やフレコンの中で放置しておくと、玄米の呼吸熱やカビ・菌類の異常繁殖による生活熱によって、籾温と籾間の空気湿度が急速に上昇する。そのままにしておくと異臭発生や発芽率の低下が始まり、品質が劣化する。これを防ぐには籾温と水分を速やかに低下させることが大切になる。

水分が低くなるほど籾は保存性が高まり、長期間の品質保持が可能になる。しかし、玄米水分13％以下にまで乾燥すると貯蔵性は高まるが、炊飯時に白米に水浸漬割れが多発し、炊き上がったご飯の食味が著しく低下する。

この乾かし過ぎは「過乾燥」と呼ばれている。過乾燥を避け、長期保存に耐える水分の最高限度が「米の検査規格（玄米）」の15・0％である。実際に現場では最高限度を上回ると「規格外」になってしまうので、これを警戒して農家はそれより若干低めに乾かして出荷している。

今も使われている米の単位、「合」「升」「石」

古くから使われてきた米特有の単位が残っている。1合は180㎖、白米で約150ｇある。10合＝1升、10升＝1斗、10斗＝1石＝1000合になる。昔は今の3倍近くの1日3合。365日で1095合。1年でおよそ1石食べていた。米は炊くと水の重さが加わり約2・3倍に増え、白米1合はおよそ345ｇのご飯になる。白米の1000粒重は約20ｇ、1合の粒数は約7500粒になる。

乾燥機のサイズは今でも石数で表示されている。型式「GDR30MZ」の乾燥機は張込み石数が30石（生籾換算3ｔ）であることを示している。一石＝生籾100㎏（玄米で約150㎏）の換算である。

6

機械乾燥と天日干し、どちらが美味しい？

乾燥条件の違いは

乾燥機で乾かすのは、主にコンバイン収穫の生籾（平均水分22〜28％程度）である。平均水分がそれほど高くなくても籾1粒単位でみると、高水分粒が混じっていることは前述したところである。

一方、天日干し（自然乾燥）は、人力やバインダー（往復動刃で刈り取りして結束する歩行型収穫機）で刈り取った後、稲束を架干しや地干しなどによって自然乾燥する方式である。このため天候に左右され、晴天日には日中放湿・夜間吸湿を繰り返し、降雨日には吸水して著しく水分上昇するが、晴天になると速やかに元に戻る。これを経て籾は全体として徐々に乾いていく。大気の相対湿度が下がりにくい地域や時期は、乾燥が不十分なままに脱穀・貯蔵せざるを得ないこともある。とくに早場米地帯では収穫期が高温高湿で、乾燥が遅いとカビや病原菌などによるリスクに晒される。

要するに、機械乾燥は、①コンバイン収穫生籾が主対象である（機械的損傷粒も含まれる）、②乾燥速度が速い、③乾燥時に比較的高温低湿の空気に晒される、④過乾燥になることがある。一方、天日干しは、①籾が稲体（枝梗）につながったままの状態で乾燥される、②乾燥と吸湿を繰り返しながら比較的緩慢に低温乾燥される、③仕上げ水分が高めになる（下がりきらない）場合がある、などが相違点である。

なお、天日干し中には①によって玄米が完熟するとの説もあるが、科学的根拠は明らかでない。

機械乾燥した米は不味い？

次に、機械乾燥した米は不味いという話がよく聞かれる。本当にそうであろうか。コンバインや乾燥機の開発・導入が始まった1970年代の頃は、機械乾燥米が不味いというのがよく聞かれた。加熱乾燥は還元糖の増加、酵素力価（カタラーゼ、α-アミラーゼ、β-アミラーゼ）の低下、高水分籾の高温乾燥による発芽力の低下が生じる報告もなされた。また、コンバイン収穫生籾は機械的損傷粒も含まれ、これを高温乾燥すると品質劣化が加速することが認められた。[*7/8] 例えば、斉藤ら[*7]は高水分生籾を高温乾燥した米は自然乾燥した米に比べ、表5❶のように白米外周部にぬか層や胚芽の脂肪やアミノ酸が移動し、糖類がその内部へ移動することを認めている。この移動が食味劣化を招くので、それを防ぐには水分25%以上の生籾では穀温35℃以上で乾燥してはならないことを指摘し、これが生籾乾燥の品質改善指標となったのである。その後、循環型乾燥機に熱風温度の自動制御機構をはじめ、自動単粒水分計や自動乾燥停止装置などが標準装備されるようになり、今日では生籾の機械乾燥による品質低下は聞かれなくなっている。乾燥機の運転操作が適正であれば、天日干しと同等の品質と良食味が確保できるというのが大方の見方である。また近年、広く普及している遠赤外線乾燥機で乾燥した米は、熱風乾燥機で乾燥した米に比べて、官能試験で味、粘りが向上し「総合評価」も高い結果や、[*9] 遠赤外線照射乾燥により食味値が向上したとする報告[*10/11]もある。

美味しさの決め手は紫外線照射？

しかしながら、天日干しの優位性を主張する声はいまだに根強い。近年、地域ブランド米ブームが高まるなかで、その傾向が感じられる。これを裏付ける研究報告もある。[*12] 同一栽培条件の収穫籾（コシヒカリ）を、18日間架干した米とテンパリング式循環型乾燥機で乾燥した米を比較した結果、天日干しのほうが炊飯食味計の値がわずかに高く、デンプン糊化開始温度がやや低く、最高粘度がやや高くなり、食味官能試験での「総合評価」「味」「硬さ」に有意な差があったとしている。また、別の研究では、籾のUV-A（紫

5 ❶ **自然乾燥と生脱乾燥機における成分移動の概況**（斉藤ら 1977）

米粒部位	脂肪		可溶性糖		アミノ酸	
	自然	生脱	自然	生脱	自然	生脱
100～90%（胚芽、ぬか層）	大	小	大	小	やや大	やや小
90～80%（白米の外周部）	小	大	小	やや大	小	大
80～70%	やや小	やや大	小	大	大	小
70～0%	やや大	やや小	小	大	大	やや小

外線A波：波長320～400㎚）照射熱風乾燥、天日干し（3週間）、非照射熱風乾燥の3方式でご飯の品質が比較されている。[*13] その結果、遊離アミノ酸総量、白米粉の熱糊化特性での「最高粘度」と「コンシステンシー」、食味官能試験での「総合評価」と「粘り」、いずれもUV-A照射熱風乾燥米がもっとも優れ、続いて天日干し米、非照射熱風乾燥米の順であったとしている。

この結果からすると、天日干し米は自然に紫外線照射を受け良食味米化傾向に成分特性が変化するのではないかと推測できる。いずれの成果も食味に大きな差がないが、さらなる良食味化に向けた乾燥技術について今日的検討が望まれる。

毛あり種と毛なし種

籾から表面は稃毛《ふもう》という毛で覆われている。稃毛は細く、水を弾き、外部からの水や菌類、害虫の侵入を防ぐなどの働きをしているとみられる。アメリカでは稃毛のない種（毛なし種）が広く普及しているが、日本では稃毛のある種（毛あり種）がほとんどである。収穫・脱穀・乾燥・籾摺りなどの作業時に、日本では剥がれた稃毛が埃となって機械の周囲にもうもうと立ち上がっている光景をよく見かける。オペレーターや補助作業者のアレルギー症状や稃毛に付着する残留農薬のリスクも皆無とはいえない。コンバインのキャビン装備や乾燥機の除埃対策も進んでいるが、作業者にさらに優しい作業環境を確保するには毛なし種が好ましいと感じる。作業環境の改善だけでなく、毛なし種は機械内での流れがよく、容積もかさ張らない。

これまで我が国で毛なし種の要望があまり聞かれなかったのは、大規模農家でも籾の取扱量がそう多くなかったからと思われる。毛なし種が雨に遭えば品質が劣化しやすいなどの問題がなければ、今後、稲作の大規模化に備え、我が国でも毛なし種の検討がもっとなされてよいであろう。

7 農家用乾燥機の主流は遠赤外線乾燥機

平型静置式から循環型へ

古くは架干しや棒掛けなどが農村の秋の風物詩であった。乾きのよい田では稲束を並べる地干しも見られた。

これらはいずれも天候に左右され、地域によっては乾燥不足になることもあり、しかも重作業。これらを解消するためにコンバインや乾燥機が開発された。

農家用籾乾燥機の開発を遡ると、1956年の平型静置式（図5-8）に始まり、60年代後半には自脱型コンバインの登場に伴い生籾が発生、このため循環型（図5-9）の開発が急速に進展した。循環型は籾を循環させながら間欠（テンパリング）乾燥する通風乾燥方式の1つで、今日では主流になっている。平型から循環型に至る一時期、立型の開発もなされたが、乾燥ムラや籾の

5-8 平型静置式乾燥機

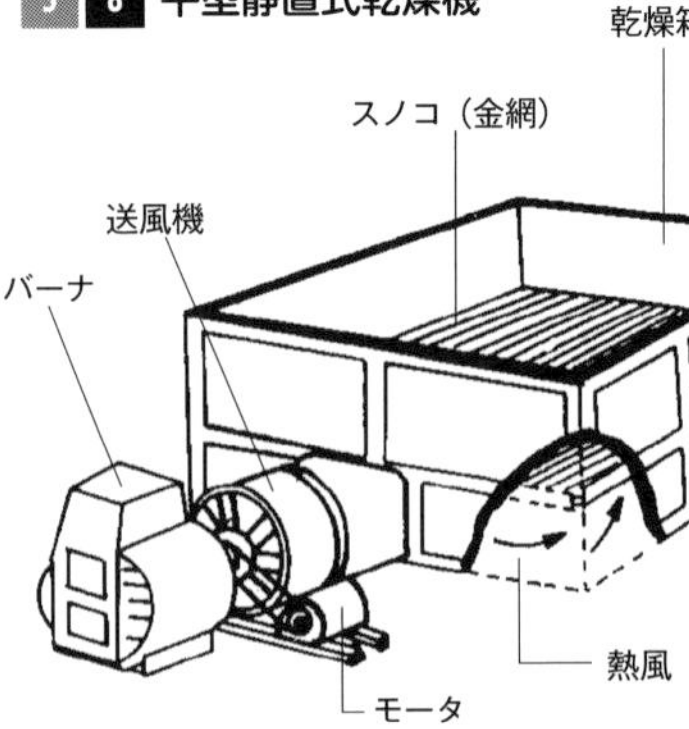

5-9 循環型乾燥機

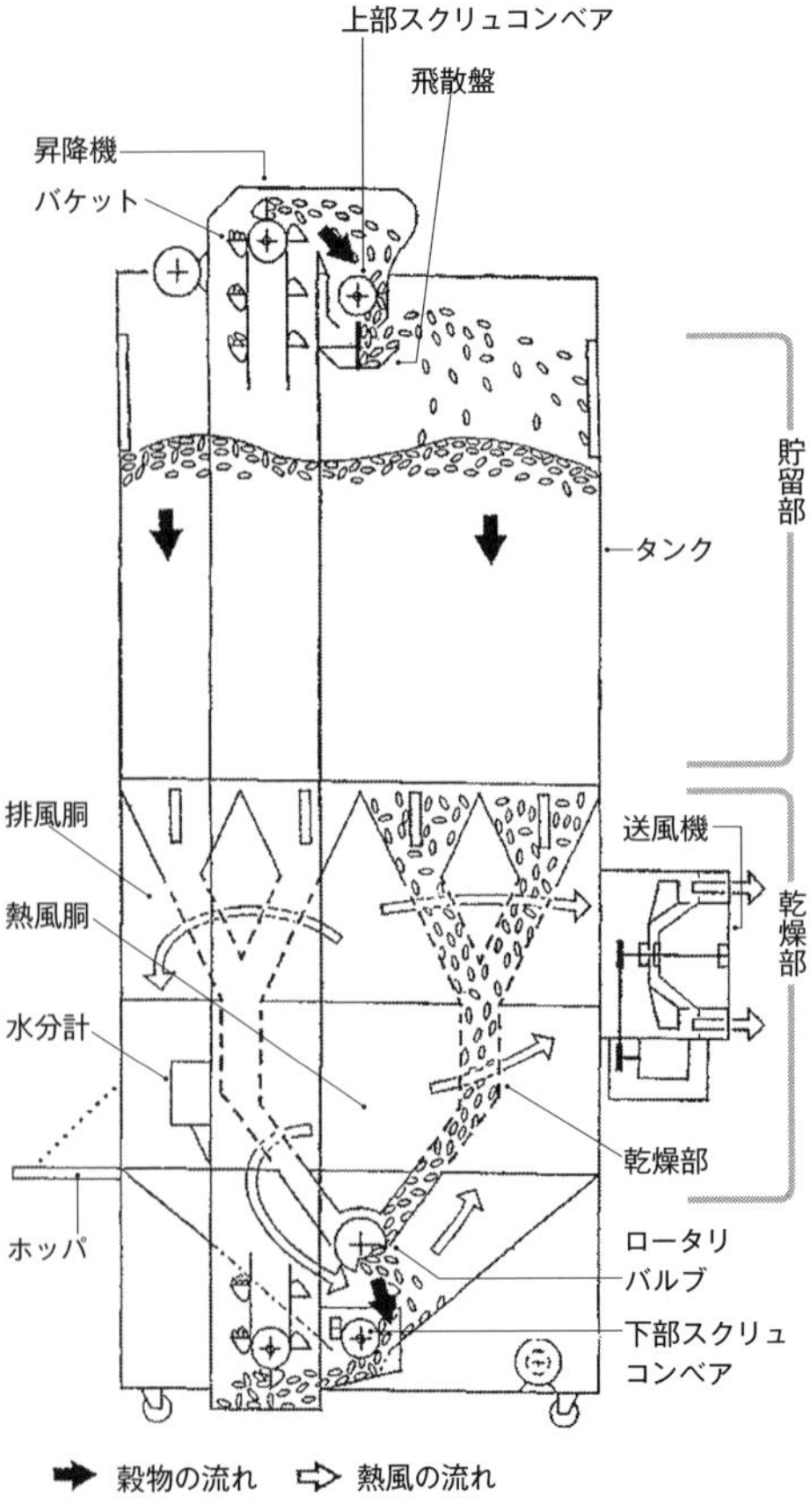

張込み・排出などに手間を要し、すぐに姿を消した。平型は今も立型と同じ弱点を残しているが、構造が簡単で安価、しかも汎用性が高いので使われている。

循環型乾燥機の構造と特徴

循環型乾燥機は本体下部の乾燥部と上部の貯留部からなる。高温の短時間乾燥（熱風温度60〜70℃、約10分）でおもに籾がらを乾燥し、次に貯留部でテンパリング（玄米水分を乾いた籾がらに移行）する。これを連続的に繰り返す乾燥方式である。平型乾燥よりも乾燥効率が高く、乾燥ムラや胴割れ発生を抑制できる特徴がある。乾燥部と貯留部の容積割合、熱風温度、乾燥部通過時間などは各メーカーによって多少異なるが、基本的な仕組みは同様で、乾燥容量（籾張込量）0.5〜90tまでのものがラインアップされている。

循環型を用い、乾燥条件と発芽率・食味値の関係を調べた結果が報告されている（図5 10[*14]）。これによると、発芽率や食味を保持するには籾水分が高いほど送風温度を低くする必要がある。送風温度の上限はメーカーや機種で多少の違いがあるが、籾温で35℃程度が目安になっている。

自動単粒水分計と遠赤外線放射式の開発

循環型の進化において特筆されるのは自動単粒水分計の開発とその標準装備化である。これによって、乾燥中の玄米水分とそのバラツキが経時的に自動計測できるようになり、計測データにもとづいて熱風温度や乾燥速度の自動制御と自動停止が可能に

5 10 循環型乾燥機における乾燥条件と発芽率・食味値の関係（笠原ら 1989）

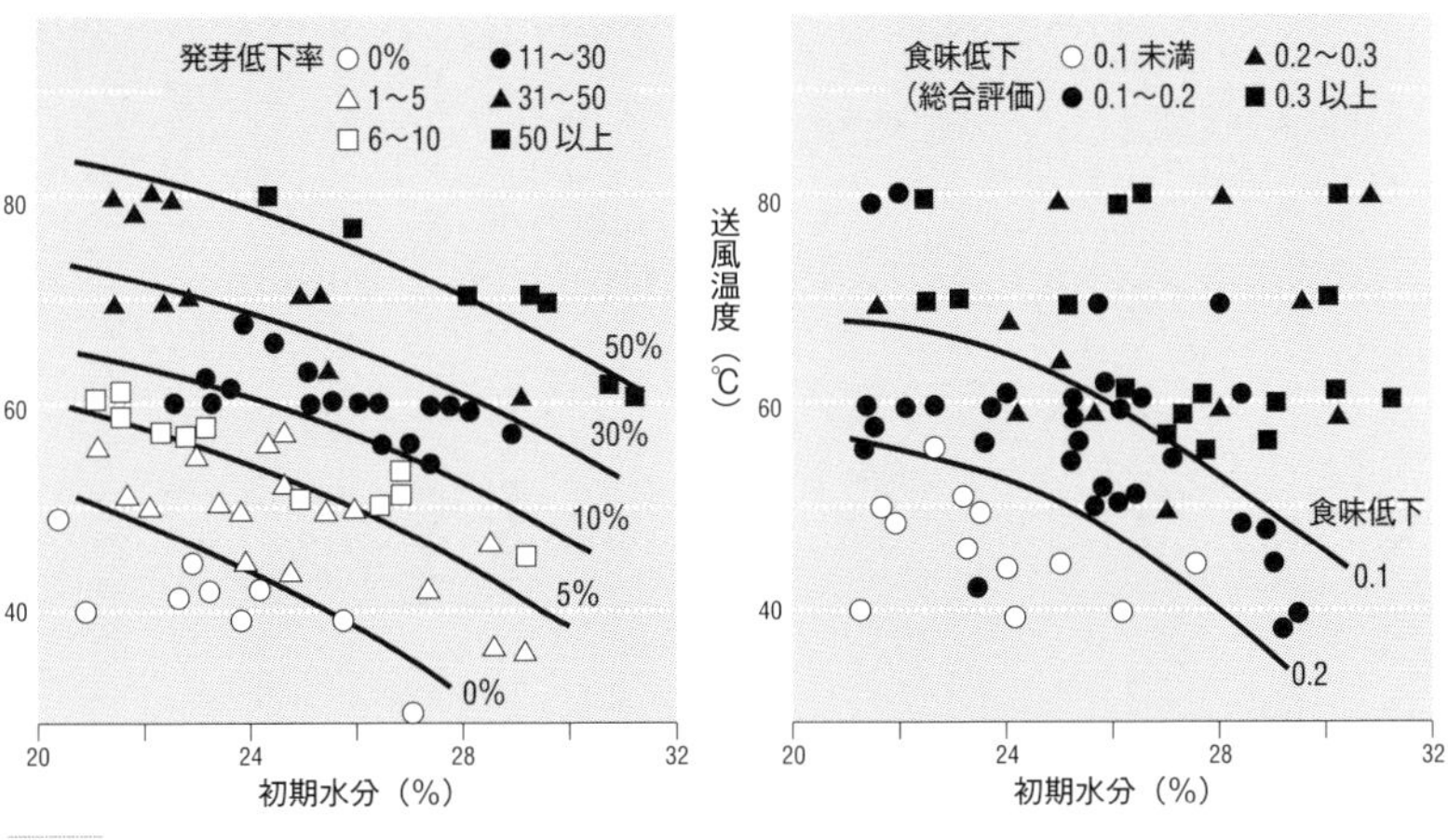

なった。これにより胴割れ粒の発生や過乾燥が防止され、玄米品質は格段に向上した。近年では風量制御も可能になっている。また、乾燥部の熱風室あるいは集穀室に遠赤外線放射体（表面温度３００～５００℃、遠赤の中心波長3～5㎛）を搭載した遠赤外線式循環型乾燥機（図5 11）が開発され、全出荷台数の半数以上を占めるに到っている。遠赤照射効果は燃料（灯油）消費量の軽減だけでなく、送風機の小型化による節電、さらには照射米の食味が向上することにある。

遠赤照射式の省エネ効果は、機種、籾の初期水分、張込み量、外気条件など多くの要因に影響され複雑である。省エネ評価に代わって乾燥コスト（灯油＋電気）評価がなされている。[*15] 遠赤式の乾燥コストは、乾燥による除去水分量が多いと増加するが、熱風式よりも全般に低い傾向にある。初期水分25％の籾乾燥では、図5 12に見るように遠赤式が7％低くなっている。また、初期水分23％になると26％減になる。低水分収穫して遠赤式で乾燥すれば省エネ効果がいっそう高まることになる。

5 11 遠赤外線放射による循環型乾燥機

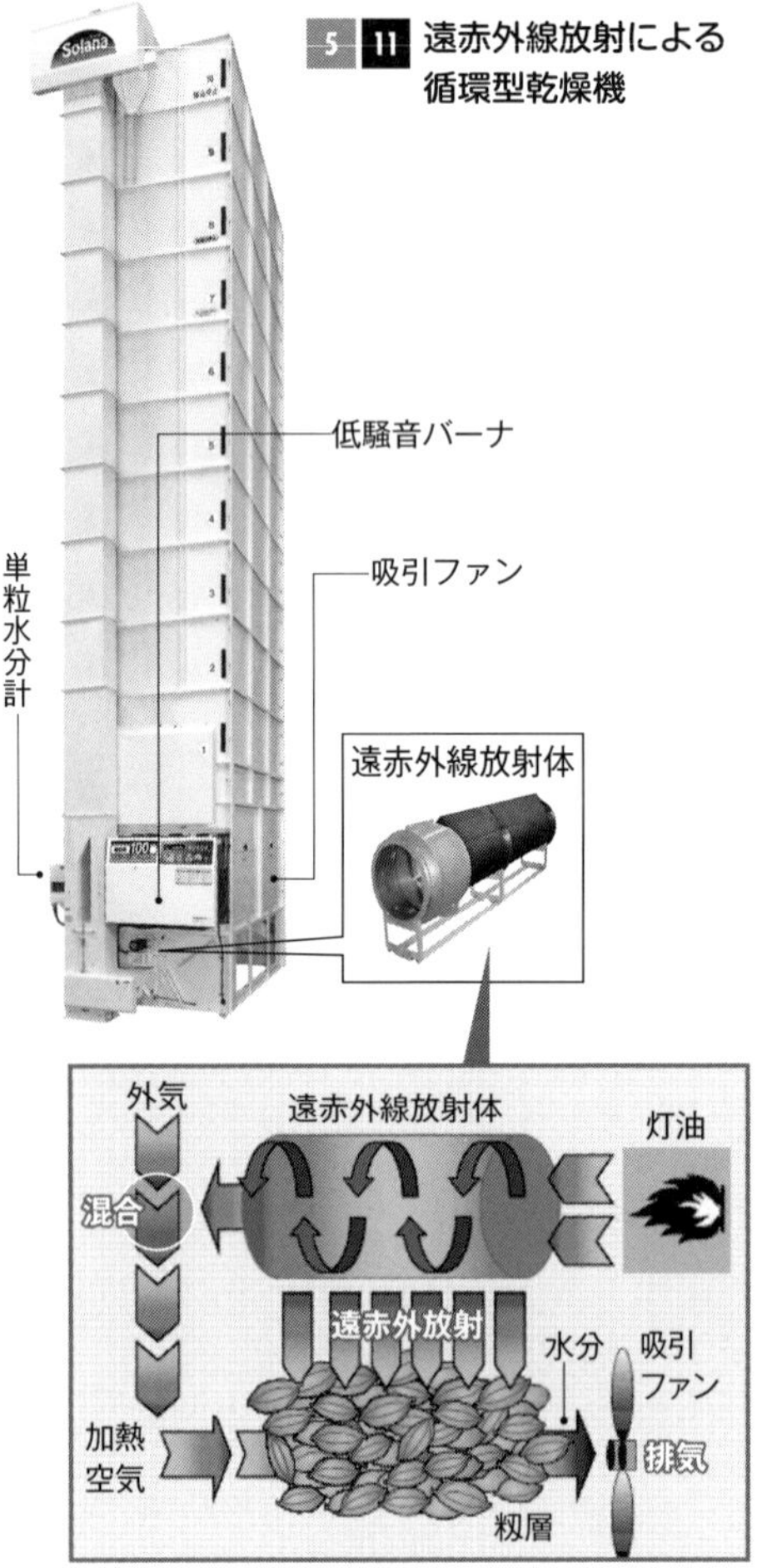

5 12 遠赤外式循環型乾燥機による1ha当たりの乾燥コスト低減（八谷 2008）

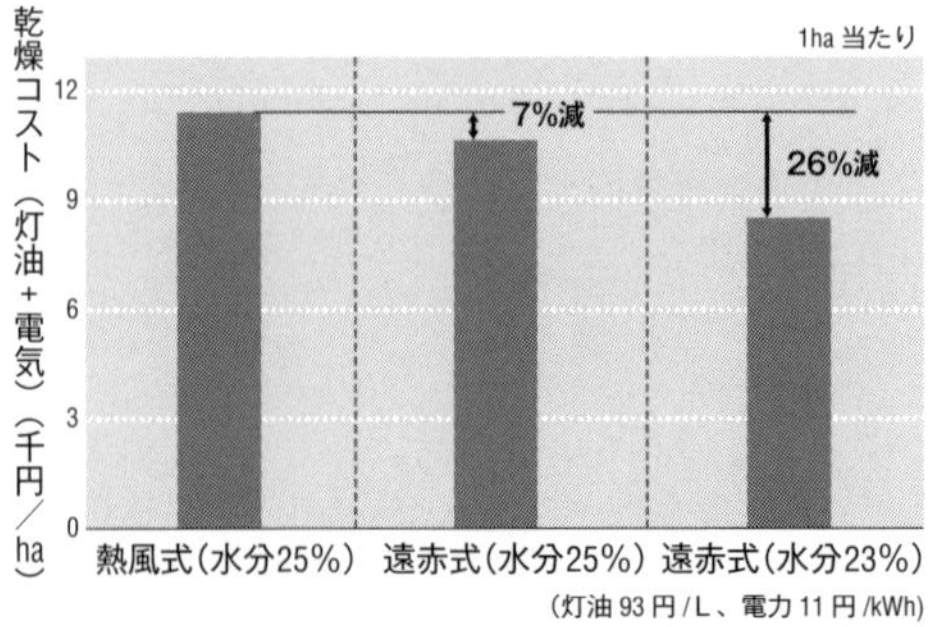

（灯油 93 円 /L、電力 11 円 /kWh）

8 共同乾燥調製（貯蔵）施設

ライスセンターとカントリエレベーター、違いは？

農村で規模の大きな施設をよく見かける。多くは籾（麦の場合もある）の共同乾燥調製（貯蔵）施設（共乾施設）で、ライスセンター（RC、図5 13）やカントリエレベーター（CE、図5 14）である。RCは1956年から、CEは1964年から建設が始まり、2015年現在、全国でRCが3409カ所、CEが893カ所に設置されている。両者の違いは貯蔵設備（サイロ）の有無にあり、RCにはないがCEには装備されている。

RCは乾燥・籾摺・調製後すぐに出荷する、我が国に多い玄米流通に対応する小・中規模施設で、荷受け・粗選・乾燥・籾摺・選別・計量・包装・受検・出荷までの一連の機械設備が配備されている。

一方、CEは大規模施設が多く、籾乾燥から籾バラ貯蔵までの一連の機械設備（荷受け・一時貯留、乾燥、精選・計量、貯蔵、籾摺・出荷設備など）がライン化されている。籾を貯蔵するサイロ（容量は数百～数千t、鋼板溶接構造で外周壁を硬質ウレタンで被覆して断熱）に貯蔵した籾は、翌年の梅雨期までに籾摺して玄米で出荷される。

ところが、近年、RCにも貯蔵設備が併設されるようになり、貯蔵設備の有無でCEと分類するのが難し

5 13 ライスセンター（JA宇都宮）

5 14 カントリセンター（JA越後）

くなっている。このため施設規模の違いによって、RCは作付面積150ha程度未満、CEはそれ以上の面積、RCでも50ha未満はミニライスセンター（MRC）と称し、生産現場で仕分けされるようになっている。MRCは共同施設ではなく大規模農家や営農集団にも導入されている。

乾燥方式はいろいろ

乾燥方式にはいろいろあるが大別すると、①自己循環送り式乾燥機（図5 15）で乾燥後、間隙サイロでテンパリング（調質、ねかし）することを半乾籾（17〜18％）になるまで繰り返し、本サイロで貯留する。繁忙期が終

5 15 自己循環送り式乾燥機の外観（左）とフロー（右）

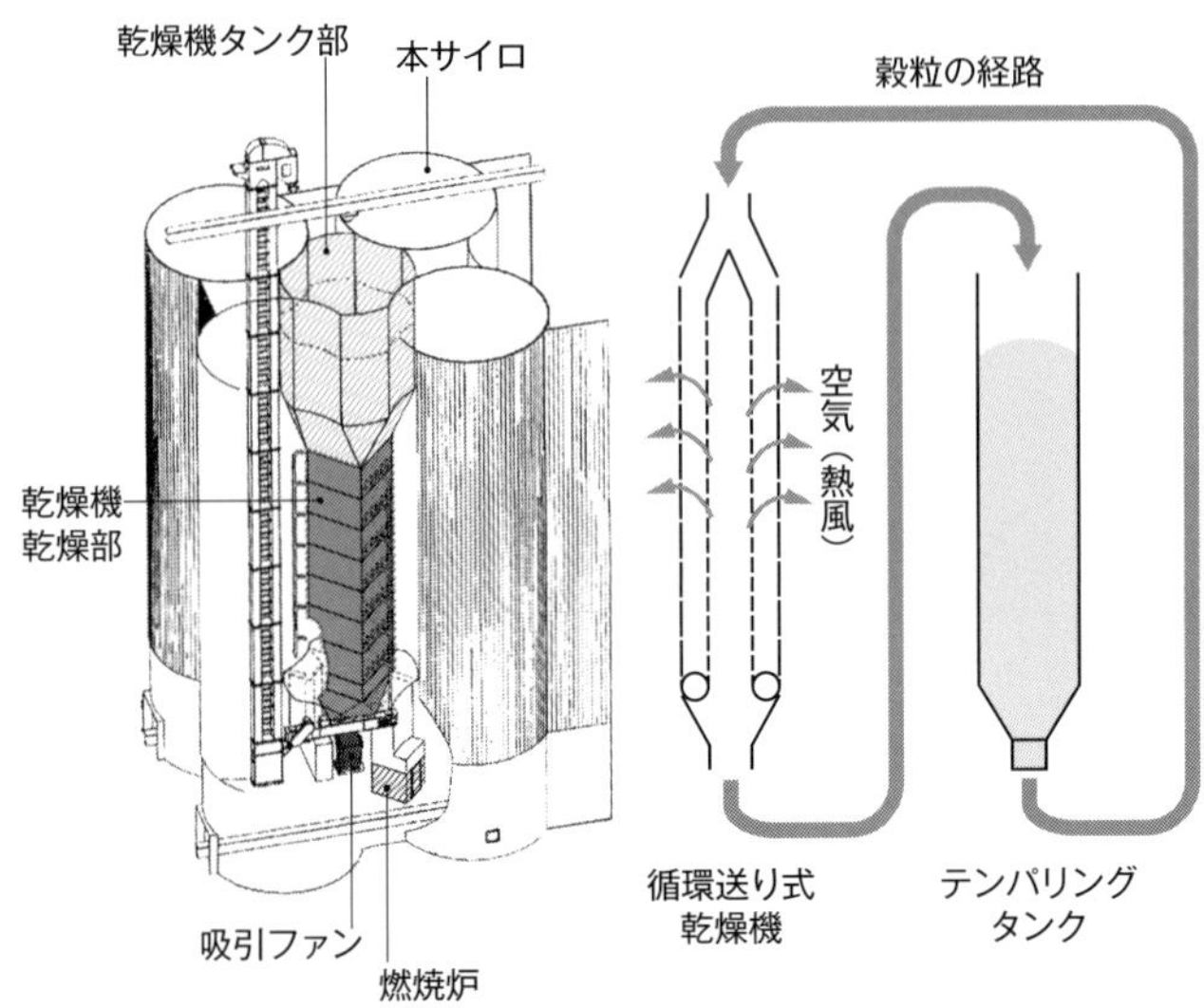

5 16 丸型貯留ビン

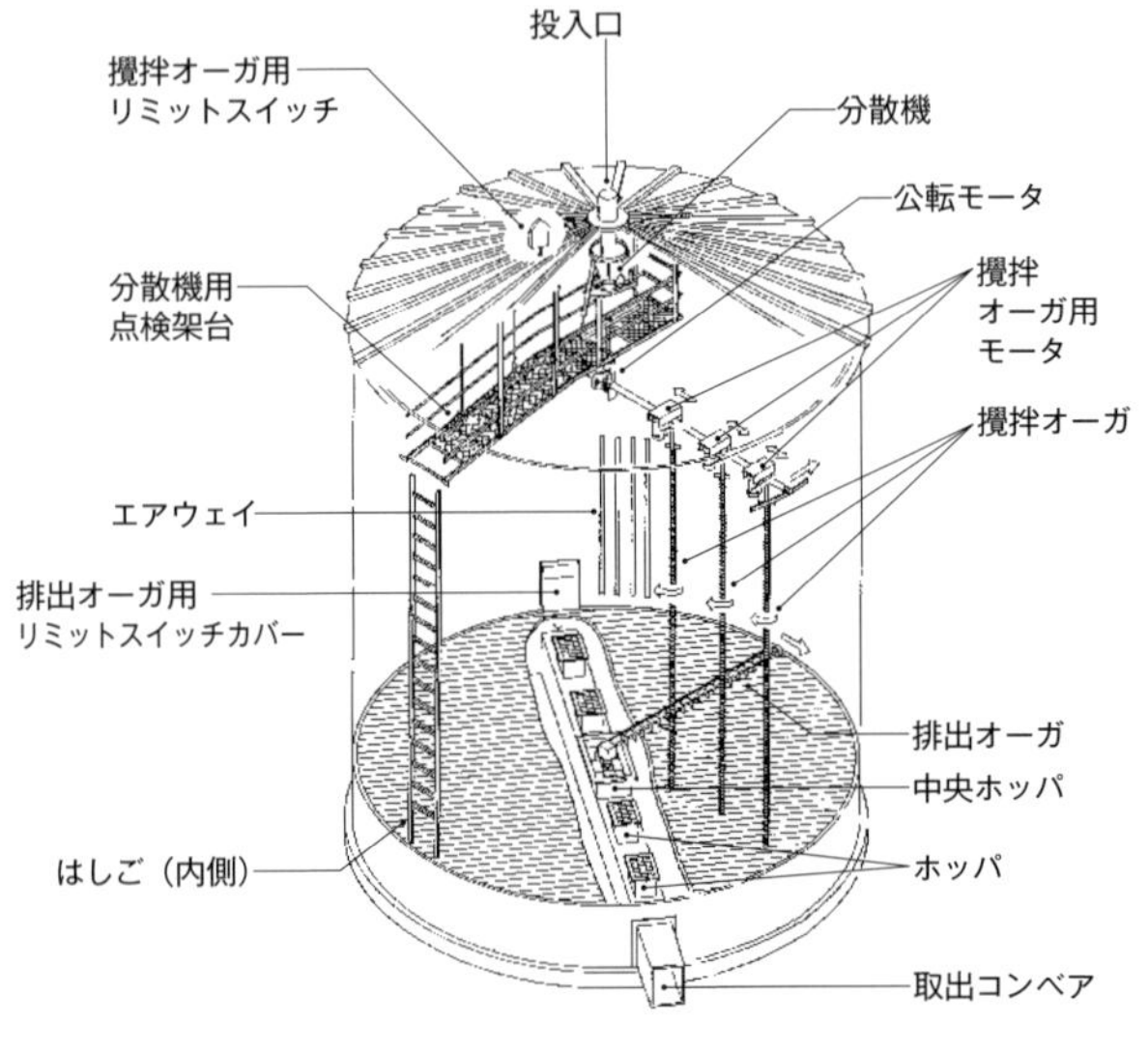

わってから半乾籾を取り出し仕上げ乾燥して、サイロでバラ貯蔵する、②丸型や角型の貯蔵ビン（容量50〜250ｔ程度：図5 16）で乾燥しながら累積貯蔵する、③大型の農家用循環乾燥機を複数台並べて乾燥・貯蔵する、などになる。

　いずれにおいても、半乾籾が発熱して「ヤケ米」を発生する場合があるので、籾温・玄米水分を監視して発熱を感知するとただちにローテーションして乾燥や冷却をするようになっている。また、RC、CEでは入荷が集中したときの一時貯留としてドライストア（DS）が荷受部に併設され、通風して発熱を抑え、品質を保持している。

多品目に対応できる全自動ラック乾燥貯蔵施設

　以上は、籾や麦を対象とした施設であるが、籾、麦だけでなく大豆や小豆、バレイショ、タマネギ、カボチャ、ニンニク、球根などの多品目の農産物をコンテナ単位（1基で籾1ｔ収容）で乾燥・貯蔵できる全自動ラック乾燥貯蔵施設（図5 17）が稼働している。CEが籾、麦に限られ年間稼働率が低く、しかも入荷物を仕分けない「プール扱い」がほとんどであるため、出荷物の履歴情報をきめ細かく管理できないのに対して、この自動ラック施設は、多品目利用ができるので年間稼働率の向上によるコストダウン、並びに小ロットごとに生産・加工履歴情報をトレースできる利点がある。[*16] 近未来型施設としてさらなる普及が期待されている。

5 17 多目的ラック乾燥貯蔵施設
（大豆・籾併用：JA越後ながおか）

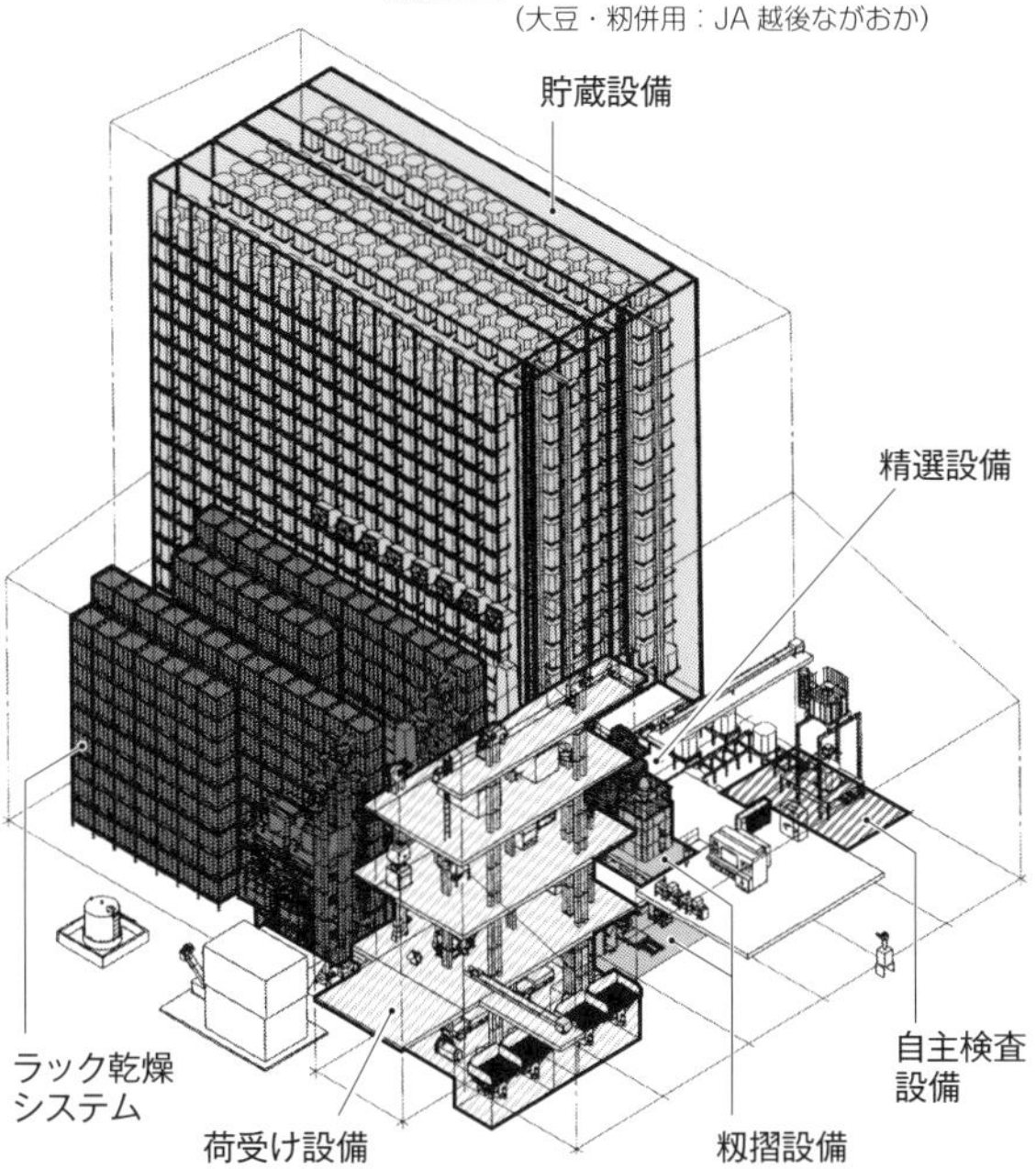

9 通風乾燥の仕組みを知る

品質保持乾燥の基本

各種の乾燥機が開発されているが、米の品質保持の基本は、乾燥速度（乾減率ともいう）が適正であること、過乾燥にしないこと、乾燥ムラが少ないことにある。

乾燥速度は0・8〜1・0％／h以下、これ以上の乾燥速度になると玄米胴割れが発生しやすく、籾摺・精米工程で砕米になることが多い。

5-18 胴割れ粒・砕米の混入率と食味値の関係

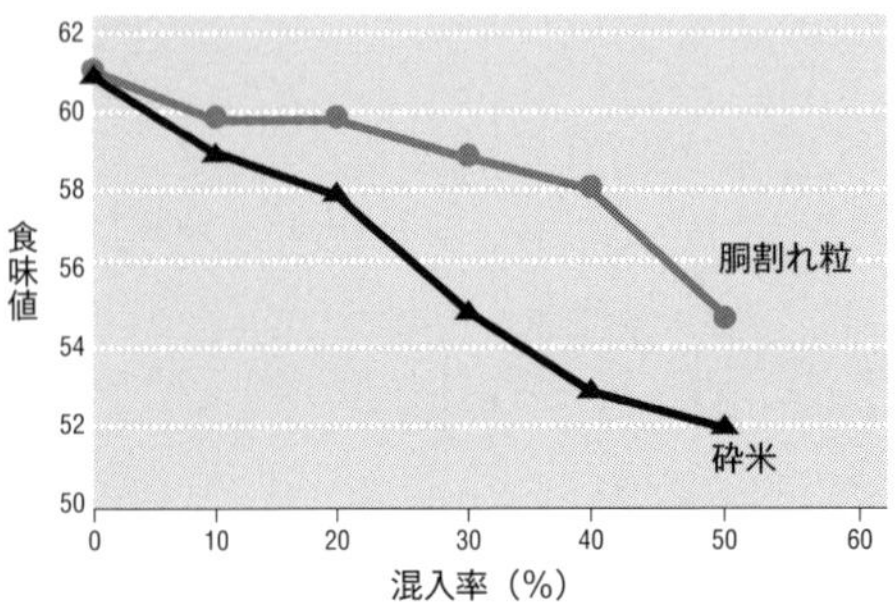

図5-18に見るように、胴割れ粒や砕米が増えると食味が著しく低下する。また、仕上げ籾水分は15％程度、過乾燥して13％程度以下になると、炊飯の水浸漬時に白米に亀裂が入り、粒内部からデンプンが溶出してご飯の食感を悪くしてしまう。

乾燥ムラについては、もともと原料米1粒単位で見れば成熟程度の違いがあり、水分差が大きいことは既述の通りである。CE入荷時にロット単位で平均水分が同じでも、単粒水分で見れば水分ムラの程度が異なっているのである。水分ムラを完全に解消することは難しいが、同一温度・湿度条件で乾燥しても高水分籾ほど乾燥速度が速く乾きやすい特性があり、そのため乾燥するに伴い水分ムラの幅が少なくなる（図5-19[*17]）。

厚層乾燥ではかえって上層は水分上昇

仮に単粒レベルで水分が同一であっても、実際の通風乾燥方式では乾燥ムラが拡大する。このことは平型静置式乾燥機の場合を見ればその仕組みがよく理解できる。

図5 20に示すように、乾燥が始まるとスノコ直上の籾層がまず乾き始め、その層を通過した乾燥空気は籾からの蒸散水分で湿度が上昇するが同時に温度が低下する。熱風乾燥では物質（水分）移動と熱移動が同時に起こっているのである。この現象を繰り返しながら乾燥前線は上昇するので、上層になるほど籾は乾きにくく上下層の水分ムラが拡大する。これは「厚層乾燥」になるほど顕著になる現象であり、これを避けることはできない。実際の平型静置式乾燥機に張り込みすぎた場合がこれに当たる。高水分麦の厚層乾燥では上層籾は乾くどころかむ

5 19 乾燥に伴う籾水分の低下と水分ムラの減少
(Omar1989)

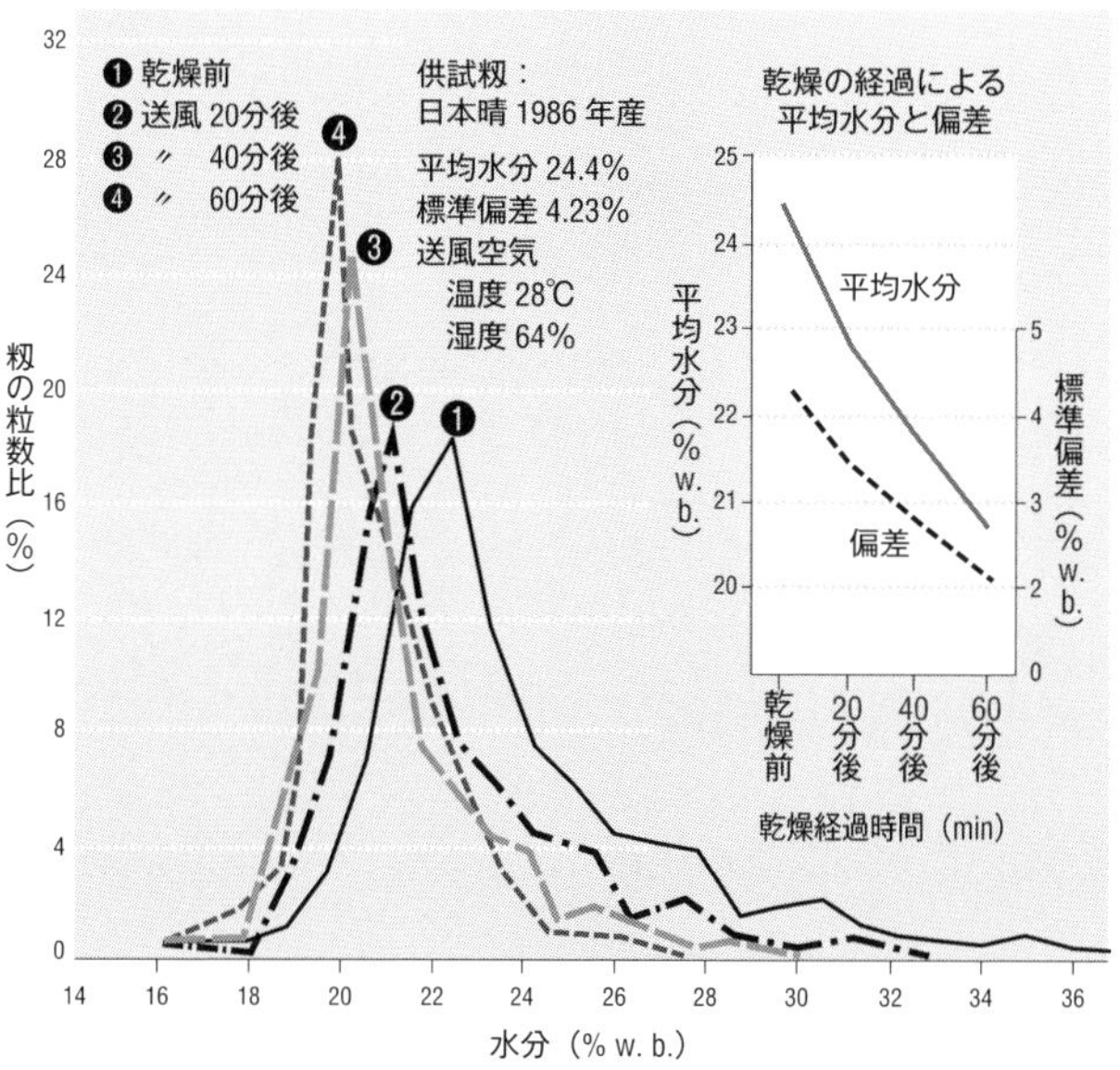

5 20 厚層堆積乾燥の模式図と層別乾燥のシミュレーション結果 [*16]

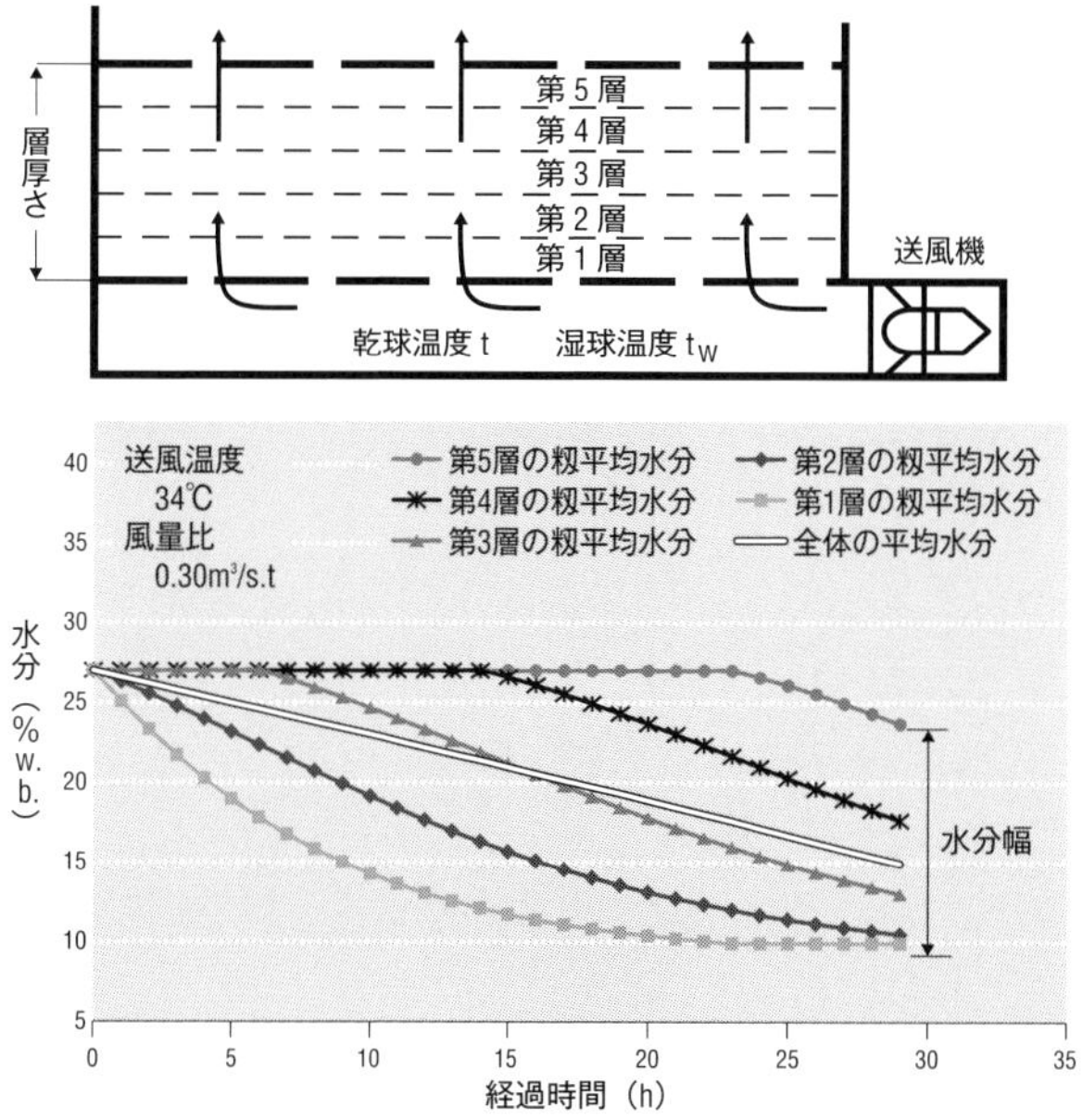

しろ吸湿して、水分上昇することさえある。
乾燥ムラをできるだけ軽減するためにさまざまな工夫がなされている。乾燥する籾層を薄くする、すなわち穀物風量比（籾の単位重量当たりの風量）を大きくする、籾層を攪拌・混合する、テンパリング工程を設けるなどがそれである。

5 21 フレコンバッグ乾燥機（(株) サタケ資料 2009）

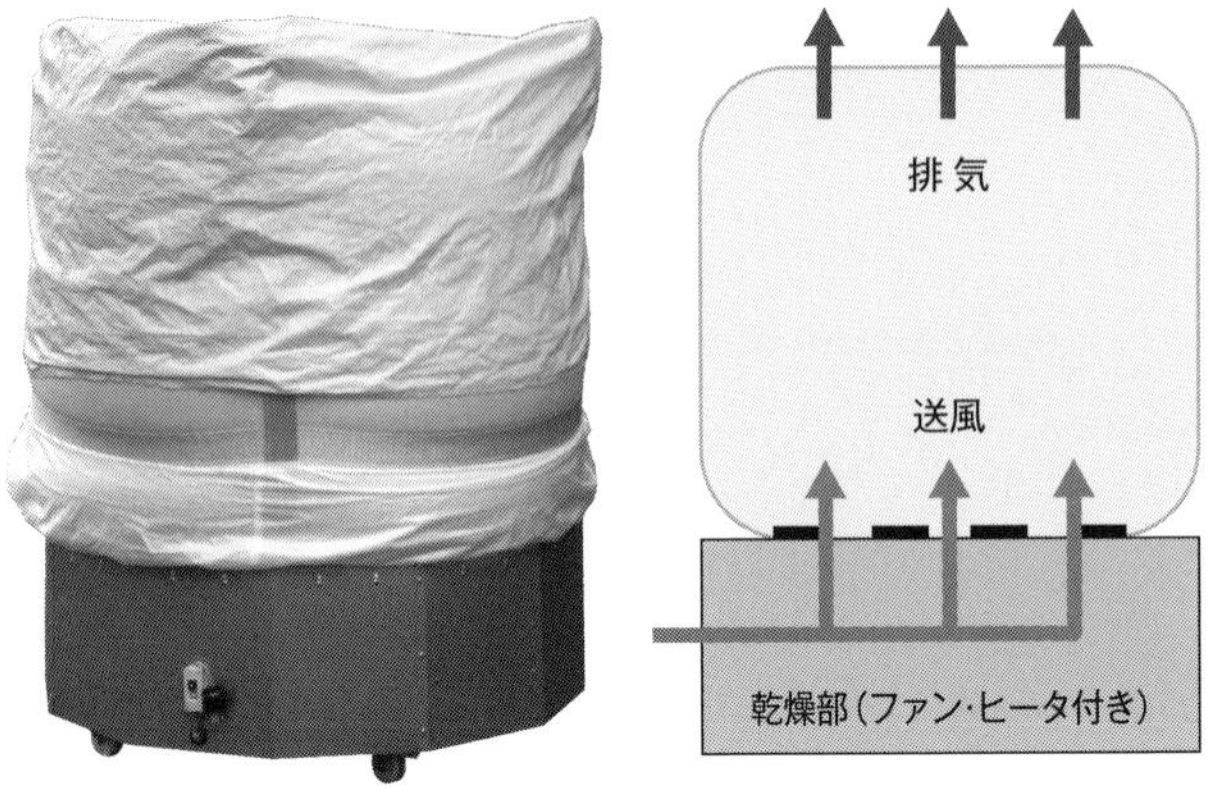

	循環型乾燥機	フレコン乾燥機
エネルギー消費量	13.32MJ / kg	8.26MJ / kg（40%減）
乾燥コスト	787円 / t	590円 / t（25%減）
灯油代 電気代	668円 / t 119円 / t	255円 / t 335円 / t

注1 フレコン乾燥機の電気ヒータは灯油発熱量換算
2 1kWh=3.6MJ、灯油低位発熱量43.43MJ/kg、電気料金20円 /kWh、灯油料金80円 /kg で試算
3 乾燥コストは玄米1 t（水分15%）当たりに換算

低コスト、省エネが売り、フレコンバッグ乾燥機

最近、図5 21に示す厚層乾燥のフレコン乾燥機が開発されている。平型乾燥機の再来で、簡単・安価型である。

底面を網状にしたフレコンバッグ（φ1230×H400㎜）に約750㎏の籾を詰めて乾燥台に載せ、ブロワで通風する。乾燥台にはヒーターが装備されている。籾層が厚く乾燥ムラが当然生じるので、途中に詰め替えして上下反転する必要がある。実際には小規模農家での低水分収穫籾の仕上げ乾燥に適しており、そのまま貯蔵しておくこともできる。ブロワ1台で複数台数のフレコン乾燥機を連結して使われており、共乾施設の予備乾燥にも有効であろう。このフレコン乾燥機の乾燥コストとエネルギー削減効果は循環型乾燥機と比較すると、エネルギー消費量で40%減、コストで25%減とする試算がある。

10 籾摺りは現在ゴムロール式が主流

ロール式籾摺機の仕組み

揺動式選別を組み込んだゴムロール式籾摺機を図5 22に示す。脱ぷ（籾摺り）部には回転方向・速度の異なる1対のゴムロールが対向し、その間隙を籾が通過時に、両ロールの周速度差で籾がらが剪断破壊され脱ぷされる。脱ぷ作用は籾とロールの接触長と接触圧、周速度差（最適値は22〜28％）などに左右される。籾摺機の能力はロール幅（インチ数）で表わされ、農家用では2〜5インチ、ミニライスセンターでは6ないし8インチ、RCとCEでは8ないし10インチが使われている。籾摺能力はインチ当たり約5俵（≒300㎏）、脱ぷ率は80〜90％が目安になる。ロール間隙を狭くすると脱ぷ率が向上するが、同時に玄米の肌ずれ（表皮の剥がれ）や砕米が増えるので、間隙は籾厚さの1／2程度、0・8〜1・2㎜に調整されている。また、脱ぷ性能向上のため、籾の長さ方向の姿勢でロール間に供給すると、剪断力で籾がらが剥がれやすいことがわかり、段違いロールに籾を縦方向に整列して供給するシュート式（図5 23）が開発され、脱ぷ率向上と砕米軽減が確認されている。とくに中・長粒種での効果が高く海外で普及している。

5 22 籾摺機の構造（ロール式＋揺動式）

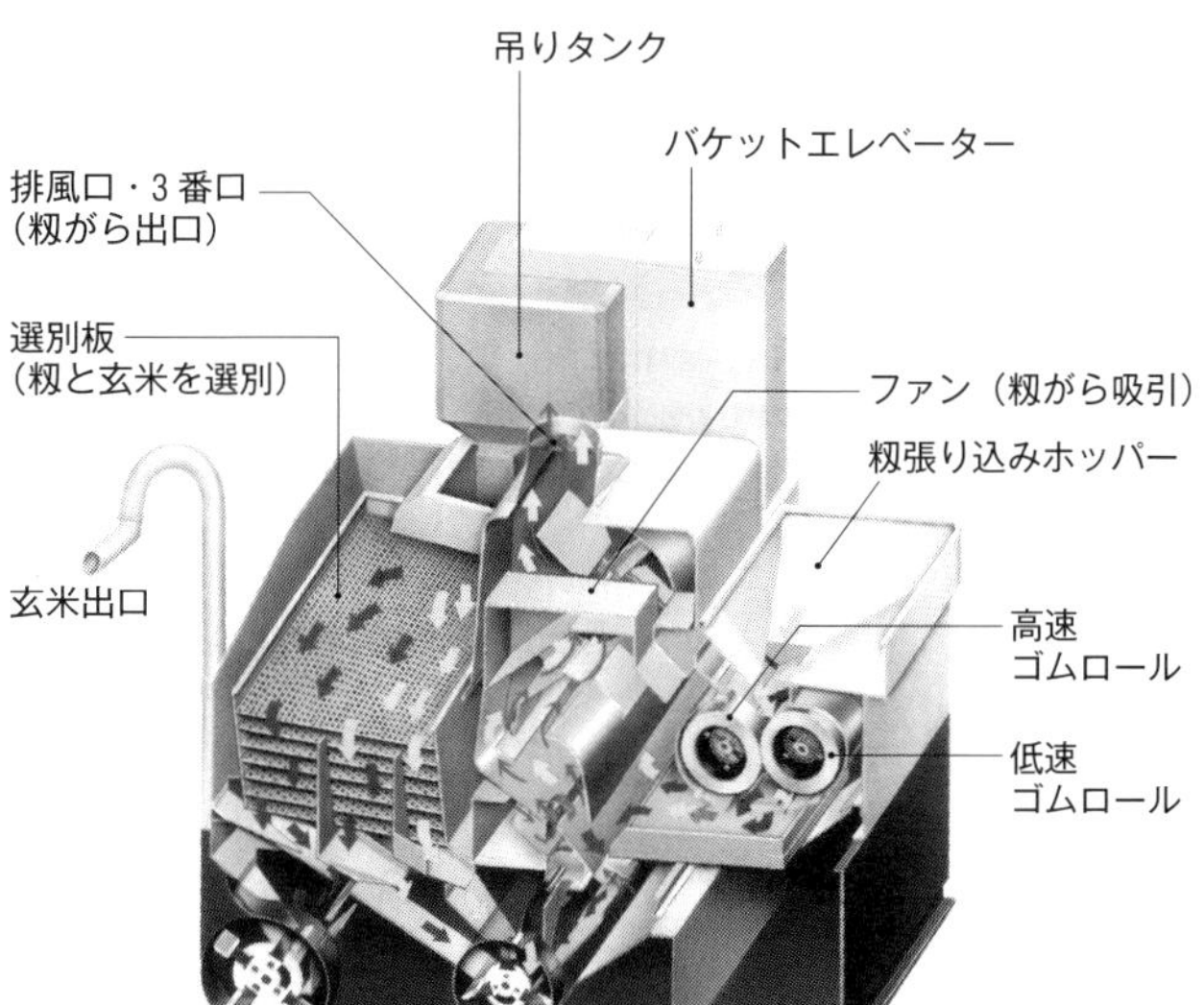

脱ぷ性能優るインペラ式だが…

ゴムロール式以外にインペラ式小型籾摺機（図5-24）がある。樹脂製羽根のインペラが高速回転し、籾を空気流で加速してファンケース内側のウレタン製ライニングに衝突・滑動させて脱ぷする仕組みである。インペラ式は大正期に開発された衝撃式籾摺機と似ているが、インペラ羽根先端部円弧の曲率と外周ライナーとの隙間を変化させ圧縮力に摩擦力が加わり、脱ぷ作用が増強されている。インペラ部で20～50%、外周ライナー衝突後の滑動部で残りが脱ぷされ、脱ぷ率はほぼ100%である。

以上のように、脱ぷ性能からはインペラ式が優るが、次項で見るように乾燥籾では両式の性能に差が少なく、しかもインペラ式市販機が小型で処理能力が低いことから、現在ではロール式が主流になっている。

5-23 ロール式＋シュート供給式籾摺機の構造
（サタケ資料より）

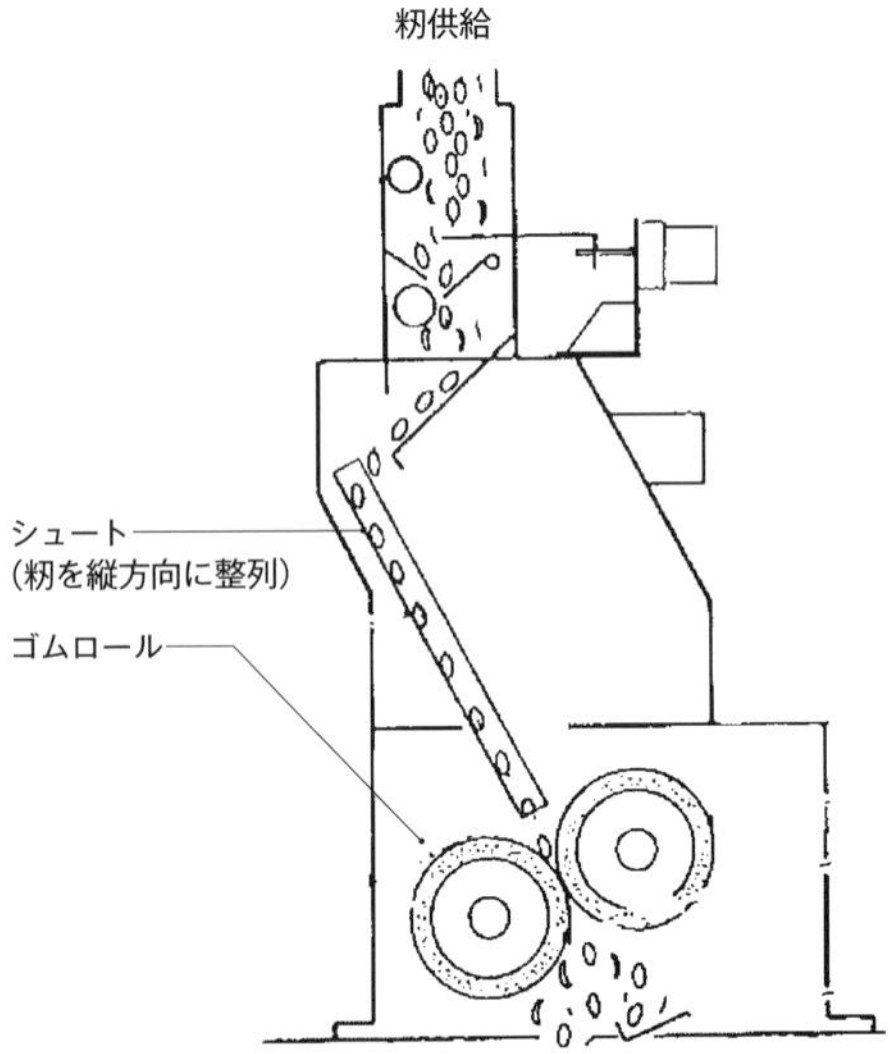

5-24 インペラ式籾摺機の構造（サタケ資料より）

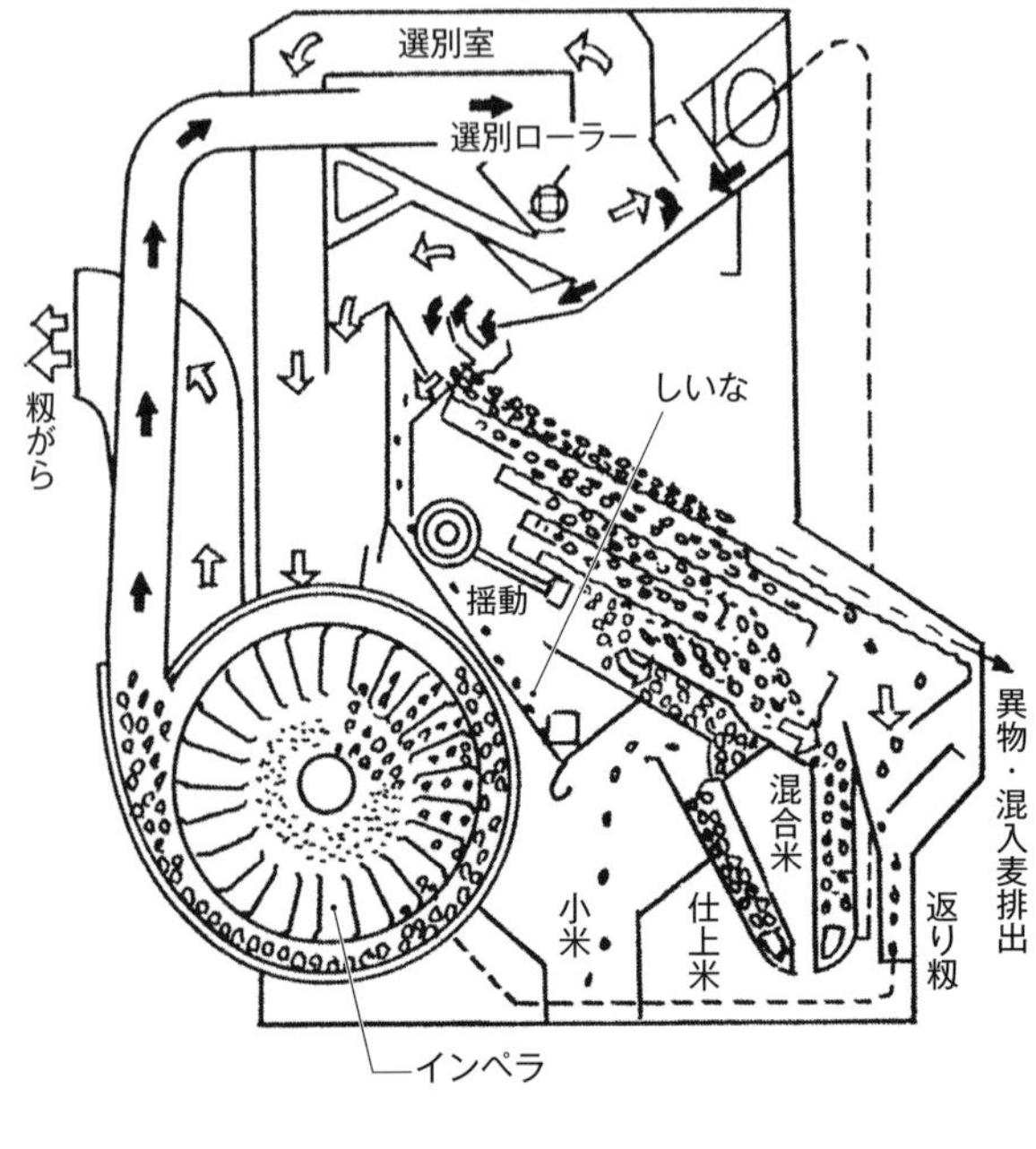

11 総合力で勝るゴムロール式籾摺機

ゴムロール式とインペラ式の性能を図5 25、5 26、5 27に示す。

ゴムロール式では籾水分が16％を超えると脱ぷ率が急減、粒表面に小さい肌ずれを生じ、水分18％では肌ずれ率が60％になり、この傾向は玄米温度が上がるとさらに増加する。肌ずれは外観の劣化だけでなく、貯蔵中にその傷口から吸水して呼吸量を増やし、カビが生えやすく品質劣化や古米化を促進する。また、発芽率については水分20％程度までは保持され、脱芽率も低い。

一方、インペラ式は籾水分20％以上でも高い脱ぷ率を示すが、発芽率は急速に低下し、脱芽率が増える。穀粒損傷や肌ずれは水分16％で増えるものの、ロール式より少ない。

脱ぷ性能の特徴は両者の脱ぷ機構の違い、すなわちロール式が剪断・圧縮・摩擦作用、インペラ式が衝撃・圧縮・摩擦作用の違いによる。また、両方式で脱ぷした玄米の貯蔵試験では、ロール式が脂肪酸度の増加や、発芽率・発芽勢の低下が少なく、品質保持面で優ることが報告されている。[*18]

以上からすれば、生籾ではインペラ式の性能が高いが、籾水分13～15％の

5 25 籾水分と脱ぷ率の変化（山下 1991）

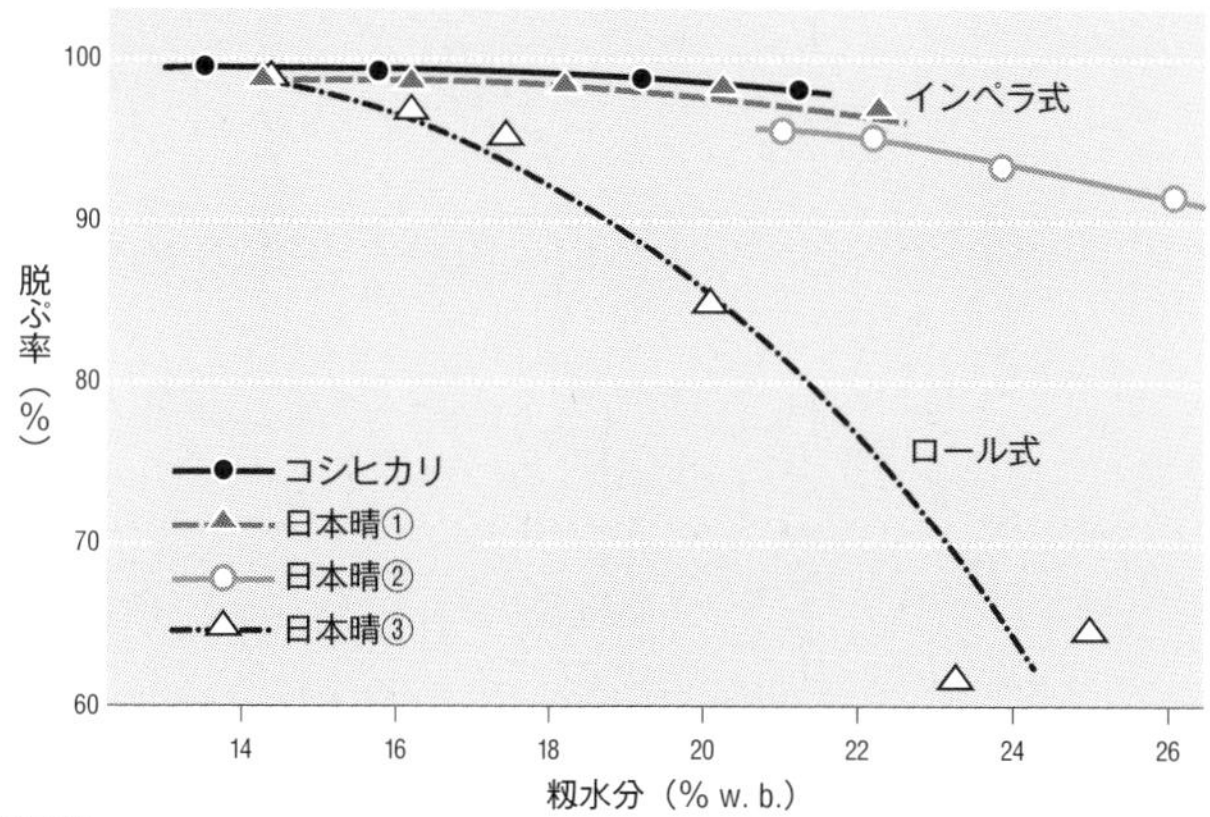

通常の籾摺りでは、ロール式がやや肌ずれのリスクがあるものの脱ぷ率、発芽率、脱芽率、砕米発生率がほぼ同等で、貯蔵中の玄米品質についてはやや優るといえる。

5 26 籾摺りにおける籾水分と肌ずれの関係（山下 1991）

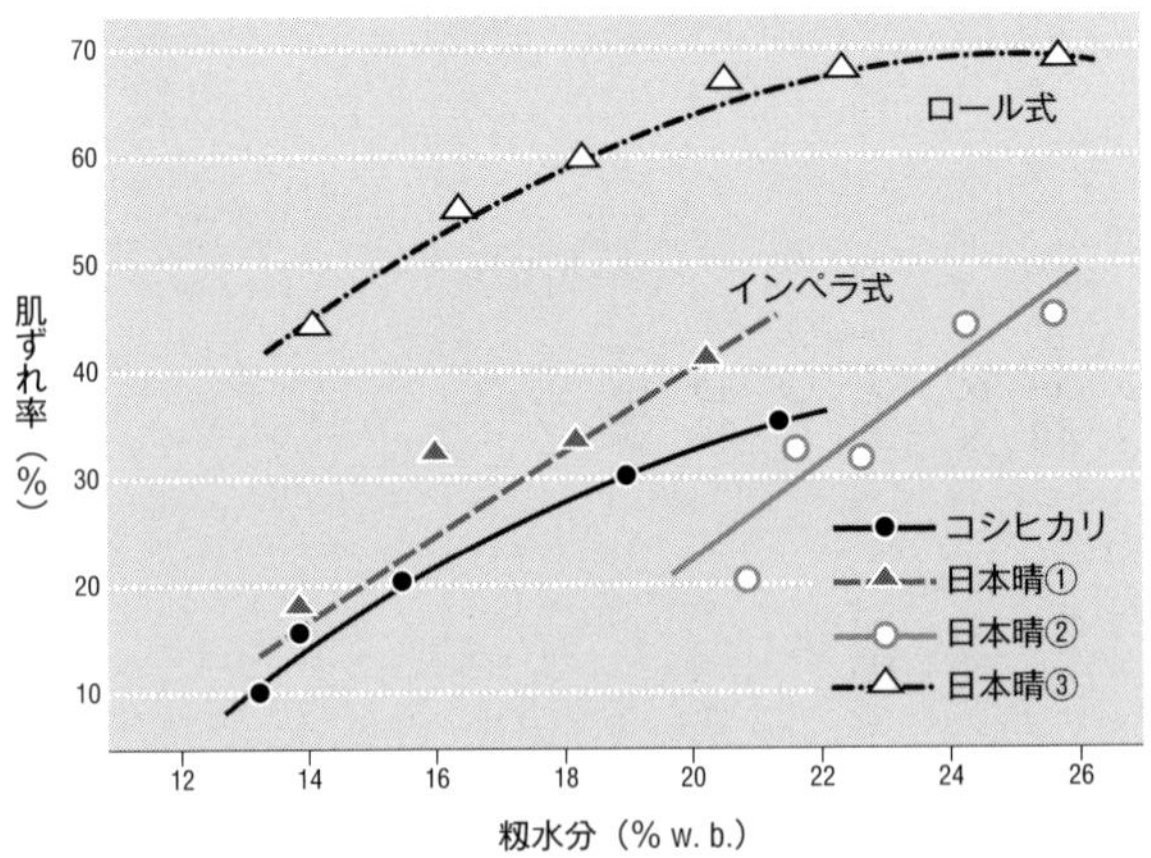

5 27 籾摺機の違いによる籾水分と発芽率・胚芽脱落率との関係
（山下 1991）

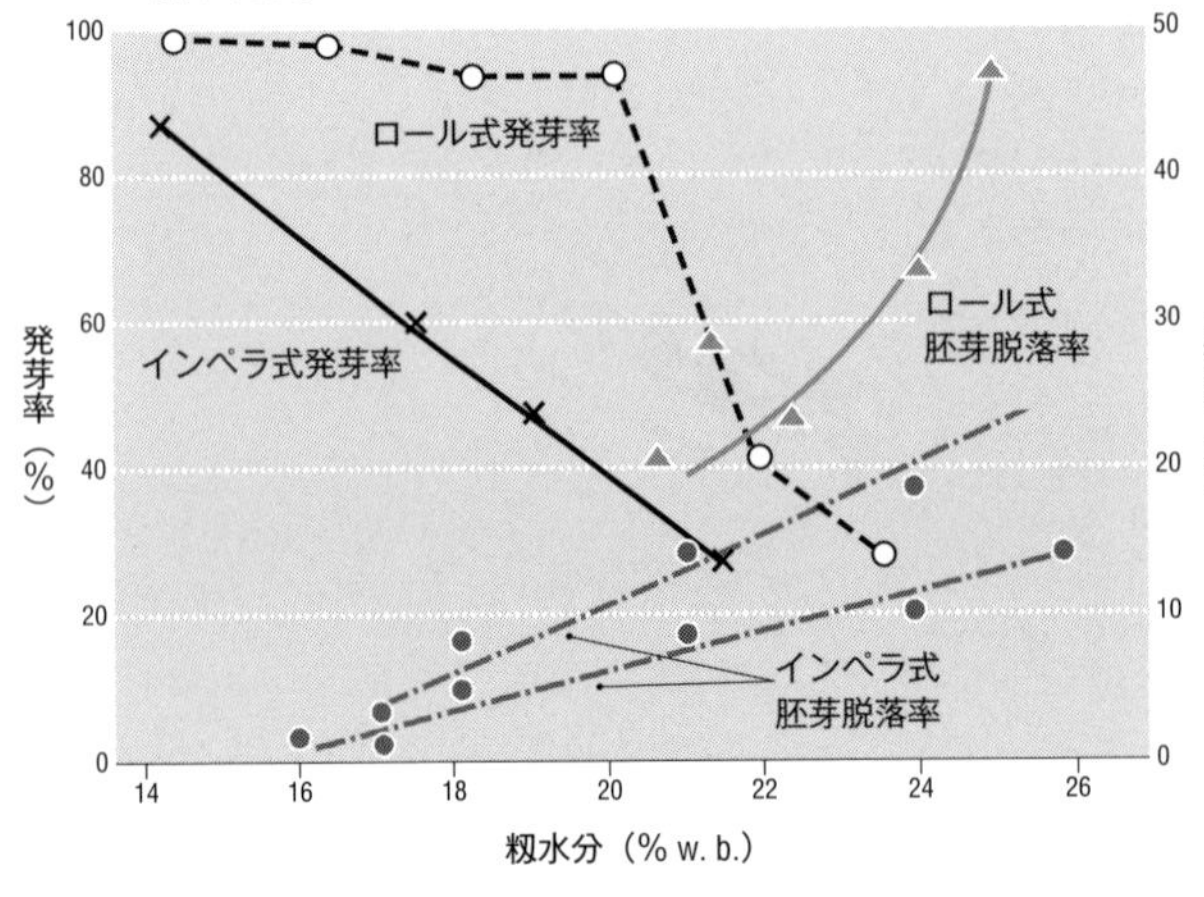

12 籾摺り後の機械選別部の構造

脱ぷ後の風選部では、籾と玄米の混合物（一番口）、未熟粒・しいな（二番口）、籾がら（三番口）に仕分けられる。風選には吸引式ファンが使われ、風路内の風速が均一であることが良好な選別につながる。昔、使われていた唐箕《とうみ》は送風式であったが、吸引式と原理は同じである。吸引された籾がらは直接機外へ排出するオープンタイプや機内で空気循環させるクローズドタイプがあり、後者は防塵機能が高い。風選部通過後の玄米には籾やわら屑なども含まれているので、それらを選別除去するのに次の3方式がある。

(1) 万石式　網目のサイズが異なる3枚の網板で構成されている。その中の上網に混合米（玄米、籾がら、籾、屑など）を供給し、上網下端部から籾、下網の網目から玄米が漏下する。下網を通過した玄米には砕米、屑米、その他異物などの小径なものも混じっているので、これ

5 28 揺動式選別における籾と玄米の分離作用

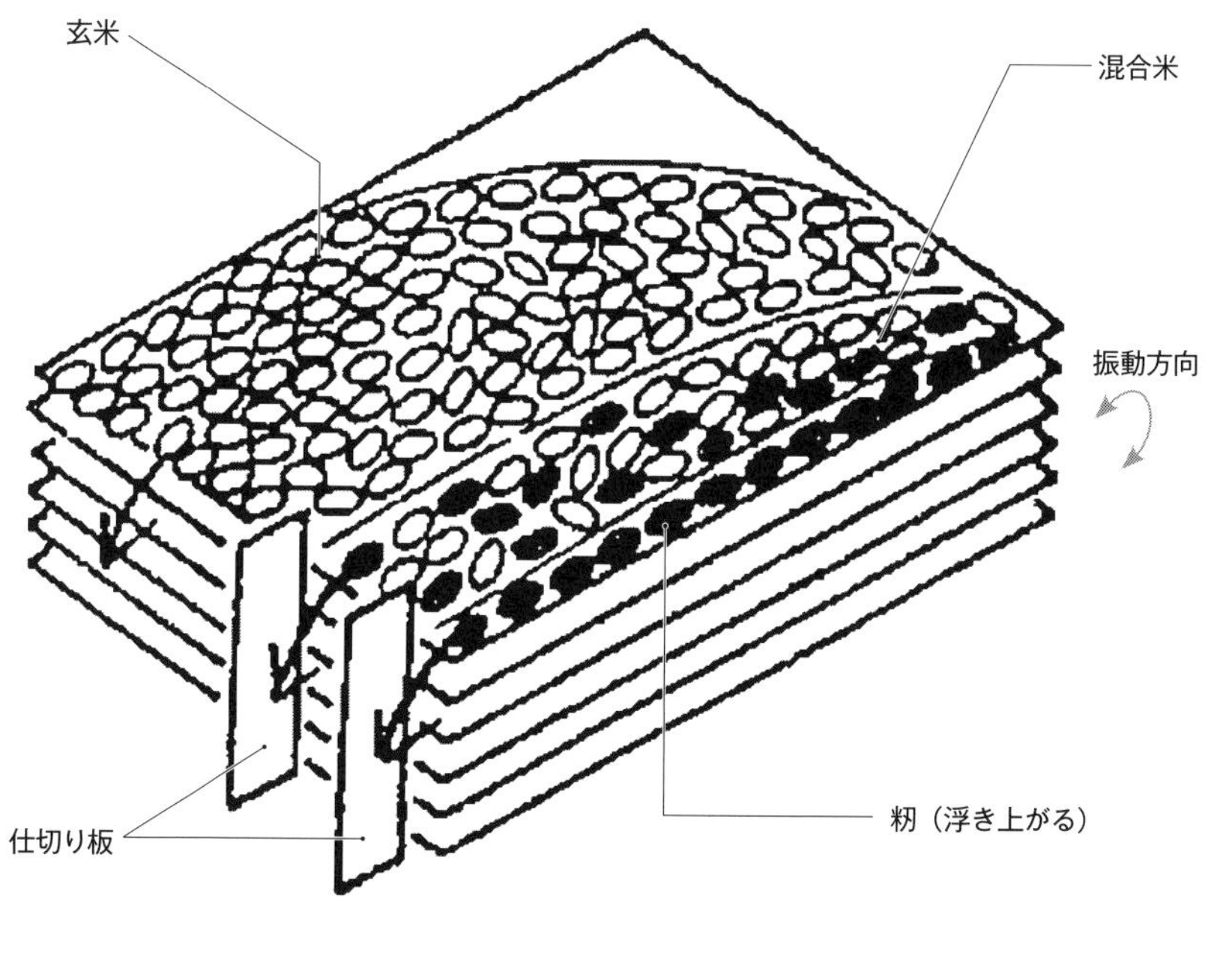

を除去する風力選別部がここにも配置されている。

（2）揺動式　図5 28に示すように2方向に傾斜した凹凸面状選別板（数段）を揺動して選別する。籾摺り後の混合米を各段の選別板に均分して供給し、揺動しながら流下させると、籾は上層に玄米は下層に流れる。排出口に近づくと上方に玄米、下方に籾、中間に混合米が集まり、仕切り板で仕分けられる。籾は籾摺機本体の脱ぷ部に戻して再脱ぷし、混合米は選別部に戻して再選別する。選別板上の良好な層厚さは8～10㎜（3～4粒）、板上に均等に広げることがポイントとなる。それには選別板の凹凸形状、流れ角、選別角、揺動角、ストローク、揺動数などの最適化が必要になる。揺動機構には空気波鼓動式、回転揺動式、水平揺動式があるが、分離の原理はいずれも同じである。

（3）ロータリ式（インデント式）　円筒内面に曲状の凹目を設けた円筒を回転させて選別する（図5 29）。筒内に供給された混合米中の玄米が凹目にはまり込みそのまま持ち上げられ、円筒中央上部の受け樋に落下し（図中A）、玄米以外は凹目に入らずに流下する（図中B）。市販機には上下2本の回転円筒式の組み合わせが多い。

5 29 ロータリ式（インデント式）選別の仕組み（サタケ資料より）

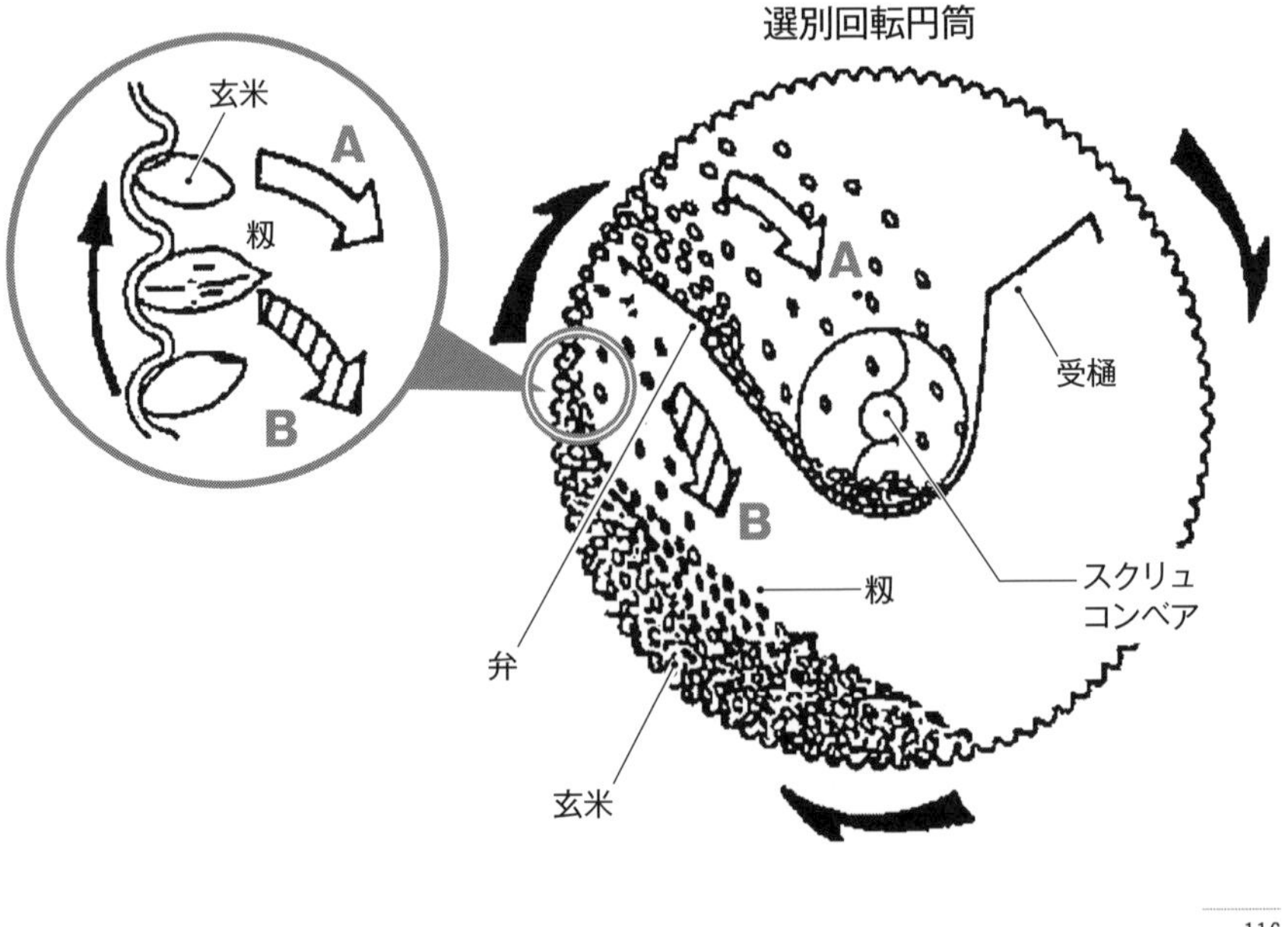

籾摺技術の歩み

昔は石臼《いしうす》と杵《きね》で搗き、籾摺から精米までを一挙に行なっていた。江戸時代には土臼《つちうす》が中国から伝えられ、やがて木臼《きうす》となり脱ぷ工程が分離していった。明治期に入るとゴム臼が発明され、単式ロール型脱ぷ機が登場。大正期には衝撃式、動力用ゴム臼、複式ロール型脱ぷ機が発明され、昭和期に入ると脱ぷと選別を一体化した全自動籾摺機が開発された。

それ以降、脱ぷはゴムロール式が中心になったが、選別には進展が見られ、1960年代に万石《まんごく》式、74年に揺動式、80年にロータリ式を組み込んだ本格的な全自動籾摺機が登場した。現在では脱ぷはゴムロール式、選別には揺動式が主流となり一部でロータリ式も採用されている。籾摺機内では図5 30のように、籾がらを除去する籾摺（脱ぷ）工程と、籾摺り後に玄米、籾がら、籾がら除去できなかった籾、夾雑物を分ける選別（風選）工程がマッチングされている。

5 30 籾摺選別工程のフロー

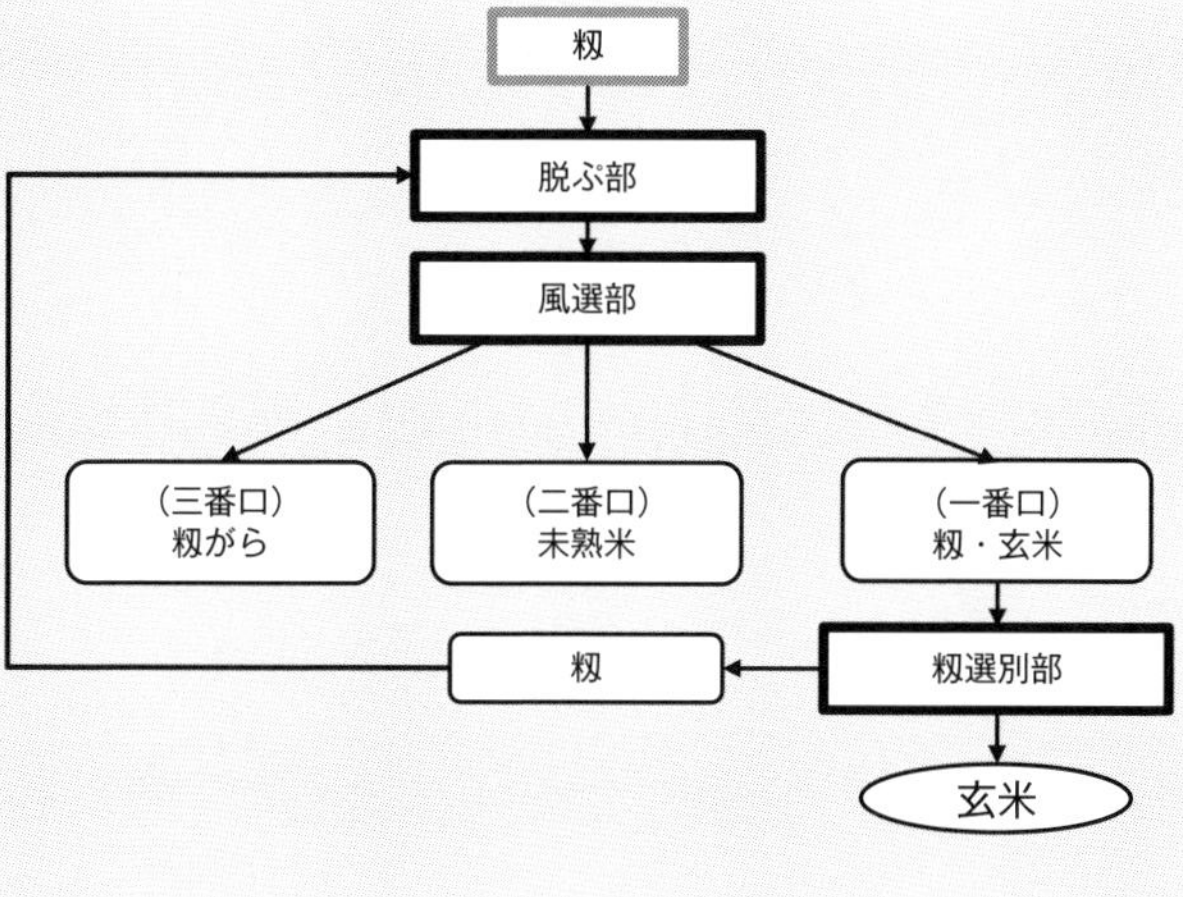

生籾脱ぷ＋玄米乾燥＋白米・無洗米流通システムの可能性

同一乾燥条件でも玄米は籾よりも乾燥しやすく、除去水分量も籾がら分だけ少ない。これに着目して、「生籾脱ぷ＋玄米乾燥＋白米・無洗米流通システム」の技術開発が始まっている。図5 31に示すように、乾燥にはコンテナ乾燥方式、ならびに乾燥籾がらとの混合乾燥方式が想定されている（生研センター・サタケ・山本）。混合乾燥方式では籾がら乾燥に籾がら燃焼熱を利用するので、化石燃料は不要になる。現在は①生脱ぷ時の玄米脱芽と肌ずれの発生、②乾燥工程での玄米粒同士の摩擦による光沢の低下、③処理能力や耐摩耗性の高い中・大型インペラ式の開発、などが課題となっている。しかし、玄米検査なしの白米・無洗米流通システムにすれば、③のみが課題となる。省エネ、バイオマス熱源利用（カーボンニュートラル）による大幅なCO_2発生量の削減が可能になる新技術として、さらなる研究の進展が期待される。

5 31 玄米乾燥による省エネ・環境負荷軽減システム構想
（生研セ・サタケ・山本 2009、著者作図）

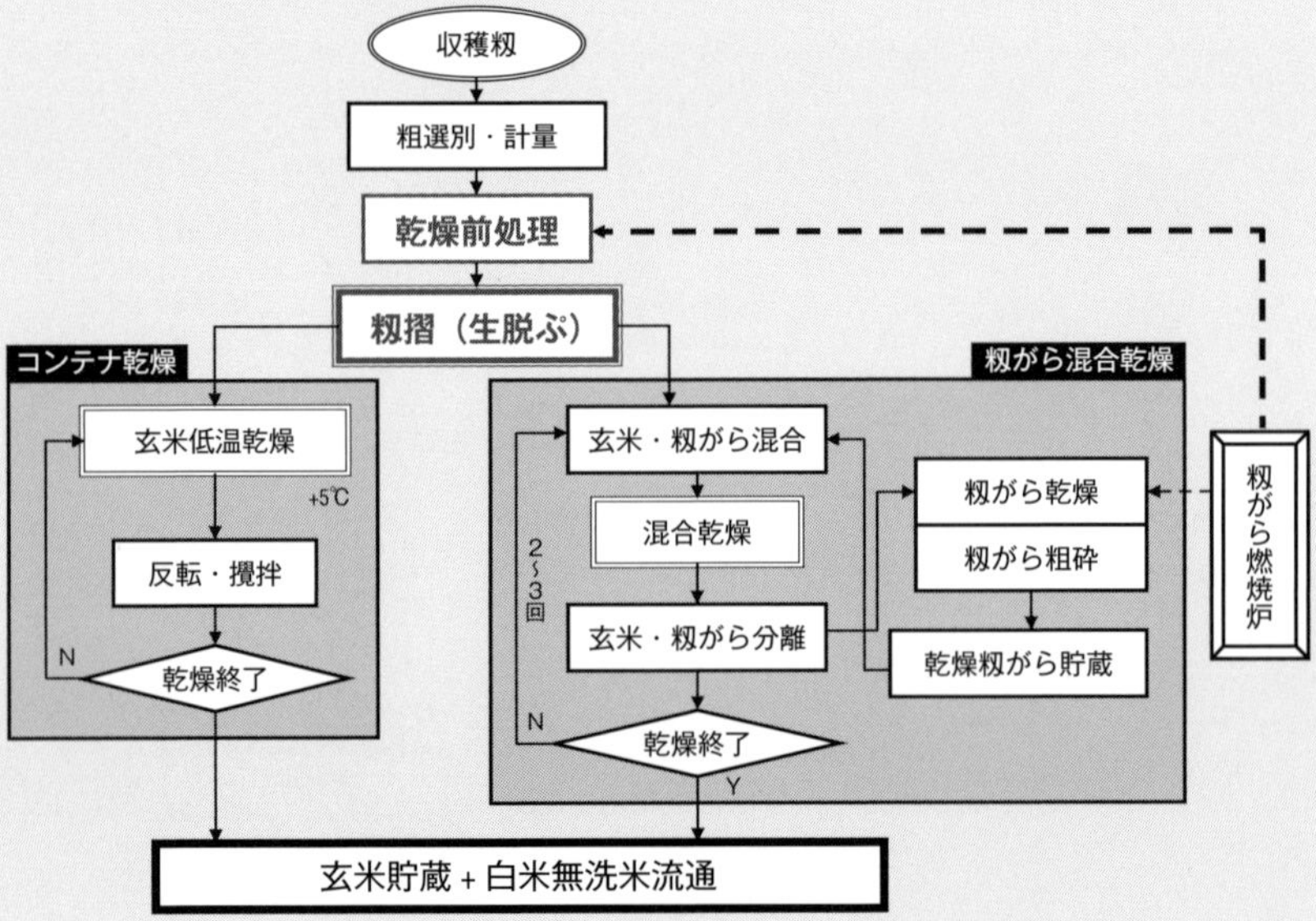

郵便はがき

おそれいりますが切手をはってお出し下さい

1078668

(受取人)
東京都港区
赤坂郵便局
私書箱第十五号

農文協
http://www.ruralnet.or.jp/
読者カード係 行

◎ このカードは当会の今後の刊行計画及び、新刊等の案内に役だたせていただきたいと思います。　はじめての方は○印を（　）

ご住所	（〒　－　） TEL： FAX：
お名前	男・女　歳
E-mail：	
ご職業	公務員・会社員・自営業・自由業・主婦・農漁業・教職員(大学・短大・高校・中学・小学・他）研究生・学生・団体職員・その他（　）
お勤め先・学校名	日頃ご覧の新聞・雑誌名

※この葉書にお書きいただいた個人情報は、新刊案内や見本誌送付、ご注文品の配送、確認等の連絡のために使用し、その目的以外での利用はいたしません。

● ご感想をインターネット等で紹介させていただく場合がございます。ご了承下さい。
● 送料無料・農文協以外の書籍も注文できる会員制通販書店「田舎の本屋さん」入会募集中！
案内進呈します。　希望□

■毎月抽選で10名様に見本誌を1冊進呈■（ご希望の雑誌名ひとつに○を）

①現代農業　②季刊 地 域　③うかたま　④のらのら

お客様コード □□□□□□□□□□

014.07

お買上げの本

■ご購入いただいた書店（　　　　書店）

●本書についてご感想など

●今後の出版物についてのご希望など

この本をお求めの動機	広告を見て（紙・誌名）	書店で見て	書評を見て（紙・誌名）	出版ダイジェストを見て	知人・先生のすすめで	図書館で見て

◇新規注文書◇　郵送ご希望の場合、送料をご負担いただきます。

購入希望の図書がありましたら、下記へご記入下さい。お支払いは郵便振替でお願いします。

（書名）	（定価）¥	（部数）　部
（書名）	（定価）¥	（部数）　部

13 目にもとまらぬ早技、光選別機

光センサを使った革新的技術

米の選別は、①異物を除去して米の質を向上する、②粒を揃えて商品価値を高める、③食味や保存性を高めるなど、マイナス要因を除くために行なわれる。これまでは米粒のサイズ（幅、厚さ、長さ）、質量、比重、形状、表面性状が大きく異なる場合に、前述したような機械選別が可能であったが、米粒と大きさや重量が近い不良品（未熟粒、死米、被害粒、着色粒など）や異物（小石、ガラス、金属片など）を除去することができなかった。

ところが近年では、減農薬化に伴うカメムシ被害粒の増加や稲登熟期の高温による被害粒の急増、圃場に投げ捨てられるプラスチックやガラス類などの異物が籾に混入、これらをすべて除去しないと商品として販売できない。

このため、米粒中に混じっているプラスチックやガラス類などの異物は無論、僅かな虫害粒や変色粒も除去できる選別機の開発が永年の夢であった。これが光センサを活用した高速選別制御技術の開発によって実現し、米選別の必須アイテムとして普及している。

これまでの光選別機は精米工場など大型施設向きであったが、最近は安価型高精度光選別機が開発され農家へも普及している。

光選別機の原理と構造

光選別機は米粒を「見て（検知）」「吹く（選別）」機械で、1粒1粒を高速で識別し不良粒を吹き飛ばすために、次の4つの部分で構成されている（図5 32）。

（1）原料供給部　米粒をタンクから連続定量供給するための電磁フィーダと、一定速度に加速し整列させるシュートで構成。シュート形状には平、平溝、U字溝などがあり、選別対象によって選択される。平シュート長1000㎜（角度60°）の場合、幅10㎜当たりの流量は短粒種玄米で約200㎏／時、シュート下端での米粒速度は3・8m／秒程度の高速になる。

（2）分光検出部　流下する米粒への照射光源、米の光学特性を見る光センサ、光学レンズと光学フィルタを一体化したカメラ、不良品検出の基準となる背景板で構成されている。可視光線（波長380～780nm程度）と近赤外線（波長800～2500nm程度）を用い、これらの米粒に対する分光特性(反射率や透過率の変化)を検出する。白米選別には440～450nm、異物選別には1400～1600nmの波長帯が有効であり、可視光線で色情報、近赤外線で成分情報を収集する。これらの反射率と透過率の両特性を組み合わせた複合分光特性比を用い、白米と異物を1粒ごとに識別（カメムシ吸引痕1mm検出）。米粒の画像取得・識別から選別までは5～10ms（0・005～0・01秒）と短い。画像取得が高速で照明必要光量が少なく、小型・低廉であるラインセンサが採用されている。

(3) 信号処理部　カメラ画像データをリアルタイム処理して良／不良を判定する。信号検知から圧縮エアー噴射までの時間遅れや実際にエアー噴射する時間を計算して、バルブ駆動信号の変換とバルブ駆動回路を経て電磁バルブが作動する。

(4) 選別部　エジェクター（噴射ノズルと圧縮エアーを供給する電磁バルブ）から噴出する圧縮エアーで流下

5 32 **光選別機の構成**

原料供給部	❶タンク ❷電磁フィーダ ❸シュート
分光検出部	❹光学レンズと光学フィルタ ❺光センサ ❻光源 ❼背景板
信号処理部	❽信号処理基板
選別部	❾噴射ノズル ❿電磁バルブ

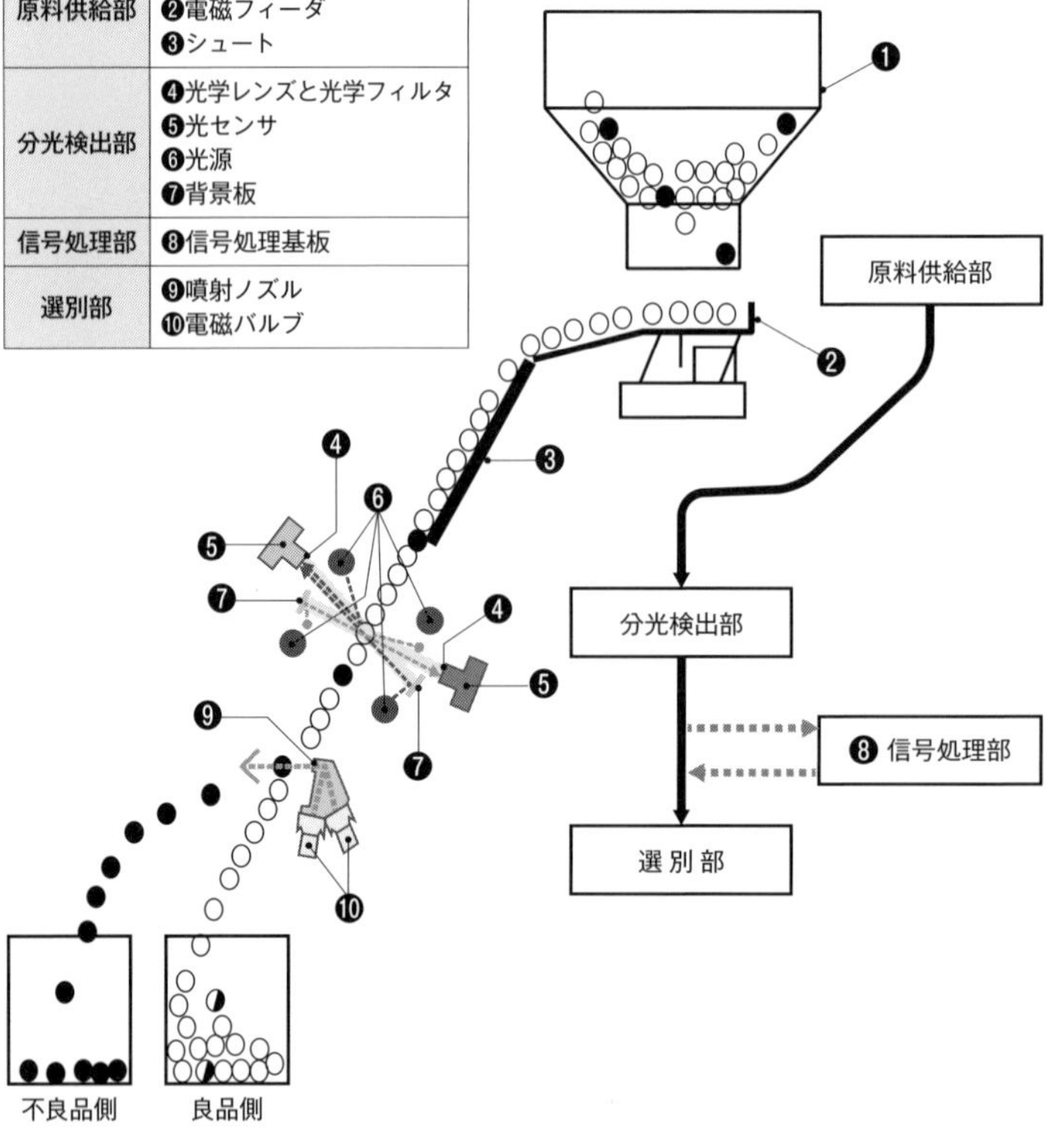

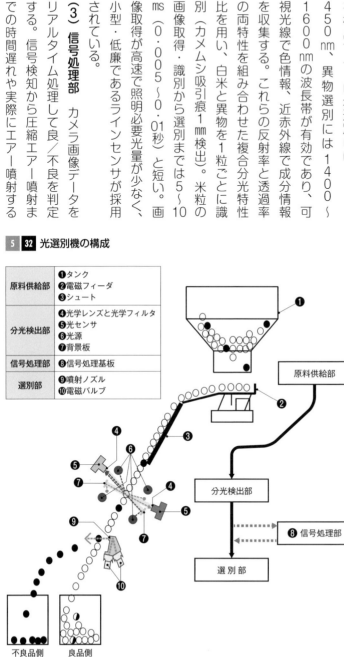

不良品を噴き飛ばして除去する。流下速度が速いので高い応答性を得るために、電磁バルブの性能やノズル形状、噴射タイミングに工夫がなされている。

現在の選別率は約98%、より選別性能向上のために良品の再選別と、不良品選別率を低くするために不良品の再選別が行なわれている。

米以外の穀物、工業部品の選別にも

近年、米以外の穀類や工業用部品の選別にも光選別機の利用が拡大している（表5❷）。これらの原料の中にはシュート供給式では検出ミスが生じやすいので、シュートに代わり高速ベルトコンベヤ供給式などが採用されている。これは例えば、丸い形状の豆類などではシュート式で流下すると飛び跳ねたり転がったりして検出ミスが生じたり、また形状のバラツキがある粉砕プラスチックなどでは速度差により選別ミスとなるケースがあるからである。また、分光検出にはモノクロセンサ1波長では対応できないので、フルカラー3CCDラインセンサやバックグラウンド（背景板）レス構造などが採用され、いろいろな粒状原料に使えるように改良がなされている。

現在は、オペレーターのスキルに頼っている選別性能（処理能力と精度）調整の自動化や簡略化、不良品中の良品混入を防ぐロス低減、選別しにくい異物検出精度の向上、および開発途上国に輸出できる低廉化に向けた改良などが進められている。

5 ❷ 光選別機の用途とその目的

用途	目的
食品原料精選工程	小麦など穀類の品質向上 豆類（小豆、大豆、黒豆など）の品質向上 ナッツ類（くるみ、アーモンド、マカデミアナッツ、ピーナッツなど）の品質向上
食品加工工程	カット野菜の品質向上 菓子など加工食品の品質向上
プラスチック生成工程	各種プラスチックペレット
各種リサイクル工程	粉砕プラスチックの精選 粉砕プラスチックの種類選別 粉砕金属の種類選別

14 貯蔵すると玄米品質は徐々に低下する

米貯蔵の目的は、数カ月から数年間保管しても米品質を低下させないことにある。品質低下には、貯蔵期間の長さ、米水分、温度・湿度が大きな支配要因になるが、それ以外にも米の形態（籾、玄米、白米、無洗米）、包装状態（有孔袋・無孔袋、紙袋、樹脂袋の材質）、品種（休眠性）なども関与する。貯蔵中の品質低下には、①化学的には脂質の分解による遊離脂肪酸の増加やデンプンの分解による還元糖の増加、②生理的には呼吸による成分の消耗や発芽力の低下、③生物的には害虫や微生物による外的損害、などがある。

以下に、日本で主流である玄米貯蔵における主な品質と関連要因についてみる。

（1）脂肪酸度の変化　貯蔵中の品質劣化の徴候は脂質の酸化分解によって生じる遊離脂肪酸の生成が先行し、これが古米臭の原因となるペンタナールやヘキサナールなどの発生につながる。既存の低温倉庫や準低温倉庫あるいは常温倉庫における貯蔵玄米の脂肪酸度の変化が図5-33である。[*19] いずれの倉庫でも脂肪酸度は経日的に増加するが、夏季に向かう温度上昇期に入ると常温倉庫での増加が早く、古米化がもっとも早いのがわかる。また、脂肪酸度を簡易に測れる新鮮度判定装置を用いた新鮮度（FD値）でも、図5-34に見るように、貯蔵温度5℃でも貯蔵1カ月後から早くもFD値が低下し始め、15℃以上

5-33 倉庫の種類による貯蔵玄米の脂肪酸度の変化
（米麦保管研究会 1987）

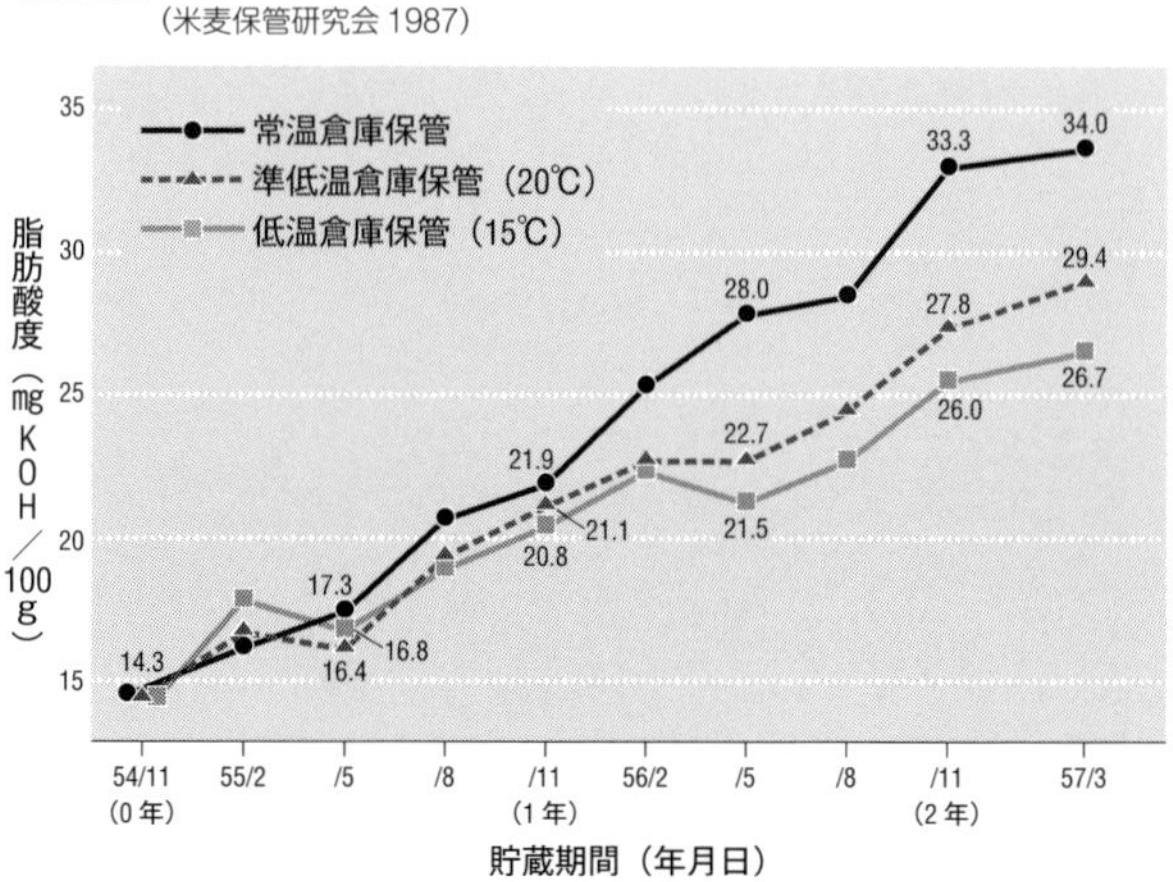

ではさらに急減傾向にある。[*20] 脂肪酸度の増加を抑えるには、低温倉庫（15℃）でもさらに温度を下げることが望ましいことになる。

（2）呼吸量の変化　貯蔵中の米の呼吸は、温度および水分の影響を強く受け、温度が高いほど、また水分が高いほど盛んになる。呼吸に伴う成分分解は酸素の有無により好気的呼吸（1）式と嫌気的呼吸（2）式に分けられ、生成物の違いと発熱量との差異となって現われる。[*19]

$$C_6H_{12}O_6 + 6O_2 = 6CO_2 + 6H_2O + 7.5kcal/t/day \quad (1)$$

（グルコース　酸素　炭酸ガス　水分　発生熱量）

$$C_6H_{12}O_6 = 2CH_3CH_2OH + 2CO_2 + 31cal/t/day \quad (2)$$

（グルコース　エチルアルコール　炭酸ガス　発生熱量）

実際に、玄米の常温倉庫における調査事例[*21]（図5 35）を見ても、夏季に入ると呼吸量が著しく増加し、穀温が上昇。穀温上昇は呼吸熱だけでなく、カビ類などの菌類による生活熱も大きく影響しているようである。夏季の常温貯蔵では品質劣化を防ぐのは困難である。

（3）発芽率の変化　温度管理の異なる倉庫に貯蔵した玄米の発芽率は、低温倉庫（15℃）や準低温倉庫（20℃）では2年以上、常温倉庫でも1年半くらい保持されている（図5 36[*19]）。発芽率の保持は意外に長い。

5 34 貯蔵期間の経過による玄米新鮮度の変化（川上ら 2006）
（FD 値：サタケ製シンセンサの測定値）

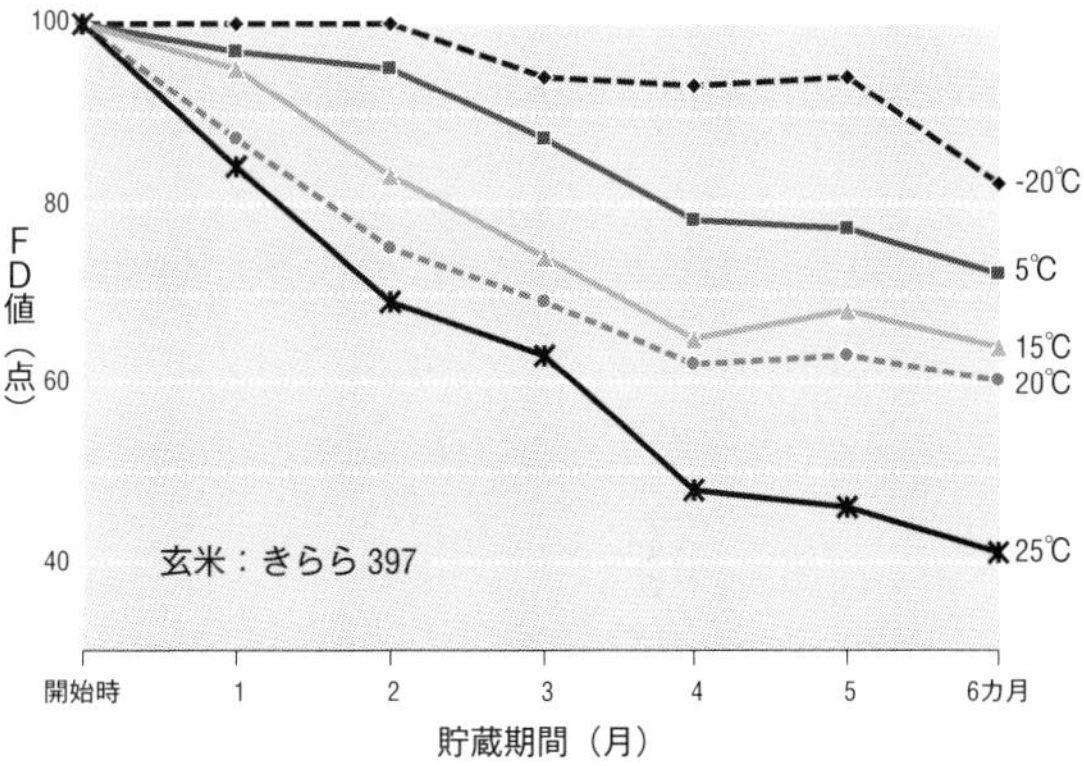

5 35 玄米の常温貯蔵における呼吸量変化
（食糧研究所 1969）

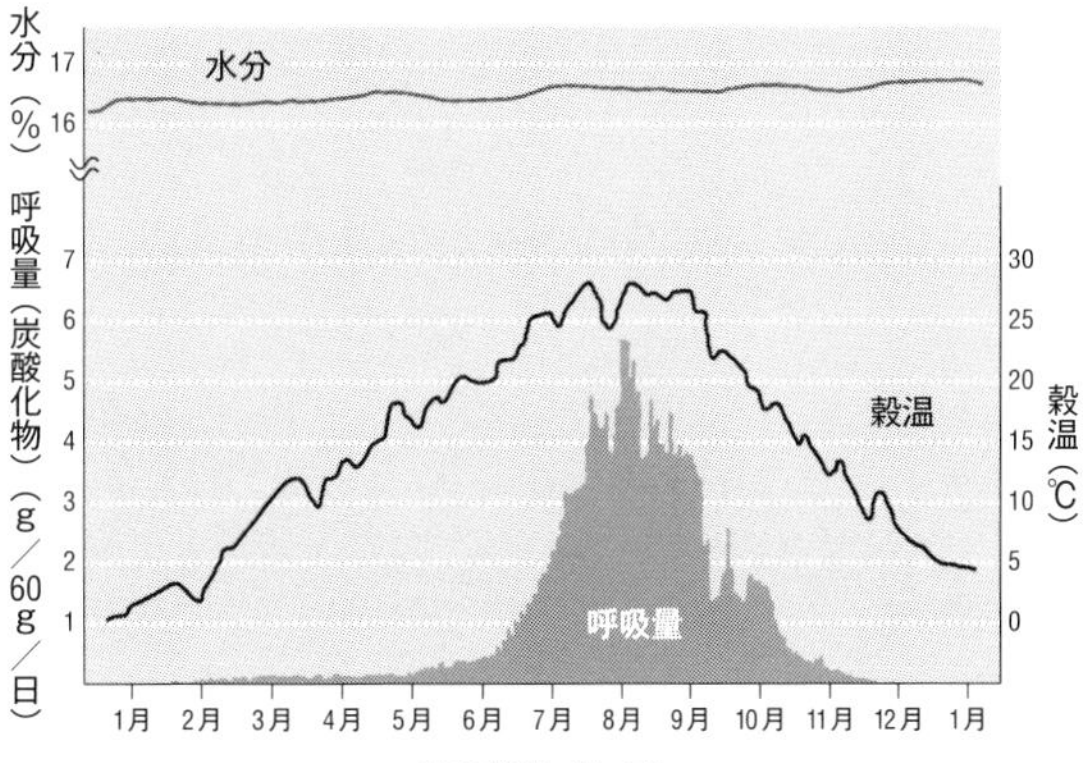

（4）食味評価の変化

玄米の貯蔵に伴う食味の変化が図5-37に示されている。[20] 炊飯食味計による食味評価で、貯蔵期間を通じて低温区の変化は僅かであるが、常温区では6カ月以降になると少しずつ低下が始まる。したがって、食味保持には常温でなく15℃以下の低温貯蔵が望ましい。食味評価の低下よりも脂肪酸度の増加がさらに早期に始まるので、脂肪酸度の変化をチェックすることがポイントになる。

5-36 温度管理の異なる倉庫の貯蔵玄米の発芽率変化
（米麦保管研究会 1987）

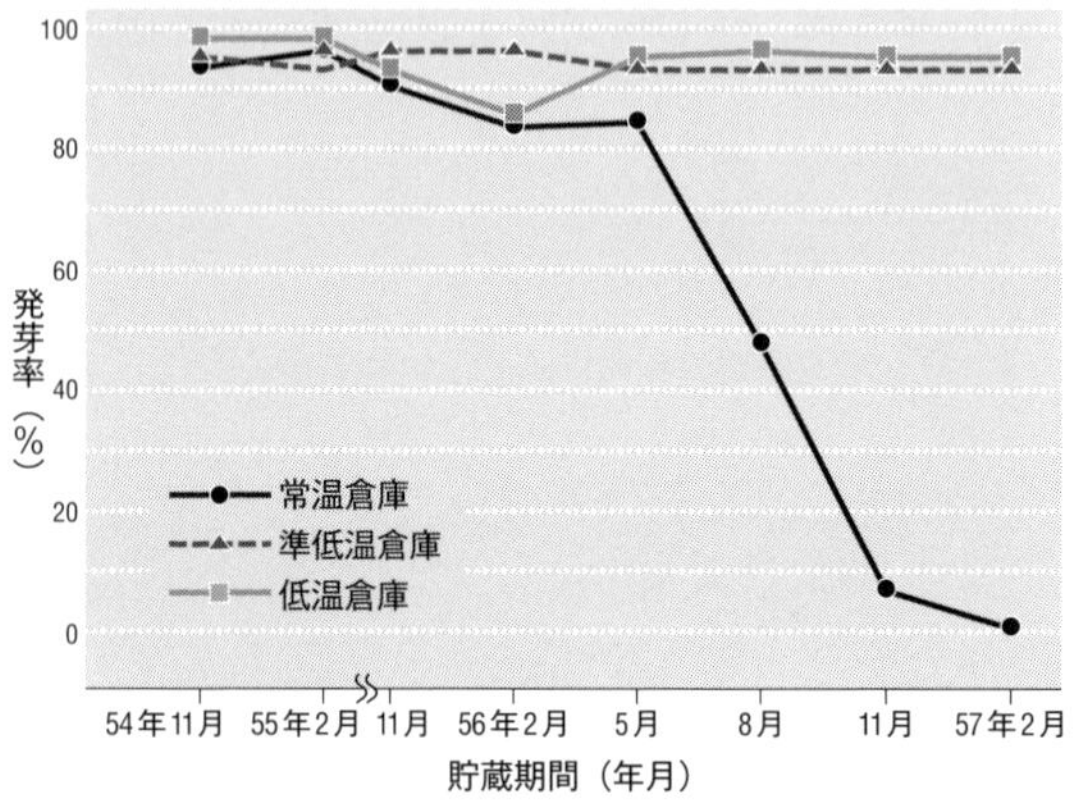

5-37 玄米貯蔵における貯蔵温度別食味評価の変化
（川上ら 2006）

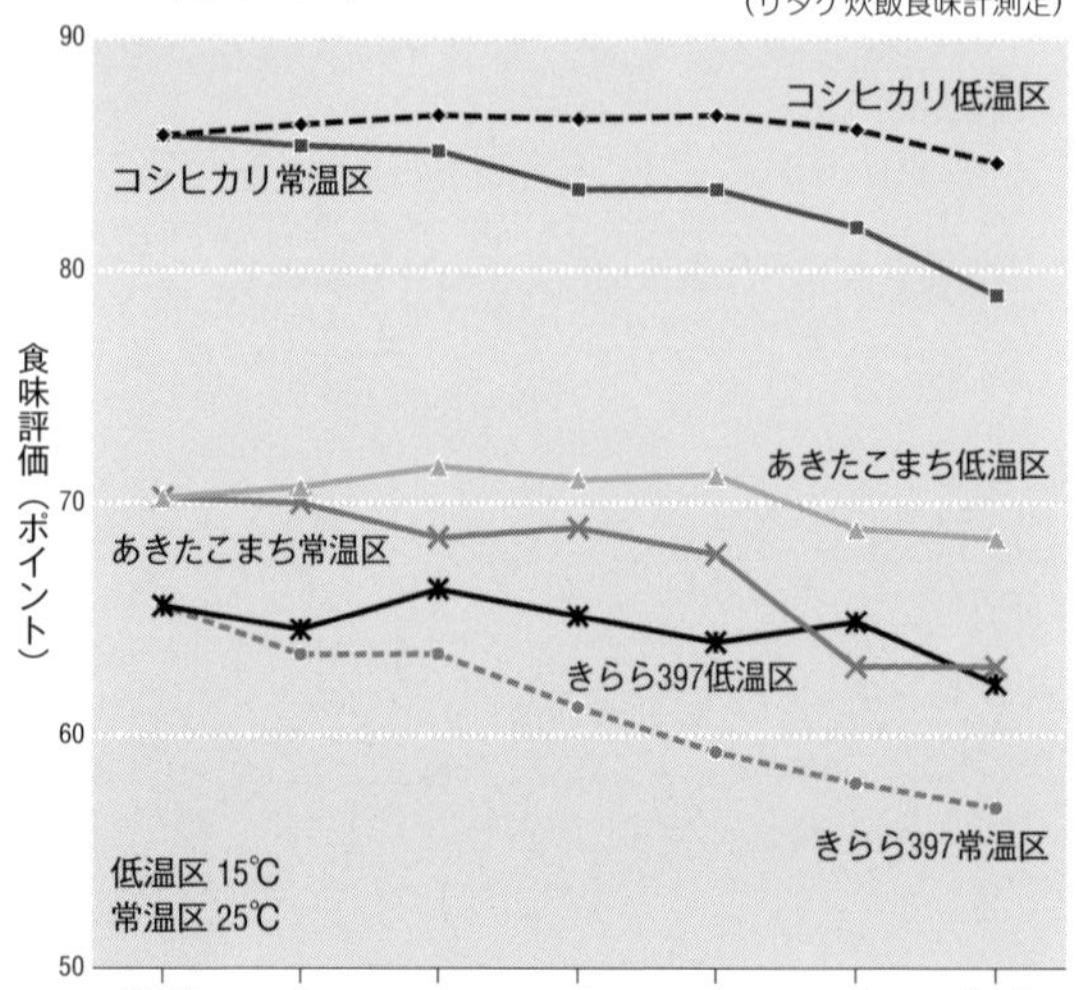

15 日本では玄米低温貯蔵が主流

海外では籾貯蔵や白米貯蔵、日本ではCEでの籾貯蔵もあるが消費地での玄米低温貯蔵が多い。

日本で玄米低温貯蔵が定着したのは、収穫翌年の梅雨期以降でも玄米品質が保持できるからである。低温倉庫は30kg詰めの紙袋（図5 38右）、あるいは500kgか1t詰めのフレコンバッグ（図5 38左上）で庫内温湿度15℃-75%、準低温倉庫でも20℃-80%で管理されている。政府倉庫はすべてが低温倉庫、民間でも年々増え、2006年での国内の総貯蔵能力は約750万t、年間生産量のほとんどが収納できるまでになっている。

低温倉庫の15℃-75%の温湿度設定は、品質保持や、コクゾウムシなどの貯穀害虫の加害活動やカビ・バクテリアの活性化を抑えるためである。準低温倉庫は緩い保管状況であるので、定期的な品質チェックが欠かせない。実際の低温倉庫（温湿度13℃-70%）での低温区と、常温区との比較試験では、低温区は品質劣化が少なく、酵素活性（カタラーゼ、パーオキシダーゼ、アミラーゼなど）の低下、ビタミンB_1の減少、炭水化物の変化（還元糖の増加、糊化特性の変化）、脂質の分解（酸度の増加）、タンパク質の変化（水溶性チッソの減少）などの抑制が報告されている。[*22] 他の貯蔵実験でも低温保管の優位性が示されているが、低温管理にするほど施設設備の初期投資や冷凍機の運転経費などがかさむので、これらを勘案して15℃-75%の温湿度基準が設けられている。低温貯蔵米の夏季出庫では、玄米表面に結露が生じ胴割れ発生や機械内でのぬか付着が生じる。これを防ぐには常温倉庫で室温近くにしてから精米が行なわれている。

かつては、低温貯蔵の低コストを狙い、自然の力を利用した湖底[*23]や銅山廃鉱での約10℃の低温貯蔵試験[*23]も試みられたが、多くが研究段階に留まっている。

5 38 低温倉庫における玄米保管
（左：フレコン、右：紙袋）

16 籾の常温バラ貯蔵の可能性

海外では多くが籾のバラ貯蔵である。日本ではカントリエレベーターで翌春くらいまで行なわれているが、籾全体量に占める割合は多くない。

籾貯蔵と玄米貯蔵の長短が表5❸に比較整理されている。[*21] 籾貯蔵は虫や微生物による品質劣化を抑制でき、玄米の光沢もよい。食味や化学成分は玄米貯蔵と同等で、ビタミンB_1含有量や容積重が低いものの総合的評価は高い。籾貯蔵では籾がらが玄米を覆い、外気ストレスから玄米を保護しているのである。ところが籾貯蔵でも夏季の高温期に入ると品質の劣化が一挙に進み、玄米低温貯蔵に劣る。これをうまく乗り越えている、比較的規模の大きい農家の事例がある。[*24/25]

フレコンバッグで常温貯蔵

この農家では、フレコンバッグで籾を常温貯蔵し、今摺り米として直販している。乾燥を1次と2次に分けて水分ムラを減らし、仕上げ水分をやや低めにして涼冷な場所で保管して籾温の上昇を防いでいる。保管場所の気象条件や比較的冷涼な立地など、貯蔵条件に恵まれている結果であり、どこでも成り立つものではないが、米の貯蔵といえば玄米低温倉庫という常識を今一度見直し、低コスト・省エネなどの面から籾バラ貯蔵の可能性を探索することも、重要な課題である。

5 ❸ 玄米貯蔵と籾貯蔵の品質（食糧研究所 1969）

主な測定項目	玄米貯蔵		籾貯蔵
玄米の光沢			○
玄米の剛度		△	
容積重	○○		
搗精歩合	○	△△	○
虫、カビ害粒歩合		△	◎◎◎
化学成分		△△△	
ビタミンB_1	○○	△△	
酵素（カタラーゼ活性度）		△△	□
脂肪酸度		△	
食味		△△△△	
総合的評価			□□□□□

注）◎：玄米と籾を対比していずれかを優とした報告数、以下○：良、□：やや良、△：両者の差がない

冬季冷気通風方式

現在北海道で普及しているのに「籾貯蔵における冬季冷気通風方式」[*26]がある。実用化も進み、新たなバラ籾貯蔵方式として注目されている。これは、冬季の自然冷気をサイロ内に通気して籾を冷却、籾の呼吸熱などを抑制して品質保持するシステムである。この方法では、籾温は-5℃以下にまで下がる。春季以降に外気温が上昇しても、籾の熱伝導が低いために籾温の上昇が緩慢で低位に推移する。常温貯蔵との比較では、夏季まで高い発芽率が保持され、脂肪酸度の上昇も低く食味も保持されている（図5-39）[*26]。この技術は寒地や寒冷地に限定され冬季気温が低いほど有効であるが、暖地や温暖地の高地にも適用が考えられよう。韓国でも同様の取り組みが始まっている。[*27]通気式貯蔵サイロが既設であれば比較的容易に採用でき、しかも冷却設備も不要である。

容積効率も玄米貯蔵とそう変わらない

籾のバラ貯蔵でよく問題になるのが嵩張ることである。籾の容積重（約600kg/m³）は玄米（約780kg/m³）より低く、収容量が20数%減少するからである。しかし、現在の玄米低温倉庫でも、紙袋積みの上部や作業場所などにロス空間があるので、実際の容積効率には大差がなさそうである。むしろ、籾の嵩張りの弊害はトラック輸送やハンドリング時にあるが、バラ扱いは袋詰めに比べはるかに機械化しやすく、省力的である利点も見逃せない。

今後は、日本でも玄米低温貯蔵だけでなく、籾バラ貯蔵を中核とする新システムの構築を、地域性、気象条件、米品質、貯蔵・輸送効率、イニシャルコスト、ランニングコスト、環境負荷軽減効果などの総合的視点から構築

5 39 冬季の寒冷気通気による籾サイロ貯蔵
（川村 2005）

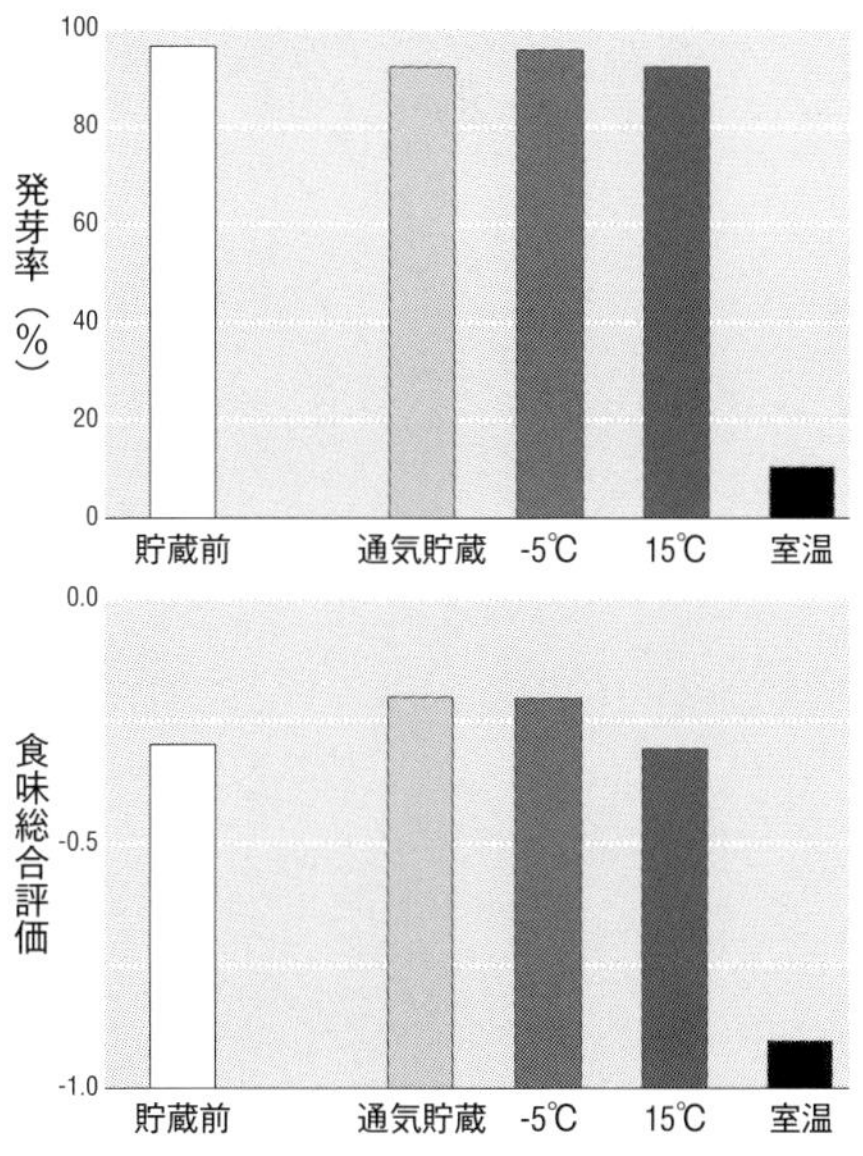

（北海道・上川CE（378t貯蔵）、寒冷気（-5℃以下）・100h通気、夏季サイロ内籾温：サイロ中心部0.7℃、内壁付近3.5℃）

すべき時期を迎えている。難題である温暖地や暖地でのバラ籾貯蔵については、翌早春まではバラ籾貯蔵を核に、そのつど、籾摺り・精米・計量・白米流通する方式と、残量は気温上昇期前に籾摺り後、白米・無洗米の真空包装で低温保管する方式とするハイブリッドシステムも有効と考える。

5 40 穀物の平衡水分曲線（渡辺ら 1953）

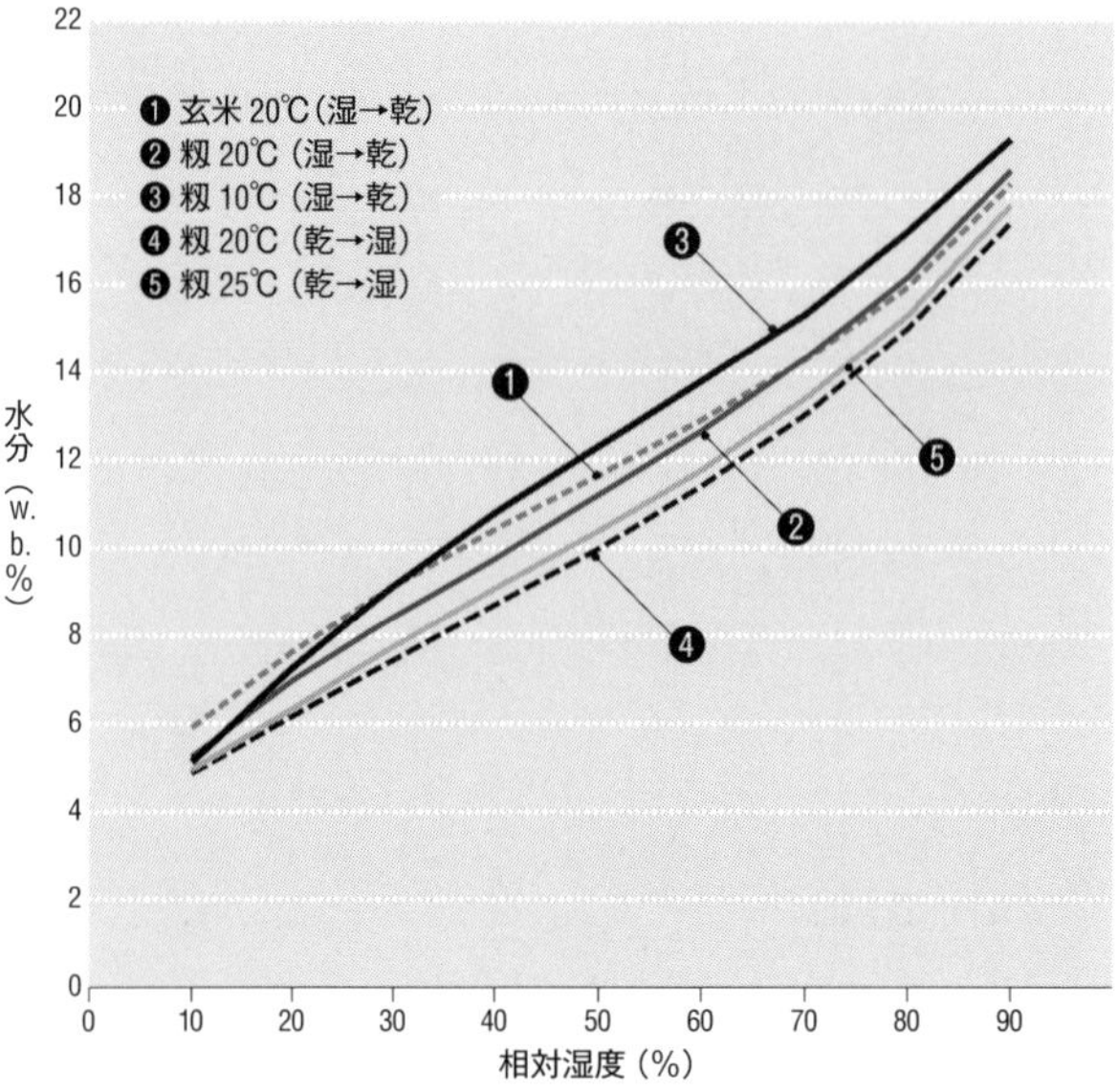

乾燥、貯蔵で大事な平衡水分

米に限らず多くの素材は、ある温度・湿度の空気環境下に長時間放置しておくと水分含有量が一定になる。このときの水分含有率が平衡水分である。玄米と籾の実測例[*28]を図5 40に示す。平衡水分は空気の相対湿度に大きく左右されるが、そのほかにも温度、材料の種類（玄米か籾か）と初期水分（平衡水分よりも高いか低いか）にも影響される。平衡水分は相対湿度が高くなると上昇、温度が高いと低めに推移する（図の③と②）。籾は玄米に比べると低い（図の②と①）。これは玄米より籾がらの平衡水分が低いからである。また、初期水分が平衡水分よりも高く放湿して平衡状態に近づく場合は、吸湿して平衡状態に近づく場合に比べやや高くなる（図の②と④）。これは履歴効果（ヒステリシス）と呼ばれている。

平衡水分は乾燥や貯蔵、あるいは調質する場合に重要な値となる。例えば、玄米を穀物検査の水分規格15％にするには、倉庫内の温度15℃、相対湿度75％で管理すると自然に保持できる。これは庫内条件15℃-75％に対応する玄米平衡水分が15％であるからである。

17 玄米と白米で異なる貯蔵と包装

玄米の密封貯蔵は不適

サイロで通気しないでバラ籾貯蔵した場合や、通気性の無い包装材で玄米包装した場合は、密封貯蔵に近い低酸素状態になる。米自身の呼吸や寄生微生物の呼吸によって空隙中の酸素が次第に炭酸ガスに置き換わり、不活性ガス貯蔵と同様の状態になる。この場合、籾や玄米自体の呼吸や酵素反応は、前述のように好気的呼吸系から嫌気的呼吸系に変化する。古くに、食糧研究所（現・農研機構食品総合研究所）が、炭酸ガスと空気の混合比率を変えた玄米の密封貯蔵試験を実施している。[*21] その結果玄米水分や穀温がやや高めであると、貯蔵中に発芽力が失われ、有機酸量が減り還元糖量が空気中貯蔵よりもかえって増え、アルコール生成量も顕著に増える。玄米の密封貯蔵は適当でないようである。

白米は真空包装がよい

白米を真空包装および空気、チッソガス、炭酸ガスを封入した密封包装（3層ラミネートフィルム袋包装）で、30℃・3カ月間保管した場合の品質比較試験がある。[*29] これでは、白米水分15・7％以上では、空気封入の品質低下が早く続いてガス封入、真空包装の品質がもっとも良好であった。しかし、水分14・7％以下では空気封入の食味が僅かに劣るものの、還元糖量、脂肪酸度などには大差がなく、他の項目にも差がなかった。僅かな水分差が影響しているのである。また、北海道での不活性ガス密封貯蔵に脱酸素剤を併用した白米貯蔵試験では、チッソ封入が二酸化炭素封入より脂肪酸度、還元糖、食味などが僅かながら良好で、ご飯の物性保持にも効果が認められた。[*30]

要するに、密封包装すると、害虫やカビなどの被害が抑えられ、玄米では嫌気的呼吸系に変化して品質に影響が出る。しかし白米では真空包装がもっとも品質保持がよく、ガス封入ではチッソガスが炭酸ガスよりも僅かに優るということになる。生命力のある玄米と生命力を失った白米や無洗米では状況が異なるのである。

18 米貯蔵における品質評価指標

(1) 脂肪酸度　米の貯蔵では、デンプンやタンパク質よりも脂質の変化が先行する。中性脂質がリパーゼなどで分解されて生じる遊離脂肪酸を有機溶媒（ベンゼンなど）で抽出し、フェノールフタレインをpH指示薬にしてアルコール中のアルカリを滴定する。製粉100g（乾物）中の遊離脂肪酸の中和に要する水酸化カリウム量で表示され、品質劣化の指標としてよく使われている。

滴定法は個人差が生じやすいので、これに代わり比色法や改良クロマト法も使われている。

(2) 発芽率　発芽率が高い米は高い生命力を保持している。発芽率は十分に吸水したろ紙上に一定数の玄米を置床し、20℃下で7日間に発芽した粒の数の割合（%）で表わされる。無論、胚芽のない白米や米粉については評価できない。

このほかにも、TTC（2、3、4-トリフェニル・テトラゾリウム・クロライド）判定もよく使われる。TTC0.25%水溶液に玄米を25℃下で24時間浸漬し、胚芽が鮮紅色になった粒数を計測する。胚芽に存在するコハク酸脱水素酵素の作用で胚芽が鮮紅色になるのを利用したもので、短時間測定できるので発芽試験に代用されている。

(3) 酵素活性　米の生命力の低下に伴い、各種酵素活性が低下するのを利用したのがグアヤコール試験である。玄米あるいは白米5gを試験管にとり、1%グアヤコール水溶液10mℓを加えて振とう後、1%過酸化水素水を3滴加え、液の着色程度を観察。グアヤコールは酸化還元酵素パーオキシターゼの作用で赤褐色を呈すが、酵素活性が低下すると米粒と浸漬液の呈色が弱く、古米になると呈色しない。白米の場合は液の呈色程度で判定される。

(4) 新鮮度　従来の品質評価法は脂肪酸度では終点反応、pH指示薬およびグアヤコール判定では呈色反応を肉眼判定するために個人差が生じ、再現性がやや低い難点がある。これらを解消した簡易な機器が新鮮度判定装置（図5 41、「シンセンサ」）である。サンプル米と混合する特殊試薬（ブロモチモールブルー）の呈色反応を比色光学方式で測定し、古米臭の原因となるアルデヒドなど

5 41 シンセンサとFD値の基準（サタケ）

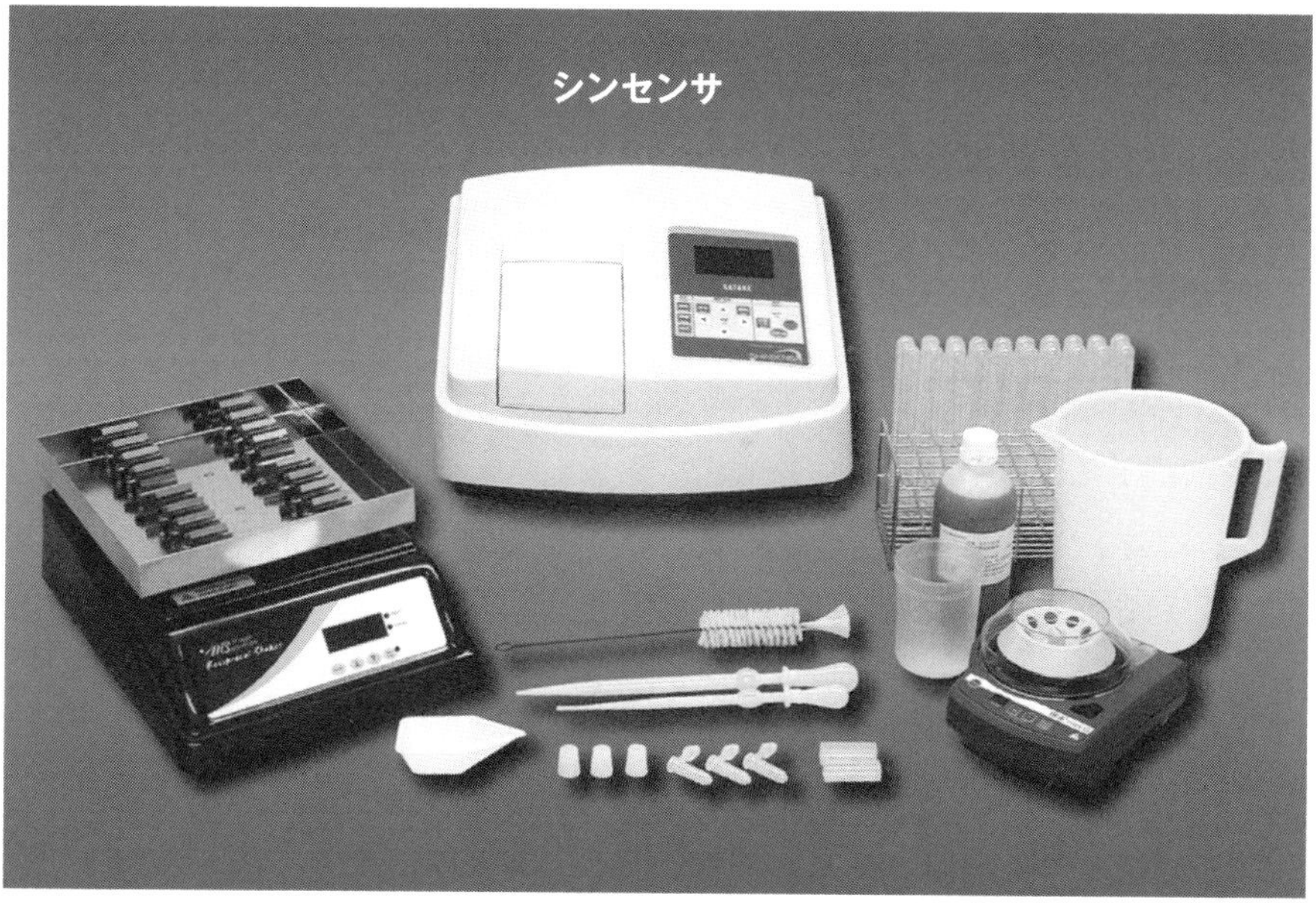

FD値（点）	判定結果	相当例
100～90	鮮度かなり良好	
90～80	鮮度良好	
80～70	鮮度普通	
70～60	鮮度不良	常温保管の古米に相当
60～50	鮮度かなり不良	常温保管の古々米に相当
50以下	変質米	発酵した米

の量を点数化して新鮮度を判定する。

本装置は玄米だけでなく白米や無洗米の新鮮度判定もできる。新鮮度を表わすFD値（Fresh Degree Value）は新米時を100に設定。新米（玄米）を15℃の低温貯蔵庫で保管したときのFD値が1年で20～30点、2年で30～40点、3年以上で40点以上低下する設定になっている。FD値60～70が従来の脂肪酸度測定でのKOH30㎎／100gに相当し、FD値80以上であれば新鮮度が保持されている。

19 玄米・精米の貯穀害虫・カビ被害

(1) 貯穀害虫　害虫、微生物、ネズミなどによる米の損耗は熱帯アジアではとくに顕著であるが、日本では低温貯蔵が多いので問題が少ない。消費者からのクレームは害虫混入である。害虫には籾を損傷するバクガ、玄米を食害するコクゾウ、白米を好むノコギリヒラタムシなどがある。ふだんもっとも目にすることが多いコクゾウムシなどの貯穀害虫の繁殖を最低限に抑えるには、温度を15℃程度以下、湿度をできるだけ低く保つことが望ましい。

低温管理ができない施設では状況に応じて、低毒性燻蒸剤による殺虫処理、卵や蛹への効果が弱いがCO_2濃度60％ - 10日間以上の保管や、N_2濃度98％ - 2週間以上の施設の密封、バーナーなどによる施設内温度の45～50℃の加温、天敵利用など、化学的・物理的・生物的な各種防除が行なわれている。

白米包装では、真空（脱気）、チッソガス充塡、炭酸ガス充塡に殺虫効果が認められている。[*31] 真空包装では真空度40±20㎜Hgの減圧条件でノシマダラメイガ幼虫、コクヌストモドキ幼虫が1日以内で死滅する。チッソガス100％充塡（27℃）ではコクヌストモドキの成虫と幼虫が1日、蛹と卵が3日で死滅する。炭酸ガス100％（27℃）ではコクヌストモドキ成虫が1日以内、幼虫が2日、蛹と卵が2・5日で死滅する。常温下での米包装流通に活用できる防除対策である。

(2) カビ・バクテリア類　カビや細菌などの微生物も、水分によって種々の菌種が繁殖し被害を与える。バクテリアやカビ群の繁殖温度と湿度の範囲はバクテリアの種類や菌群で違うが、繁殖が促進される最適温度・湿度域（15 - 45℃、80％以上）にならないように管理する必要がある。[*32] 穀物の十分な乾燥と低温保管、密封貯蔵、揮発成分などの利用によって防除ができる。

第6章

米の精米・加工技術と美味しさ

1 研削式と摩擦式の精米機

農家や共同乾燥調製貯蔵施設には中小型精米機が導入されている。一方、消費地近郊では、大型から小型まで各種精米機が使われ、全国に大型精米工場（精米機本体の所要動力50馬力（37・5kWh）以上）が約700カ所、小型精米工場、米穀店、コイン精米所が約2万カ所。小さな古い工場は集約化され、大型工場へのリニューアルが始まっている。大型工場では精米機が1台でなく複数台、例えば3台を直列配置して精米する。

精米機には大小があるが、基本的な搗精作用は図6-1に示す「研削式」と「摩擦式」とになる。

砕米が少ない研削式

硬い砥粒を結合剤で焼結した研削ロール（砥石）を多角体の筒状金網内（搗精室）で回転させ、その隙間に玄米を流して研削ロールとの接触で生じる衝撃作用とともに、同時に発生する研削（切削）作用で、ぬか層や胚芽を削り取る。米とロールの接触回数が多いほど、またロール回転速度が速いほど搗精が進み、衝撃や切削が強過ぎると砕米が増える。砥石は表面が鋭いほど切削作用が強く働き、米粒表面が粗くなる。

一方、米粒の流れを出口で抑え、搗精室内の充填密度を高めると米粒の動きが抑制され、接触回数が減り搗精が進みにくくなる。

研削式は短粒種では精米歩留が低くなっても砕米発生

6-1 研削式（左）と摩擦式（右）の搗精作用（模式図）

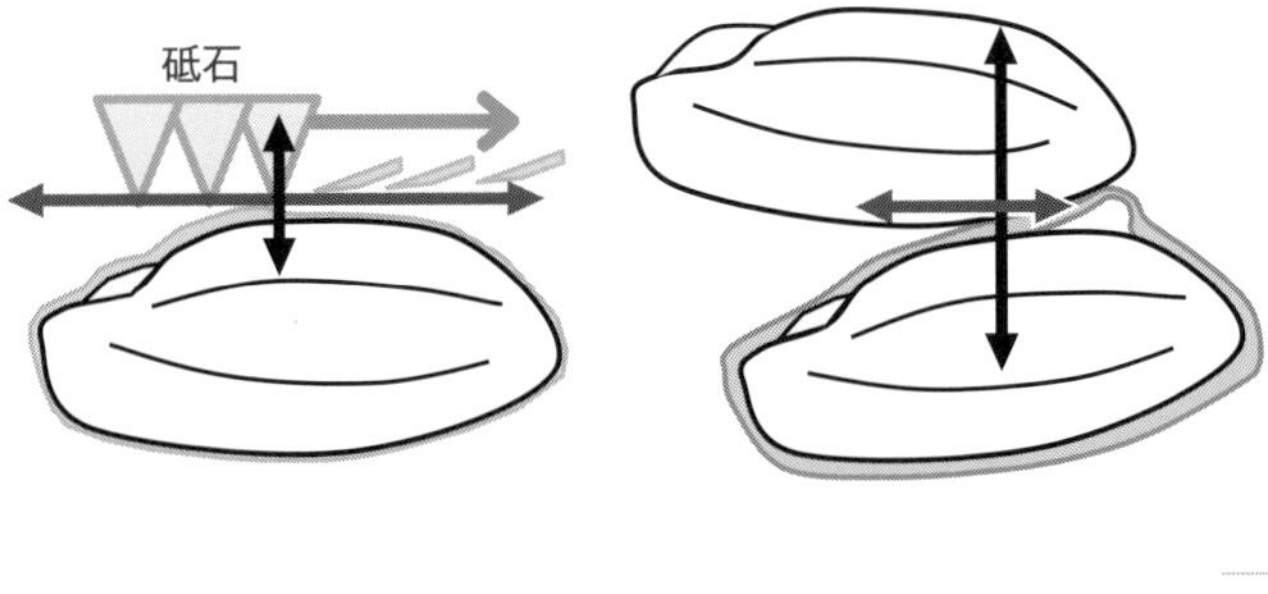

が少なく、長粒種や未熟粒など米質が脆い米粒でも摩擦式に比べ砕米が少ない（図6-2[*1]）。また、ぬか層だけでなく内部の胚乳まで削れるので、精米歩留50％以下にまで削り込む大吟醸酒米の搗精にも使われている。搗精室内で米粒は自転・公転するので、ロール回転数が高く砥石粒度が粗く、圧力が低いほど米粒は円形に、逆に回転数が低く粒度が細かく圧力が高いほど長形に仕上がる。

6-2 研削式における精米歩留と砕米発生率（山下 1991）

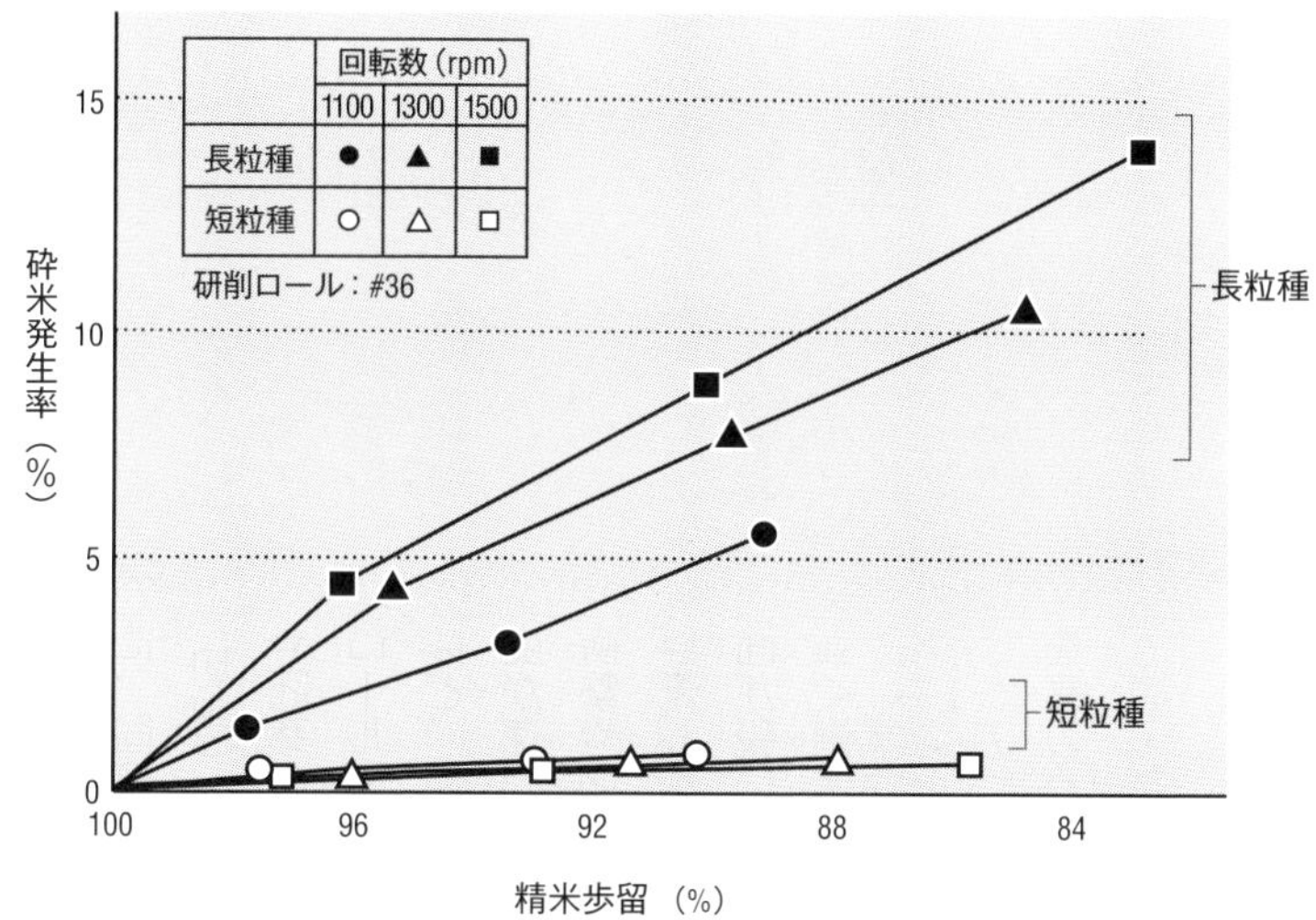

ぬか層の軟らかい玄米向きの摩擦式

米粒同士を摩擦させてぬか層を剥離する。搗精室は図6-3のように、断面が6角形や8角形などの金網、そ

6-3 摩擦式精米機におけるロール回転米粒の動き（サタケ提供）

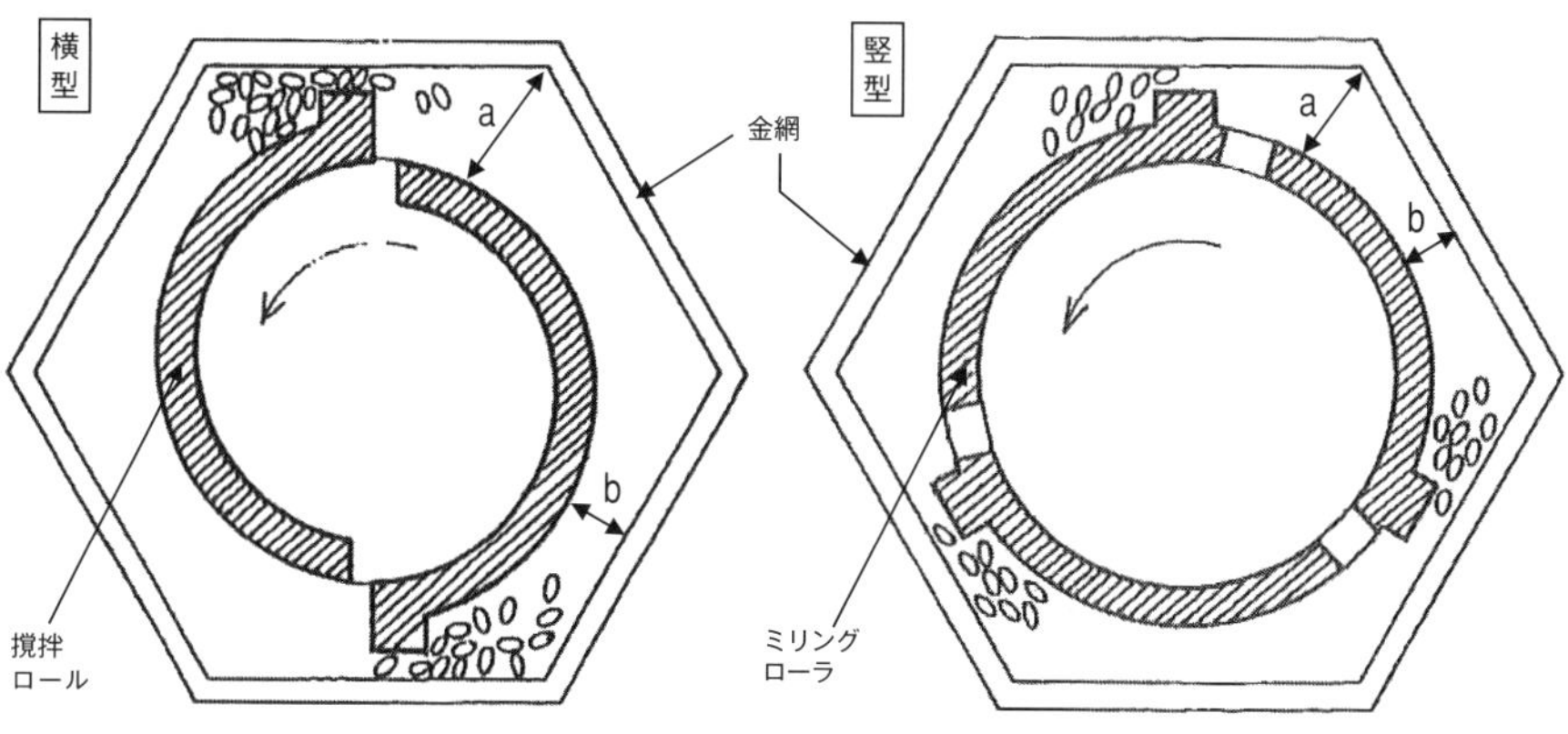

の中心にある攪拌ロール（横型）あるいはミリングローラー（竪型）、搗精室出口の分銅（バネで一定圧をかける抵抗板）で構成される。

搗精室内に供給された米粒は強制的に送られ、出口抵抗板とつり合うまで内部圧力が高まる。米粒はロールと同方向に回転し、金網が多角形であるのでロールとの間隙が広くなったり（図中a）狭くなったり（図中b）して圧力の強弱が生じ、これが米粒同士の摩擦・分離の断続作用となり、ぬか層や胚芽を除去していく。摩擦式はムラ搗きが少なく、ぬか層の軟らかい玄米の搗精に適しているが、水分が低くてぬか層の硬い玄米や摩擦係数が低くて滑りやすい玄米、胚乳部が脆い米などには向かない。

図6-4[*1]に示すように、精米歩留が低下するほど砕米が増え、長粒種で顕著になる。また、精米中には米温上昇（精米温度－玄米温度）がある。上昇温度は夏季で15・0℃以下、冬季で20・0℃以下になるように調節して精米されている。米温上昇が高いと水分ロス（玄米水分－白米水分）が0・1～0・5％くらいなる。水分ロスが0・5％以上になると、炊飯時に水浸割れ粒が増加しやすくなる。

6-4 摩擦式における精米歩留と砕米発生率の関係（山下 1991）

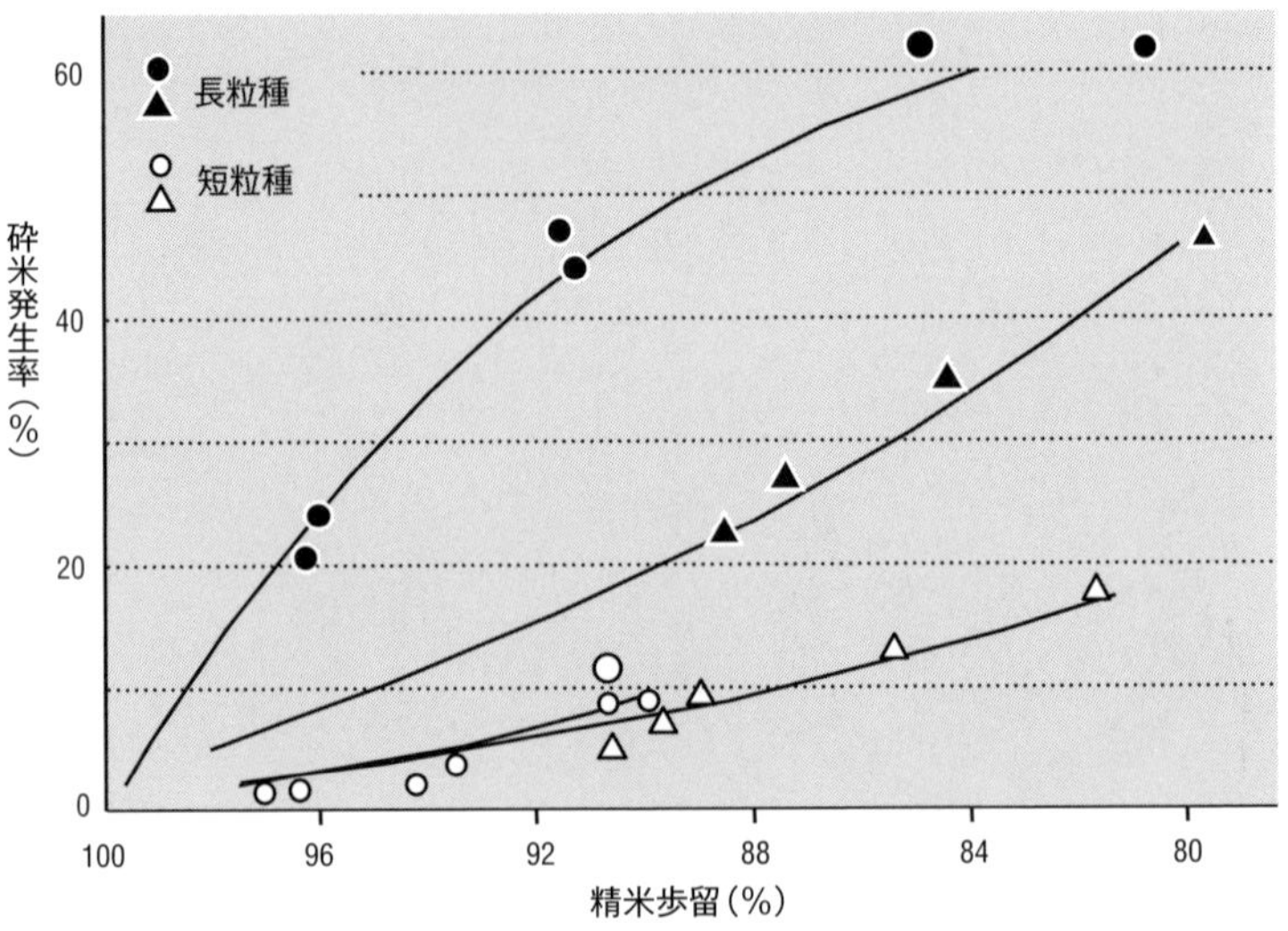

精米機の組み合わせ

農家や、「店頭精米」といわれる米専門小売店、コイン精米所などで使われているのは、精米機1回通しで精米する「1パス」式や「単座式」。一方、大型精米工場では研削式と摩擦式のそれぞれの特性を組み合わせた「3連座式」が多い。例えば、「研削＋摩擦＋摩擦」という組合わせである（図6 5）。

連座式が使われるのは、各台の精米機の負荷を軽減し、全体として処理能力を上げ、しかも米温上昇を抑え、外観のよい白米に仕上げるためである。が、一方では設備費や設置場所が増えメンテナンスに手間を要するなどのデメリットもある。

また最近では、1台で研削式と摩擦式の機能を合わせ持つ「複合型」も開発され、原料によっては研削部を通過せずに直接摩擦部に送る使い方もできる。

以上のほかに、酒米や胚芽米では1台の研削式精米機を何回も通して、少しずつゆっくり精米し循環タンクで保管する方式が使われている。

6 5 3連座精米機（左から研削＋摩擦＋摩擦）（サタケ資料）

2 精米の難しさ

白さを求めすぎると「旨さ」と栄養を損なう

精米加工は、玄米の外周部のぬか層を除去することによって米を食べやすく美味しくし、消化吸収を高めるために行なわれる。この加工操作は精米あるいは精白、やや広義には搗精《とうせい》とも呼ばれている。胚芽は品種によって大きさが異なるが、玄米に占める重量割合が2〜3%、ぬか層と合わせて約9%、通常の精米歩留は91〜92%程度である。これよりさらに精米すると、ある程度の歩留(89%程度)までは食味が保たれるが、さらに削ると歩留低下による重量ロスだけではなく、糊粉《こふん》層の下層「旨《うま》み層」まで削ってしまうことになり、食味の低下を招き、栄養成分やビタミン類のロスまでが生じてしまう。ところが米の白度はその米固有の胚乳デンプンの白さまで、若干であるがさらに上がる。白いほど商品価値が上がるという市場ニーズを優先すると、搗き過ぎ(過搗精)が問題になる。日本では見受けられないが、中国では精米歩留84%の過搗精の事例も生じ問題が深刻化している。適正な精米白度は元の玄米白度プラス18〜20%、高く売れるから白さを求めるのではなく、美味しさ、栄養成分、歩留などの、質・量の面からの適正な精米を行なうことが大切である。

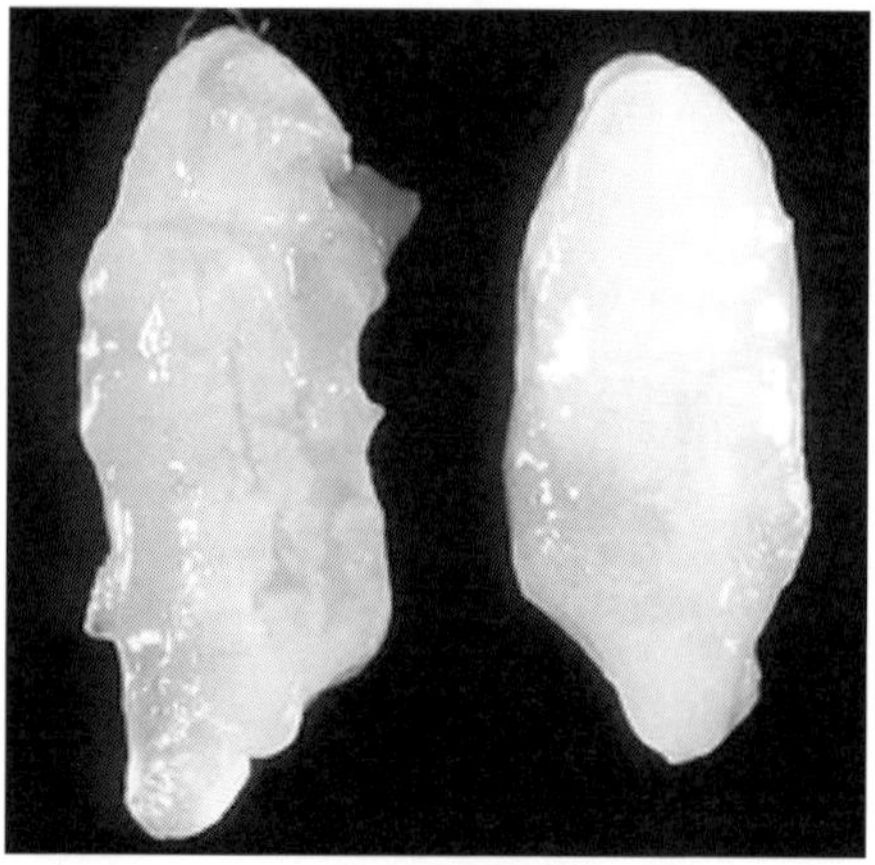

過搗精によるご飯の内部デンプンの溶出(右)とべたべたご飯(左)
(農文協『農技大系・作物編』2-①口絵34p、写真:倉持正実)

求められるソフトで繊細な搗精

精米は玄米の形状や大きさ、品種、成熟度などによって搗き具合に差が生じる。短粒種の場合、ぬか層の厚さが玄米部位によって異なる。側面中央で30～38ミクロン、腹部でやや薄く、背部で厚く4～5倍となり、ぬか層だけを除去することはきわめて難しい。過搗精だけでなく、砕粒発生を増幅する胴割れ米の精米、高い米温上昇を招いて品質低下につながる過度な精米などを起こさないように、原料の品種や物性などに応じて使い分けていく繊細でソフトな精米が必要である。時代や原料の変化に応じて微妙に進化しているのが精米技術である。

酒米はなぜ削り込むか

日本酒の醸造は品種も精米歩留も主食用とは大きく異なる。酒米は醸造工程によって、麹米《こうじまい》、酒母米《しゅぼまい》、酛米《もとまい》、掛《かけ》米《まい》に分かれる。その中で、玄米の中心部が白濁する心白米は麹米と酒母米に使われ、全量に占める割合は20～30％と少ないが、酒質に及ぼす影響がきわめて大きい。心白米が好まれるのは白濁したデンプン粒子間には隙間があり、これに水や麹菌《こうじきん》が入り、酵素反応が速まり発酵しやすくなるからである。いわゆる「はぜ込み」がよいのである。心白米の産地品種銘柄は道府県別に決められている。著名な「山田錦」、「五百万石」、「八反錦」などはその代表格、いずれも大粒、軟質で醸造特性に優れている。

主食用米の精米歩留は91～92％、醸造用米ではるかに削り込み70％以下、なかでも吟醸酒60％以下、大吟醸酒は50％以下。このような高度な搗精は竪型研削式精米機で時間を掛けて、米を循環させながら少しずつ削られる。大吟醸酒では3日間にも及ぶ。深く削り込むのは、ぬか層や胚乳表層部のタンパク質が水の吸収を阻害するのを防ぐことや、アミノ酸度が高いと雑味のある酒になるのでこれを避け、風味を醸し出すことにある。酒米は搗精するほど球状に近づく。しかしタンパク質は粒の表層近くに多く分布しているのでそこだけ除けばよいことにもなる。すなわち、扁平球状に精米できれば質と量ともに有利になる。このため、精米時に多くの米粒の回転軸が長さ方向になりやすい「超扁平精米法」*2が老舗酒蔵で行なわれている。新たな試みとして期待される。

3 精米の品位基準

精米品質については、かつては食糧法で「精米品位基準」の遵守が義務づけられてきたが、社会状況の変化に対応するため、新たに米穀業界主導により米穀公正取引推進協議会が「米穀の品質表示ガイドライン」を策定している。この中で「精米の品位基準」を表6❶のように定めている。この「品位基準」は土砂、石、ガラス片、金属片およびプラスチック片が含まれないことが前提になっている。白米の品位は水分16.0％以下、粉状質粒は半粉状以上が15％以下、被害粒は汚染や損傷した粒、砕粒は完全粒の2／3〜1／4までの大きさの粒とされている。

近年はイネ登熟期の高温障害により、白未熟粒や胴割粒の増加による米粒剛度の低下、カメムシ被害による着色粒の増加、玄米皮部が薄いなどの傾向が指摘されている。高温障害に遭遇した玄米は、これまで通りの搗精では砕米が増え過搗精になり、精米歩留が低下しやすい傾向にある。

これを防ぐには搗精負荷の微調整、連座式での各番機の搗精配分の変更（例えば3連座式では搗精配分の大きい2番機の配分を下げるなど）、また研削式では供給流量を増加させて米粒への負担を軽くすることなどが必要になる。

6 ❶ 精米（白米）の品位基準（米穀公正取引推進協議会 2004）

水分（%）	粉状質粒（%）	被害粒		砕粒（%）	異種穀粒および異物（%）
		計（%）	着色粒（%）		
16.0	15.0	2.0	0.2	8.0	0.1

今搗き米は美味しいか

搗きたての米は美味しいとよく耳にする。本当にそうであろうか。これを明らかにするために、1、2、3週間前に精米したのち常温保管した白米と、低温保管（4℃）した玄米を試験前日に精米した白米とを食味比較した試験が、夏季と冬季に行なわれている。*3

1、2、3週間前に精米した白米は、夏季では室温（平均温度26℃、湿度66％）下で、冬季も室温（平均温度15℃、湿度45％）下で、いずれもポリエチレン有孔袋に入れて保管したものである。食味パネラーは夏季24名、冬季30名。食味評価（総合値）の比較では有意な差がなく、必ずしも搗きたての白米が美味しいとはいえなかった。夏季の保管期間別の白米の脂肪酸度は、試験前日が2・8（KOHmg／100g）、1、2、3週間前はそれぞれ2・8、2・8、3・4（KOHmg／100g）、3週間前が僅かであるが増えたものの、この程度では食味への影響はなかった。本試験からは〝今搗き米は美味しい〟とはいえないが、これには根強い声があるので精米方法や精米程度を変えた検証が引き続き必要であろう。

ふるい下米（くず米）のゆくえ？

生産者は検査の前に米を選別機にかけて小さい米をふるい落とす。これが「ふるい下（くず米）」である。近年は登熟期の高温で十分に成熟しないために粒厚が薄い米が増える傾向にあり、また産地間の良質米競争の激化で、ふるいの網目が広くなり（おおむね1・7〜1・9㎜）、網目から落ちる「ふるい下」も多くなっている。これを業者が安く買い集め再選別して比較的良好なくず米を「中米」と称して、主食用米にブレンドしたりしている。主食用米への混入量は年間30万〜40万t、くず米全量の半分以上ともいわれている。

「複数原料米」表示の米を購入する場合にはとくに注意が必要である。くず米は本来の用途である味噌や米菓など加工用に回るように、表示や利用基準を改める必要が生じている。

4 無洗米加工のいろいろ

無洗米加工装置は開発当初、大型の精米工場に導入されてきたが、最近では店頭用やコイン精米用にも小型装置が設置されている。

水、熱付着材、生ぬかなどでぬかを除く

無洗米加工法には、表6❷に示す3方式がある。

一つめの加水精米仕上方式は、水でぬかを瞬間的に洗って取り除き、脱水・乾燥させる。加水量を減らす改良が進み、現在では余剰排水が出なくなり処理装置が不要になっている。

二つめの特殊加工仕上方式は、熱付着材、あるいは生ぬかを用いて、白米表面の付着ぬかを除く方法である。前者では直径数㎜に造粒したタピオカ（キャサバ）を加熱して白米と混合し、白米付着ぬかをタピオカに吸着させて除去し、その後タピオカは選別回収・乾燥精選して再利用される。後者では搗精時の生ぬかで白米表面の残留ぬかを吸着除去し、除去ぬかは顆粒状肥料などに再利用される。そのほか、最近、「お米の糠洗い」方式と称する新たな方法が登場している。[*4] これは、生ぬかから油分を除き乾燥・微粉化した脱脂ぬかで白米付着ぬかを除く。この方式では、脱脂ぬかの耐久性やコストの検討が残されている。

三つめの乾式研米仕上方式は、水を使わずにブラシなどで白米表面を研米する。

糊粉層を破壊しない仕上がりに

無洗米表面の仕上がり度合いは、図6❻に示すように洗米時に糊粉層底部を破壊して旨み成分が流出しない程度に加工することが要点になる。市販無洗米の表面を電顕で観察した結果[*5]によると、加水精米仕上方式と、特殊加工仕上方式の「熱付着材除去」はほとんど類似した仕上がりであるが、特殊加工仕上方式の「ぬか除去」ではアリューロン顆粒が少し残る傾向にある（図6❼）。また、乾式研米方式は無洗米化がやや不十分でぬかが残るので、炊飯時に1、2回程度軽く洗う必要がある。

6 ❷ 無洗米加工技術の種類

加水	方式	種類	使用水量（米を1）	加工米の呼称
有	加水精米仕上方式	水流洗米方式	1：1～3	ジフライス（サタケ JF） クリキ無洗米装置（クリキ）
		加水精米方式	1：0.15～0.5	スーパージフライス（サタケ SJR）
	特殊加工仕上方式	熱付着材除去方式	1：0.05	テイスティホワイトライス （サタケ TWR）
		ぬか除去方式	不明	BG 米（東洋精米機）
無	乾式研米仕上加工	摩擦研磨方式	―	カピカ（山本製作所）
		切削研磨方式	―	リフレ（クボタ）
		研磨材混合方式	―	W － ECO（トーア）

6 ❻ 表面状態の比較（模式図）

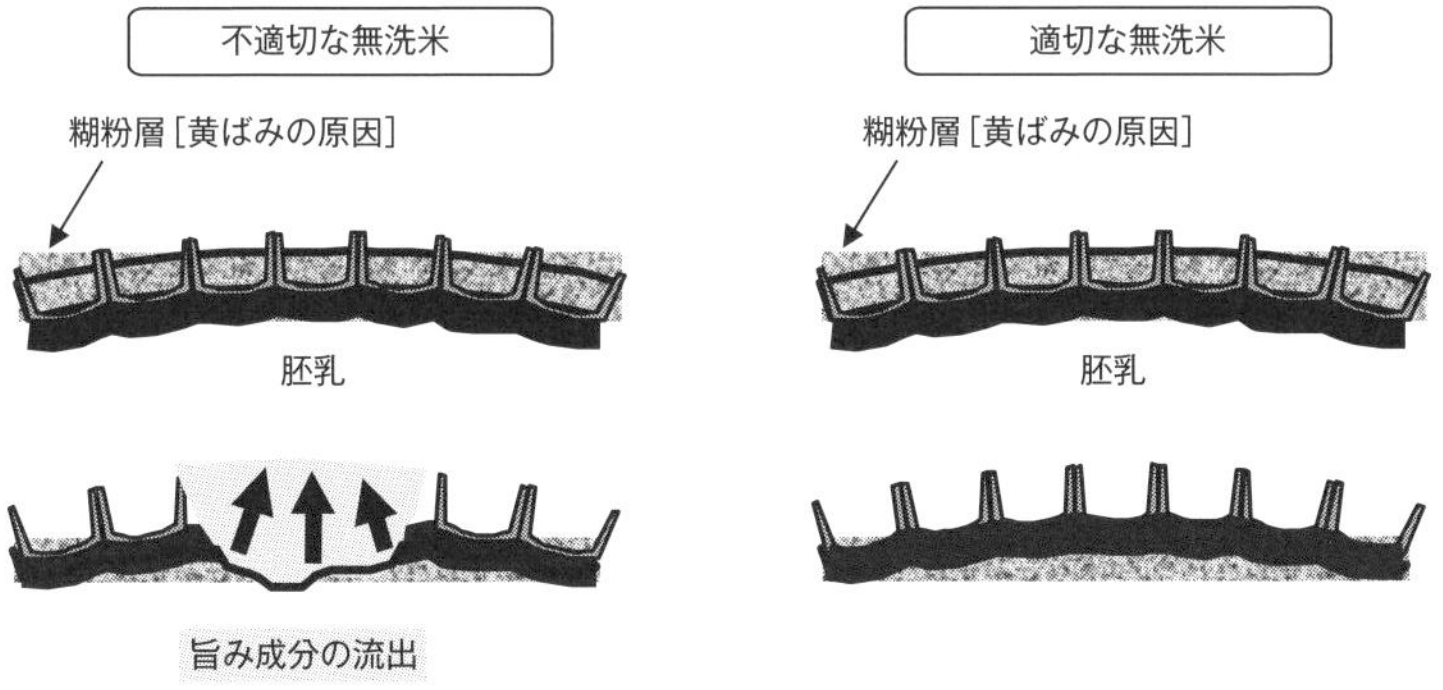

過剰洗米により糊粉層の細胞膜が破れ，旨み成分流出

適正な無洗米化処理により、旨み成分が残存

6 ❼ 無洗米加工の違いによる無洗米表面の観察（目崎孝昌氏写真提供）

（AG：アリューロン顆粒、ACW：アリューロン細胞壁、品種：秋田産あきたこまち）

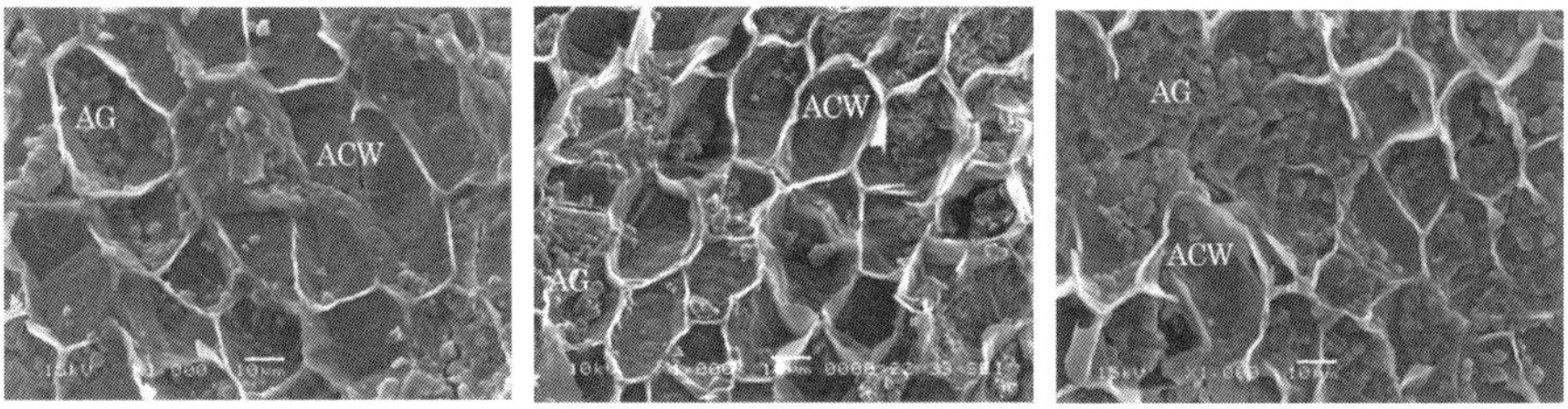

加水精米仕上方式　**特殊加工仕上方式**（熱付着材除去）　**特殊加工仕上方式**（ぬか除去）

5 無洗米の品質管理

無洗米品質の向上に向け、無洗米の管理項目と基準が表6❸のように定められ、これをクリアしたものを無洗米とする自主規制が設けられている。管理項目の中で重要なのは濁度で、その上限は40ppmとなっている。この濁度測定法は米穀公正取引推進協議会が定める方法に拠るとされている。

無洗米加工技術は機械装置のメーカーによって改良が着実に進められてきており、米品種や産年の違いによる影響があるものの品質が安定化してきている。3種類の市販無洗米と、水洗した普通白米のご飯を比較した結果*6がある。これによると、いずれの無洗米もふつうに水洗した白米に比べてぬかが除去され、粗タンパク質、粗脂肪、灰分、ショ糖量が減少傾向にあった。しかし炊いたご飯のテクスチャー、すなわち硬さ、粘り、バランスは変わらないものの、長時間（18時間）水浸漬すると浸漬液中の還元糖と遊離アミノ酸が増え、ご飯の〝こげ〟が濃くなるメイラード反応が起こりやすくなる。無洗米を長時間浸漬する場合には注意が必要になる。

6❸ 無洗米の管理項目と基準

品質項目	無洗米の管理基準
水分　(%)	15.5　以下
白度　(%)	45　以上
容積重　(g/ℓ)	870～900
胴割れ粒　(%)	10　以内
砕粒　(%)	5　以下
水浸割れ粒　(%)	15　以下
濁度　(ppm)	40　以下
乾固物　(g/100g)	0.6　以下
炊飯時洗米	洗米不要
一般細菌	10^4　以下
耐熱性細菌	300　以下
大腸菌	検出されない
残留農薬	検出されない
食品添加物	検出されない

＊米穀公正取引推進協議会「品質表示ガイドライン」等から抜粋

6 無洗米の貯蔵性と賞味期限

ぬかを除去した無洗米は貯蔵性が普通米よりも高いはずである。これについて加工法が異なる無洗米のAとB、これと普通白米を5、15、25℃で4カ月貯蔵して比較した試験がある。[*7] その結果、無洗米は普通白米に比べ脂肪酸度の増加が少なく貯蔵性が高いものの、無洗米BがAより低い値で推移し、製法による差が認められた（図6-8）。貯蔵温度はいうまでもなく低いほどよい。無洗米と普通白米の貯蔵前の食味は同等、4カ月貯蔵後では普通白米は無論のこと、無洗米であっても炊飯前に軽く洗米したほうがよいとしている。

また、白米を含め無洗米の賞味期限を明らかにするために、長期貯蔵試験（貯蔵温度-20～25℃、ポリエチレン袋で二重包装した米3kgを1年間貯蔵）が行なわれている。[*8] 理化学測定と官能試験の結果から賞味期限は、無洗米・白米ともに貯蔵温度25℃で2カ月、20℃で3カ月、15℃で5カ月、5℃で7カ月程度としている。かつては、常温貯蔵では気温変動の影響があるので、安全をみて夏季で15～30日、冬季で2～3カ月が保管限度とされてきたが、これよりも賞味期限は長いようである。

6-8 貯蔵無洗米の脂肪酸度の変化（横江ら 2005）

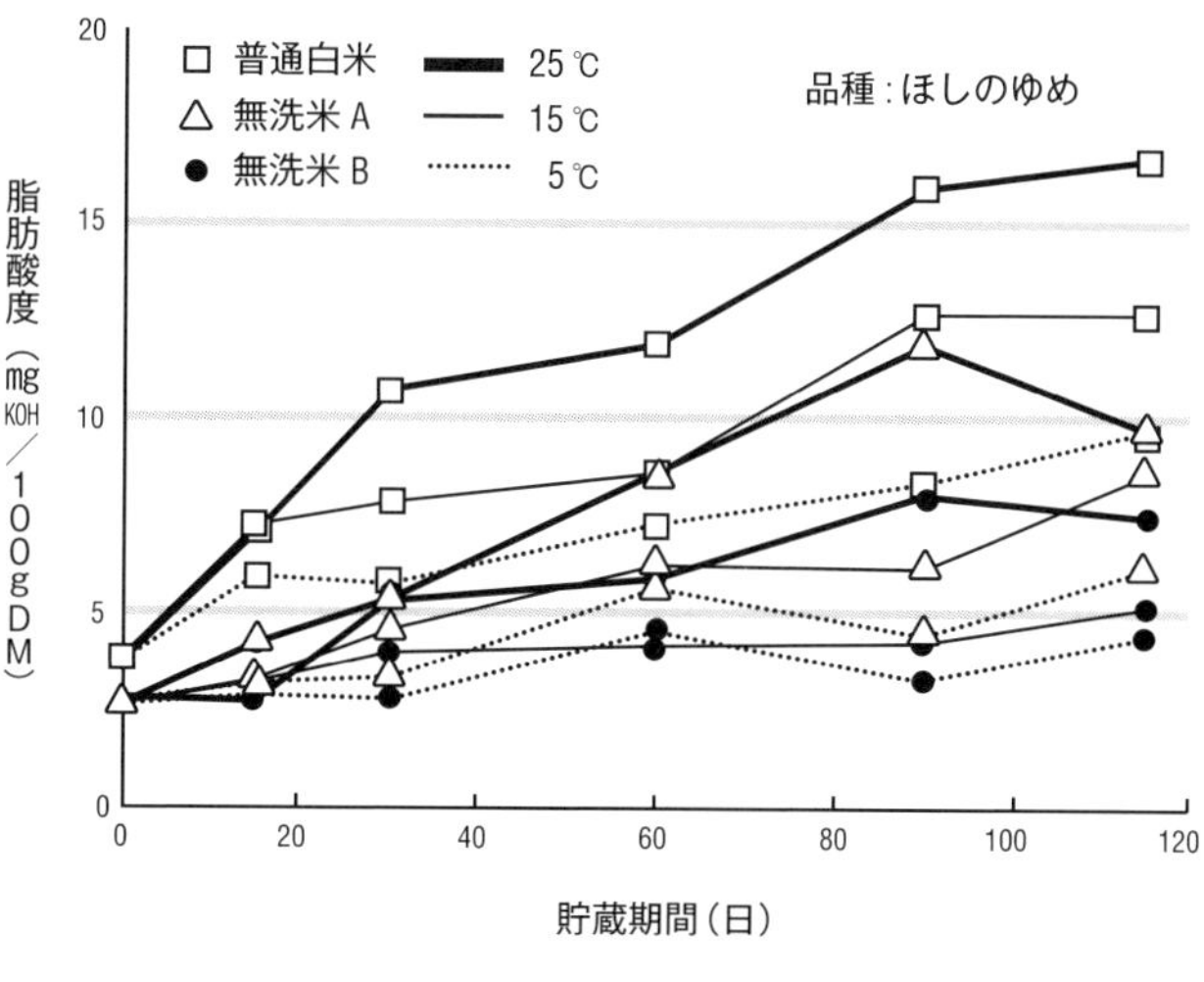

7 家庭での白米保管と精米

密閉袋に入れ、冷蔵庫の野菜室に置く

新米は水分量がやや多め、透明感・甘味・弾力・粘りがあり香りもよく、美味しさが格別である。しかし保管状態が悪いと徐々に酸化と乾燥が進み、色や艶が少しずつ失われ、硬さや粘りも低下傾向を示す。家庭では米の品種銘柄の選択も大切であるが、適切な保管の工夫も大切である。保管場所は夏場や梅雨期はとくに要注意、水回り周辺で湿気を持ちやすく高温になる場所は避け、できるだけ密封して保管するのが賢明である。化粧品、芳香剤、洗剤、殺虫剤、灯油など臭いの強いものの近くや、冷蔵庫内で肉、魚などの生モノと同じ場所に置いておくと臭いが移りやすいので注意する。推奨される白米保管は冷蔵庫の野菜室に密閉袋に入れておくこと、そうすれば1年を通じ一定の温度・湿度で保持され、なるべく空気に触れないようにすることができる。

購入時は精米年月日のチェックが大事

家庭では多くの場合、スーパーマーケットなどでの白米購入が一般的である。白米は夏場の常温保管でも1カ月程度は食味が保持できるが、[*9]精米年月日の新しい米を、季節に応じて必要量だけ購入するのが賢明である。米専門店は低温倉庫（室内温度13～15℃、湿度70～80％）で玄米保管し、販売前に精米するのがふつうであるが、店頭に並ぶ米には精米年月日からかなり日の経った袋詰めが並んでいるのを見かける。購入にあたっては精米年月日のチェックが必要である。

コイン精米する場合の玄米保管のコツ

玄米は白米よりも貯蔵性が高いが、それでも玄米を開放状態で保管しておくと過酸化物価がすぐに上がり始め、外観からはわからないが、ぬかの変質指標となるカルボニル価が貯蔵開始後10日頃から、脂肪酸度が30日後頃から増える。また、暗所保管（照度0㏓）は明所保管（1万㏓）より、低温下でも常温下でも過酸化物価がはるかに低いことが明らかにされている。[*10]これからすれば、

冷蔵庫保管あるいは風通しのよい冷暗所（納戸、床下収納庫、桐製米びつなど）に置いておくのが勧められる。品質劣化を防ぐには温度や湿度だけでなく、光に当てないことは無論、明るいところに置かないことも保管のポイントになる。なお、同じ研究で脱酸素剤の効果はそれほどでなく、補助的に考えるのが適当としている。

低温保管している玄米を夏場にコイン精米する場合には、精米の2〜3時間前に常温に戻しておくことが望ましい。夏場の湿度が高い場合、低温場所から玄米を取り出しすぐに精米すると、玄米温度が低いほど玄米表面に結露が生じ、胴割れを起こしやすく精米機にぬかが付着してしまうからである。また、夏場にはコクゾウムシなどが湧いてしまうことがあるが、この場合には、好天時に日光が当たらない明るい場所でシート上に玄米を薄く広げておくと、数時間で虫がいなくなる。あとは、新しい密閉容器などに入れて保管し早めに食べ切ってしまうようにする。仮に貯穀害虫を食しても健康被害があったことを耳にしない。

家庭精米の魅力

精米後日数が経つにつれて白米表面に付着するぬかが酸化され、白米にぬか臭や色が残留し美味しさを損ねる。ぬかの酸化は緩慢とはいえ週単位くらいで進むとみられる。この酸化リスクをもっとも少なくできるのが家庭精米で、精米してすぐ洗米し炊飯できる。その日に食べるぶんだけの米を搗く、いわゆる「今搗き米」に応えられるのが家庭用精米機である。

4〜5合ごとに精米、そのまま洗米

家庭用精米機は各社から販売されているが、いずれも台所に置けるサイズ（ポット程度）、小型でコンパクトな設計で、基本構造は似ている。すなわち、網状のスクリーン容器に玄米を入れ、容器中心部の垂直回転羽根を高速回転させ、削り取ったぬかは網の外側に排出してぬか容器に貯める仕組みになっている（図6-9）。

最大精米容量が1升（1.5kg）の大型もあるが、多くは4〜5合（600〜750g）程度。精米モードに3分、5分、7分、10分搗き（普通精米）、少し古くなった白米の表層を削る再精米モードなどが設けられている。メーカーによっては胚芽精米、無洗米加工ができるものもある。精米終了後は網容器に入れたまま、水道の蛇口で洗米できる。精米時間は玄米量や精米選択モードなどによって異なるが、1合で1・5分、2合で2〜3分、5合で5分程度、精米が終われば自動停止する。

自前の胚芽米やGABA米が食べられる

なかでも注目されるのは、胚芽精米ができる機種。前述（第4章3）したように、胚芽米はビタミンB_1やE、ミネラル、食物繊維が豊富で、これを毎日食することでイライラ感の解消、便秘の解消、血圧の低下など、体調の改善効果が期待できる。またごく最近であるが、血圧降下や精神安定作用などの健康機能があるGABA（ギャバ）を富化して精米できる家庭用精米機（サタケ製ギャバミル）も販売されている。家庭で自前の胚芽米やGABA米が食べられるようになっている。

ぬか利用の特典も

このほか、家庭精米ならではの効用がある。精米と同時に排出されるぬかである。ぬか漬やぬかクッキー、園芸用堆肥、ぬか石鹸などに利用できる。少し手間がかかるが、ぬかを軽く焙煎すると「ふりかけ」にできる。きな粉の香りで海苔やカツオの削り節を混ぜれば実に美味である。本書で多々述べているように、ぬかには優れた健康成分が豊富に含まれている。ちょっとした手間をかければ、高価なサプリメントを上回る健康機能が無料で手に入る。これは家庭精米ならではの大きな魅力である。

6 9 家庭用精米機（サタケマジックミル）の断面図

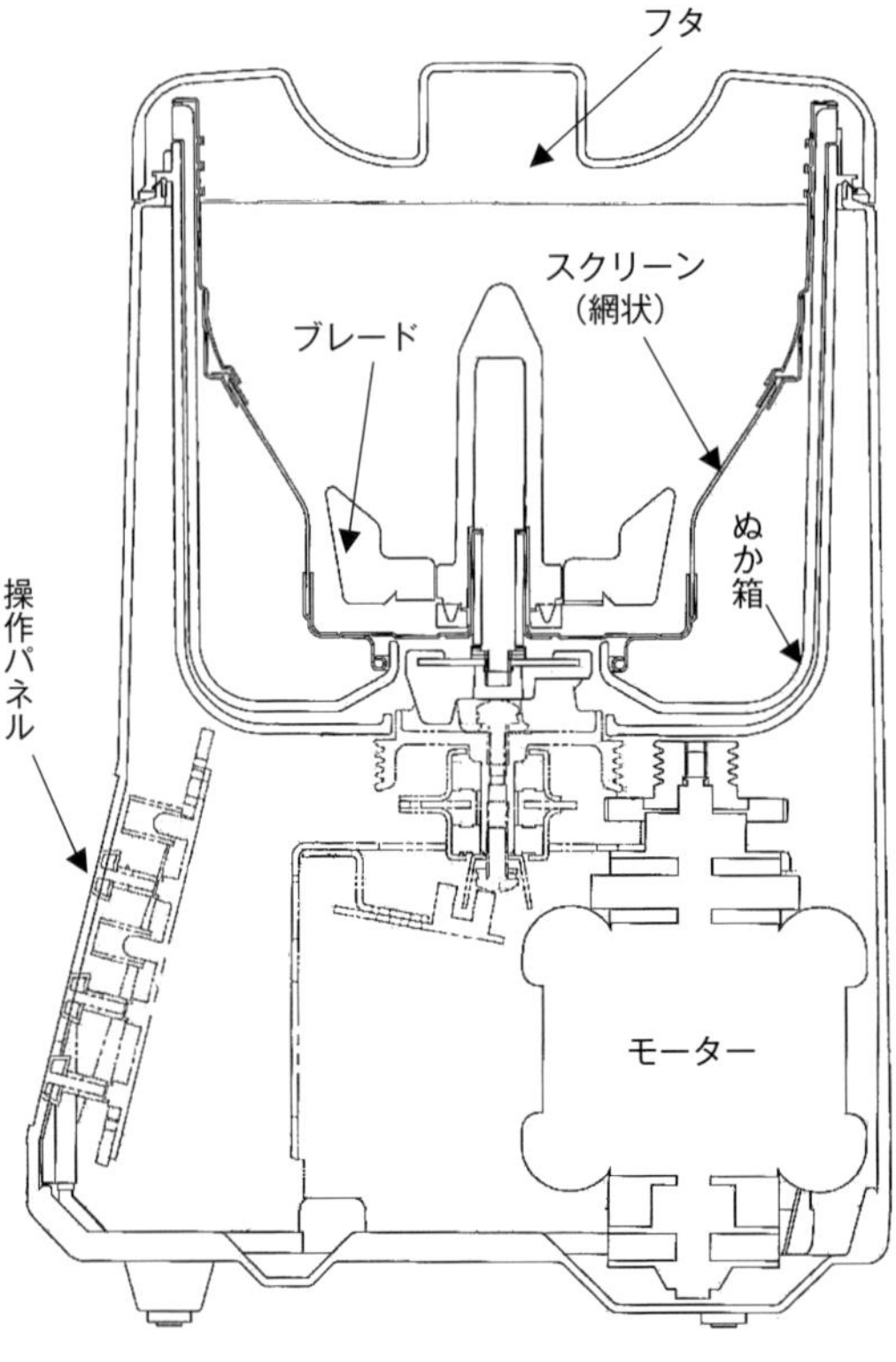

8 美味しいご飯の炊き方

米は「とぐ」より「洗う」

昔はゴミやぬかの残りをしっかり落とすために、米粒をゴシゴシ擦り合わせる「とぐ」が一般的であったが、現在では精米技術の向上によりきれいな白米が製造できるようになり、「とぐ」よりもむしろ「洗う」というのが相応しい状況にある。かえって強く「とぐ」と細胞内の内容物（デンプン）が流出してしまう。水をたっぷり入れ、3～4回水を替えてササッと洗うのが好ましい。

洗米に湯を使うのは禁物である。ご飯の甘みのもとになるアミラーゼが活性化して糖が分解され、甘み成分が洗い水と一緒に捨てられてしまうからである。

無洗米は少し多めの水加減で

炊飯時の加水量は米重量のおよそ1・4～1・5倍が目安。新米は胚乳が軟らかく吸水や糊化もしやすいので5％程度控えめに、逆に古米は組織が硬くなっているので5％程度多めに、釜内の目盛りを基準に加減する。無洗米は同じ1合でも重量が多いので水加減を多めにするが、無洗米専用カップではあらかじめ米の重量が少なく目盛ってあるので、この必要はない。また、醤油や酒などの液体調味料を加えて炊飯するときには、加水量から液体調味料分を差し引く必要がある。ご飯に、酢や砂糖や塩などで合わせるすし飯でも同様である。

このような水加減にするのは、市販の炊飯器が炊き上がり時に水がちょうど全部なくなる「炊き干し法」（1章30頁参照）であるからである。さらに、調味料は吸水を遅らせ、とくに醤油の場合に顕著となる。[*11] 吸水の遅れは吸水時間を長くして解消するか、始めから調味料を加えず先に白米に吸水させてから調味料を加えるのもよい方法である。

炊飯の理想的なヒートパターン

ヒートパターンの基本はほぼ同じで、図6-10に示すように4段階からなる。温度が100℃に達するまでの温度上昇期（古くから「はじめちょろちょろ」といわれてきた、以下同様)、激しく沸騰させる沸騰期(「なかぱっぱ」)、火力を弱めつつも100℃を維持しながら加熱する蒸し煮期(「ぶつぶついったら火をひいて」)、最後の仕上げをする蒸らし期(「赤子泣いても蓋とるな」)である。各期の概要は次の通りである。[*12/13]

6 10 炊飯過程における加熱段階(ヒートパターン)
(貝沼 2012、畑江 2007)

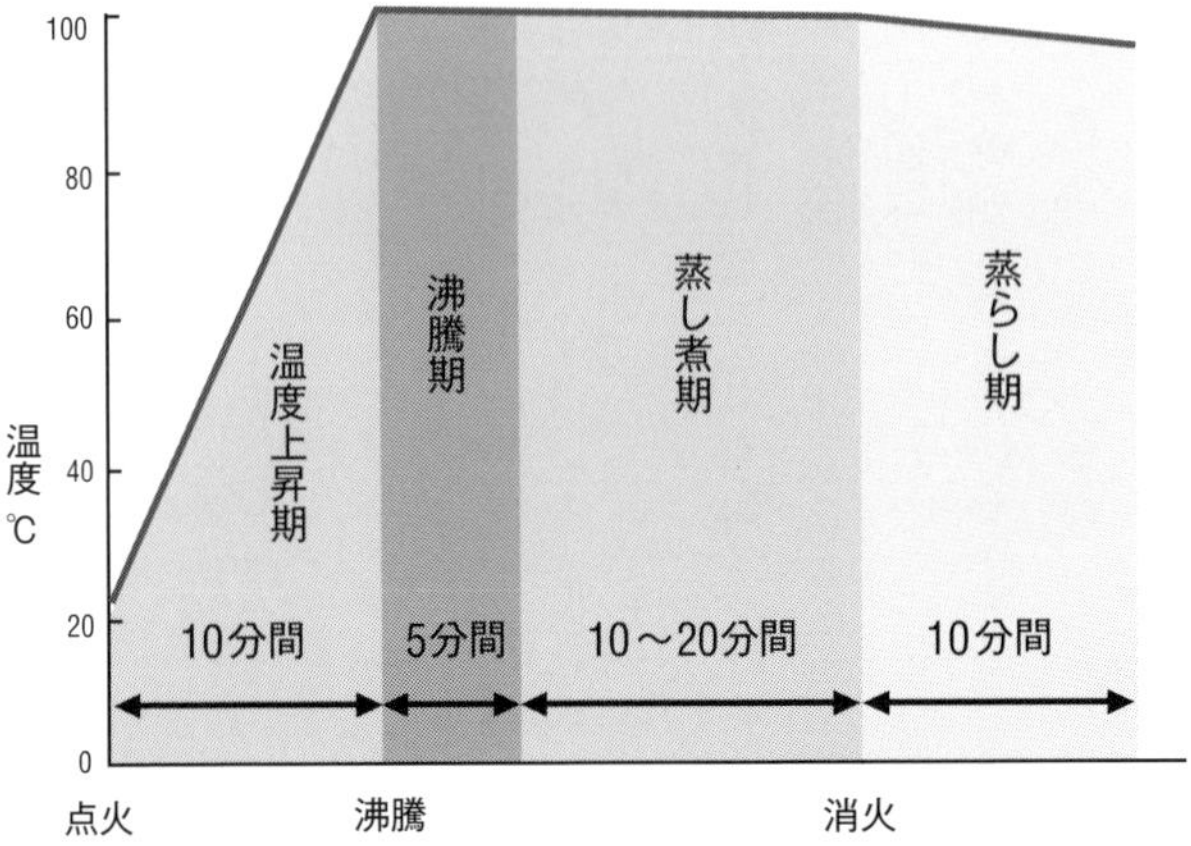

(1) 温度上昇期 浸漬米の水分は25%程度、以降温度上昇に伴って糊化が始まる。糊化は水分と温度に影響され、水分程度と温度上昇が適度でないと良好な状態にならない。良好な糊化はデンプン分解酵素アミラーゼが有効に作用する、水分域35%程度のときに温度が60℃前後であることである。このため一気に温度を上げてしまうと、米の吸水が遅れた状態で温度上昇するので糊化が遅れる。一方、ゆっくり温度を上げると吸水が多く、次の沸騰期での水が少なくなってしまうので、温度上昇は適度でなければならない。実験的には沸騰までの適正時間は10分程度、このときのご飯の水分は35%くらいである。また、この温度上昇期に、甘みと旨みが増加する。米に含まれる酵素によってデンプンの一部が分解され、グルコースやフルクトース(いずれも単糖類)、それにスクロース(二糖類)が40~60℃で急増してほのかな甘みを呈し、また遊離アミノ酸、とくにグルタミン酸やアスパラギン酸がグルコースよりやや高温の80℃以上で多くなり旨みを増す。[*14/15]

(2) 沸騰期 炊飯でもっとも重要な工程。残留している水で激しく沸騰させ水分子の運動を活発にし、強固に結合しているデンプン分子を緩める。100℃に極力近い温度で沸騰させる。この過程でデンプンの糊化が進み、米は軟らかく煮えた状態に変化する。この水が少なくなったところで火力を小さくし、次の蒸し煮期に移る。

（3）蒸し煮期　米粒間に僅かに残っている沸騰水と水蒸気で100℃に近い温度で加熱する。この蒸し煮時間が短いと炊き上がったご飯は硬く、糊化度もやや低くなるので、15分以上が適当とされている。ご飯の水分は65％程度になる。

（4）蒸らし期　消火して蓋を開けずにそのまま10～15分程度置いておく。釜内温度やご飯温度も低下するので、水蒸気が冷やされ水になり、ご飯の表面に吸収される。蒸らさずにすぐに蓋を開けると、ご飯は水っぽく芯が残る。10～15分間すると表面に近いご飯の細胞は形が崩れ、中心部の細胞もふくらみを増し、軟らかく粘りを感じるようになる。蒸らし操作は不可欠で重要である。蒸らし時間が長くなると釜内温度がさらに下がり、水蒸気が水になり、ご飯表面や釜側壁を伝ってご飯に吸収される。とくに釜側壁に接する上部のご飯が吸水されやすく、水っぽく不味い仕上がりになってしまう。蒸らしが済めばすぐに蓋を開けて水蒸気を放散し、しゃもじでご飯を十字に切って底からサックリかき混ぜ、ご飯の間に空気を入れてよりふっくらさせると、もっとも美味しい仕上がりが保てる。

自動炊飯器で人手で加減できること

以上が自動炊飯器に組み込まれたヒートパターンの概略であり、それらは炊飯器任せになる。人手になることは、洗米や加水量の決定、吸水時間（炊き上げ時刻）の設定、蒸らし後のほぐしである。したがって、美味しい米を炊くときの留意点は、①米を選ぶ（割れが少なく、つやと透明感のある米で精米2週間以内くらいの白米）、②米を正しく量る、③手早く洗う、④新米・古米など米に応じ適量に水加減する、⑤炊き上がったらすぐにシャモジで上下反転し切るようにほぐす、ということになる。

浸漬水に関しては、最近、インターネット上で炭酸水を用いて炊飯すると「コシやツヤがでる」とか「ふっくらもっちりとする」などの情報が見られるが、2品種を使った水道水との比較試験では、「におい」「光沢」「白さ」「粘り」「硬さ」「総合評価」のいずれにも有意差がないことが確かめられている。[*16]

9 炊飯による米デンプンの糊化と老化

米を炊飯するときにもっとも大きく変化するのが、米の主成分であるデンプンである。以下、福場著『炊飯の科学』[*17]を参考にデンプンの糊化と老化について見てみる。

加水・加熱してデンプン構造を緩めて糊化

米のデンプンはグルコースが直鎖状につながったアミロースと、グルコースが枝分かれしてつながるアミロペクチンの2つのデンプン分子でなる。これらは規則的に配列し水分が入る隙間がないくらいの緻密な構造（ミセル構造とも呼ばれる）であると考えられている。生デンプンはこの構造をもつため、そのままだと消化酵素も作用できず栄養分にならない。これを大きく変化させるのが炊飯操作である。水を加え加熱するとミセルに水が入り、酵素（α-アミラーゼ）の働きにより構造が緩んで膨らみ、バラバラになりながらもアミロースやアミロペクチンの分子がお互いに絡みあい糊状になるのが「糊化」、この状態になったのが糊化デンプン（α化デンプン）である。デンプン糊化には米水分が少なくとも30％以上、100℃に近い温度で20分以上の加熱が必要であり、これによりご飯の水分は60数％になる。高い山では気圧が低く水の沸点が下がるので、美味しいご飯を炊くことができない。一方、圧力鍋などで炊くと沸点が上がるので細胞内のデンプンが飛び出し、米粒表面に付着して粘り気を増し、もち米のような食感に変わる。加圧炊飯では炊飯時間の影響が大きい。

温度低下でデンプンが再配列して硬くなる

炊飯後次第に温度が低下してくると、デンプン分子が再配列して規則性をもつようになるので次第に硬くなる。この現象がデンプンの「老化（β化）」である。ご飯の老化は避けられず、保存温度5℃程度で水分30～60％の範囲でもっとも起こりやすいことが知られている。ご飯を冷蔵庫で保存するのがちょうどこれに当たり、ご飯がボロボロになり不味くなる。老化により硬くなったものは、水を加え再加熱するとβデンプンがα化デンプンに戻るので、軟らかく消化のよい状態になる。

冷蔵するよりも、むしろ炊いたご飯はすぐに冷凍保存し、老化を停止させその後自然解凍したほうが、軟らかさが保たれ、はるかに美味しく食べられる。冷凍保存ご飯は2週間後くらいから、色、つや、においが劣化し始めるが、2週間では「総合評価」や「食味」に有意差が認められないので、冷凍すれば4週間くらいは保存できそうである。[*18]

また、炊いたご飯は急速乾燥して水分10%以下に乾かすと保存性がさらに増す。これはα化米と呼ばれ、非常時の保存食として活用されている。α化米は水を加えるとほぼ元のご飯に戻る。

「災害食」に備える

「非常食から災害食へ」、言い換えれば「置いておく」備えから「使い回す」備えへの発想展開が求められている。[*19]

これまでの代表的な非常食「乾パン」や「氷砂糖」などは日持ちのよさを重点としたものであるが、阪神大震災や東日本大震災などではあまり利用されなかった。被災地では、被災者だけでなく、消防隊員、自衛隊員、医師、看護士らの救援者も過酷な状態で働かねばならない。その場合の食事はこれまでの「非常食」のままでよいのか、災害の規模が大きくなり長期化するなかで、考え直す必要性と緊急性が増している。「乾き物」から「湿り物」へ、「冷たい物」から「温かい物」への変更も検討が求められている。

一般家庭では保存性のよい日常食を災害食としてストックしておき、一定期間経過後は日常食として使い補充しておく、食スタイルの転換が必要になっている。また、自治体をはじめ企業や団体の事業所での「使い回す」の可能性についても新たに検討が必要になっている。これからは6種類の加工米飯だけでなく、それ以外の形態の必要性がないか、技術的、制度的あるいは食習慣的見地からの見直しが求められている。

10 加工米飯の種類と特徴

冷凍米飯、無菌包装米飯など6種類

米を洗い、炊飯して食べるには手間と時間がかかる。これを省き、簡単・便利に食べられるように各種の容器に入れた加工米飯が販売されている。一時は生産量が急増したが、ここ10年くらいでは2002年の年間28・2万tを最高に、20数万tレベルで推移している。

加工米飯の種類は6種類、平成21年米の生産動態調査によれば、生産量は冷凍米飯と無菌包装米飯が43・9％、43・4％で圧倒的に多く、次いでレトルト米飯8・8％、乾燥米飯1・8％、チルド米飯1・3％、缶詰米飯0・6％で、全体の生産量は22・6万t、前年に比べ約3万t減っている。しかし、調理が容易で味も大幅に改善され、今後は需要増が見込まれる。また近年災害が頻発化、自治体はじめ企業や事業所、家庭での備蓄が増え、加工米飯の需要量が増加に転じるのは確実と見られている。

それぞれの特徴

(1) 冷凍米飯 米飯と具材を混合して-40℃以下で急速凍結し包装したもので、家庭の冷凍庫（-18℃）で1年間保存できる。食味は良好で、食べるときに電子レンジで簡単に再調理できる。加工米飯の中ではもっとも生産量が多い。

(2) 無菌包装米飯 クリーンルーム内の無菌状態で調理加工した米飯類を気密性の高い包装容器や整形袋に入れて密封したもの。電子レンジで約2分、熱湯で15分程度漬けて加熱すれば食べられる。炊飯以外には加熱処理がないので食味が優れ、6カ月程度の常温保存ができる。高温殺菌していないため、ビタミンなどの変性が少ない。

(3) レトルト米飯 調理加工した米飯類を気密性のある包装容器や整形袋に密封した後に、加圧加熱して耐熱性の菌や胞子を死滅させたものである。電子レンジで約2分、熱湯で約10分間浸漬して加熱すると食べられる。6カ月から1年くらいの常温保存が可能である。無菌米飯よりも殺菌時に高温処理するので、食味がやや低下する傾向にある。この解消のため、加圧マイクロ波加熱製法が開発されている。[20] 高温・短時間加熱により米飯の表面がアモルファスに改質され、ハリやツヤがあり、内側が軟らかい粒感を呈す。レトルト米飯の改善技術として期待される。

（4）チルド米飯　炊飯後に短時間高温殺菌した後に冷却して流通するもので、蒸す、炒めるなどの簡単な調理で食べられる。衛生面に十分な注意が払われているが、保存期間は短く2カ月程度である。

（5）缶詰米飯　炊飯した米飯を缶に詰め密封した後、100℃以上で高温殺菌。缶のまま熱湯で約15～20分加熱してから食べる。殺菌時の高温による米飯物性の変化や流通搬送時に重たいのが難点である。3年以上の常温保存が可能で非常食用として主に使われている。

（6）乾燥米飯　炊飯後に熱風などで急速乾燥、あるいは凍結乾燥したもので、アルファ化米とも呼ばれている。食べるときには湯で約20分間、水で約60分間浸漬しておくと食べられる。持ち運びやすく、常温で3～5年保存できるので、非常食や登山などのアウトドアでの利用に適している。乾燥コストがかかることや再調理に時間を要す難点がある。

米の文化、麦の文化

加工が簡単な米、複雑な小麦

米は籾から籾がらとぬかを除去して白米（胚乳デンプン）にし、それに水を加え炊くだけで美味しいご飯になる。一方、小麦は硬い表皮（ふすま）が剥がれにくく、そのうえ粒の真ん中に縦溝（クリース）があり、米のようには剝けず粒食できない。そのため小麦は粒を割り、その中から胚乳と他の破片をふるい分け、さらに内側に残る胚乳の破片を割り、胚乳と他の破片をふるい分けることを何度も繰り返し、最後に取り出した胚乳だけをさらに微粉して小麦粉とする、複雑な加工法が採られている。さらに小麦粉は加水して練って発酵させ、生地（ドウ）にしてから成形し、「焼く・茹でる」の加工を経てパンや麺などになる。小麦粉は水で煮ただけでは旨くならないので、いかに発酵させ加工するかで美味しさを引き出す。このために、小麦食には膨大な努力と時間が費やされてきたのである。今日のパンや菓子類は、その上にできあがった、小麦食文化の結晶である。一説にはこの複雑な一連のプロセスにおいて習得された技術が、18世紀の産業革命を育んだともいわれている。その点、加工が簡単な米は、それだけで十分に美味であったことが、米菓や酒などを生んだものの、さらなる加工技術の発展につながらなかったとの見方もある。

米の技術を麦に応用した「精麦製粉」

ところで「精麦製粉」というのをご存知であろうか。小麦表皮（ふすま）を研削式精米機の高速ロール（砥石）で除去（クリース：粒溝は残っている）してから粉砕する、すなわち研削精米を小麦製粉の前処理に使う技術である㈱サタケ開発）。これにより複雑な製粉プロセスが大幅に単純化され、一部の製粉工場で使われている。歴史に「IF」はないが、この精麦技術が数世紀前に誕生していたら、「西欧文明の開花に少なからず影響したのは間違いない」、と妄想すれば楽しくなる。

連作可能なイネ、輪作が必要な麦

次に、小麦と米の特徴を生産、栽培面で対比すれば、以下のように素描できる。

小麦が西欧系で総生産量6・2億t（2004／05）、世界にまたがる輸出・輸入型であるのに対して、米はアジア系で総生産量4・0億t（精米ベース、2004／05）、国内生産・国内消費型である。また、イネは貯水して利用する灌漑田や降雨に頼る天水田にしても、潤沢な水の確保が前提になる。一方、小麦は他の大麦もライ麦も含めて湿害を嫌う畑作物であり、水の必要量ははるかに少ない。栽培上では、イネは連作が可能で数千年にわたり継承されてきているが、麦類は連作障害を起こすため麦作↓休耕↓牧草などの輪作（作物ローテーション）が避けられない。イネに連作障害がないのは、水が有害な物質や病虫害を招く物質を洗い流し、ミネラルなどの微量成分を含む肥料成分を補給しているからである。生産能力は、イネが1粒の種子から収穫できる粒の数が約1000粒、麦の場合は種類によって異なるが数百倍、大きな違いがある。あらためて米の偉力に魅せられる。

第7章

米粉用米・飼料用米の新展開

1 進む米粉加工

損傷が少なく、粒度を揃える

米には粳米《うるち》と糯米《もち》があり、いずれも米粉用に使われている。米粉用原料は多くが白米、精米時に生じる砕粒や未熟米も粉砕すればロスを少なくできる。最近では玄米も使われるようになっている。

米粉パン・麺用の製粉における技術的ポイントは、①損傷デンプンが少ないこと、②粒度が細かく揃っていること、にある。白米の胚乳は複粒や単粒のデンプンが強く密着しており、これを機械粉砕すると衝撃や熱によってデンプン粒が損傷を受ける。損傷デンプンが多いと吸水量が増して、パン加工では生地がだれ、発酵度や焼成時の窯伸びも悪く、嵩が低く膨らみのない重たいパンになってしまう。このことは、損傷デンプン含量とパンの比容積（1g当たりの体積mℓ）に高い負の相関があるこ

7 1 損傷デンプン含量とパンの膨らみ

(Araki et al. 青木作図、2012)

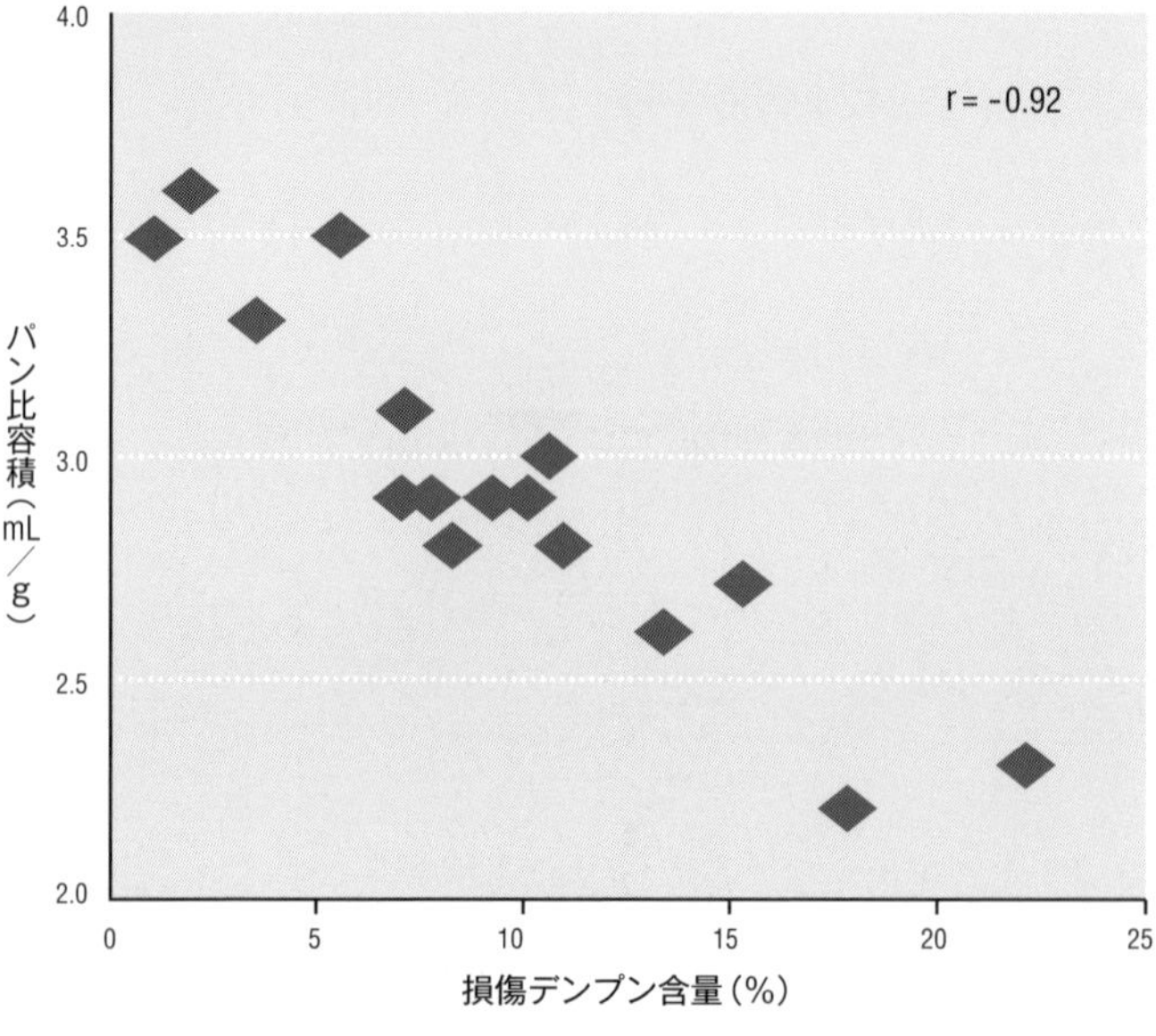

とからもわかる（図7 1）[*1/2]。

乾式製粉と湿式製粉、それぞれの特徴

現行の米粉製粉のフローは図7 2の通りである。粉砕前に白米を水浸漬処理するかどうかで乾式と湿式に分かれるが、いずれにも得失があるので、目指す米粉製品によって使い分けられている。

（1）乾式製粉　白米をそのまま粉砕する乾式は簡便で低コスト、少量から大量までの製粉ができる。白米表面に残っているぬかを簡単に洗い流す必要があるので、無洗米を使うと手間が省ける。先に述べたとおり、白米の胚乳は単粒や複粒のデンプンで構成され、強く密に詰まっている。これを機械的にバラバラにするには、物理的衝撃の頻度を増やせば可能になるが、どうしてもデンプン粒を傷つけてしまう。乾式で損傷デンプンを避けようとすると、湿式に比べ粒度が粗めになり、粉砕粒子の形状は角のある塊状になる。

（2）湿式製粉　白米表面には精米時のぬかが2〜3％、土壌菌も付着しているので、洗米して除去するのが好ましい。湿式粉砕では洗米後に十分水浸漬して調質（テンパリング）し、胚乳内部までムラなく水を浸透させてか

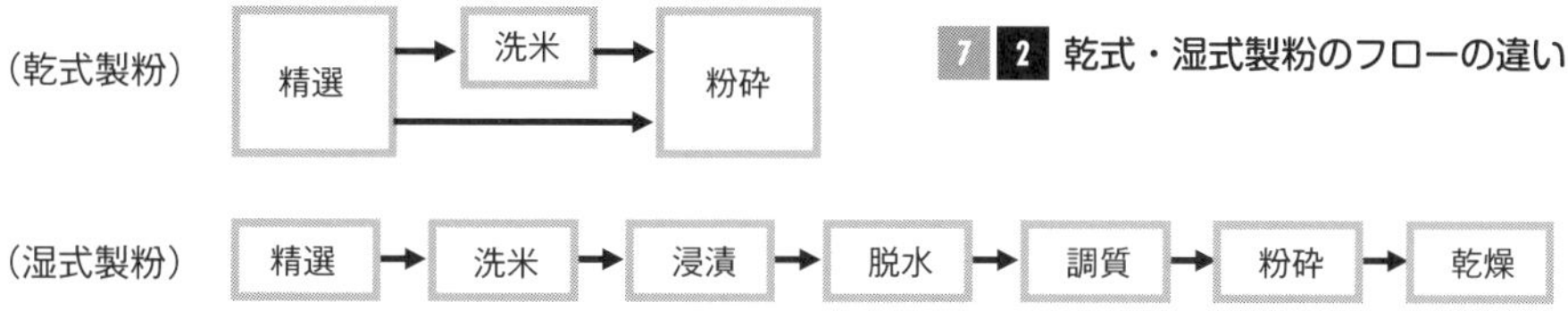

7 2 乾式・湿式製粉のフローの違い

7 3 水浸漬の経過と白米断面のひび割れ状況（目崎孝昌氏写真提供）

＊品種きらら397

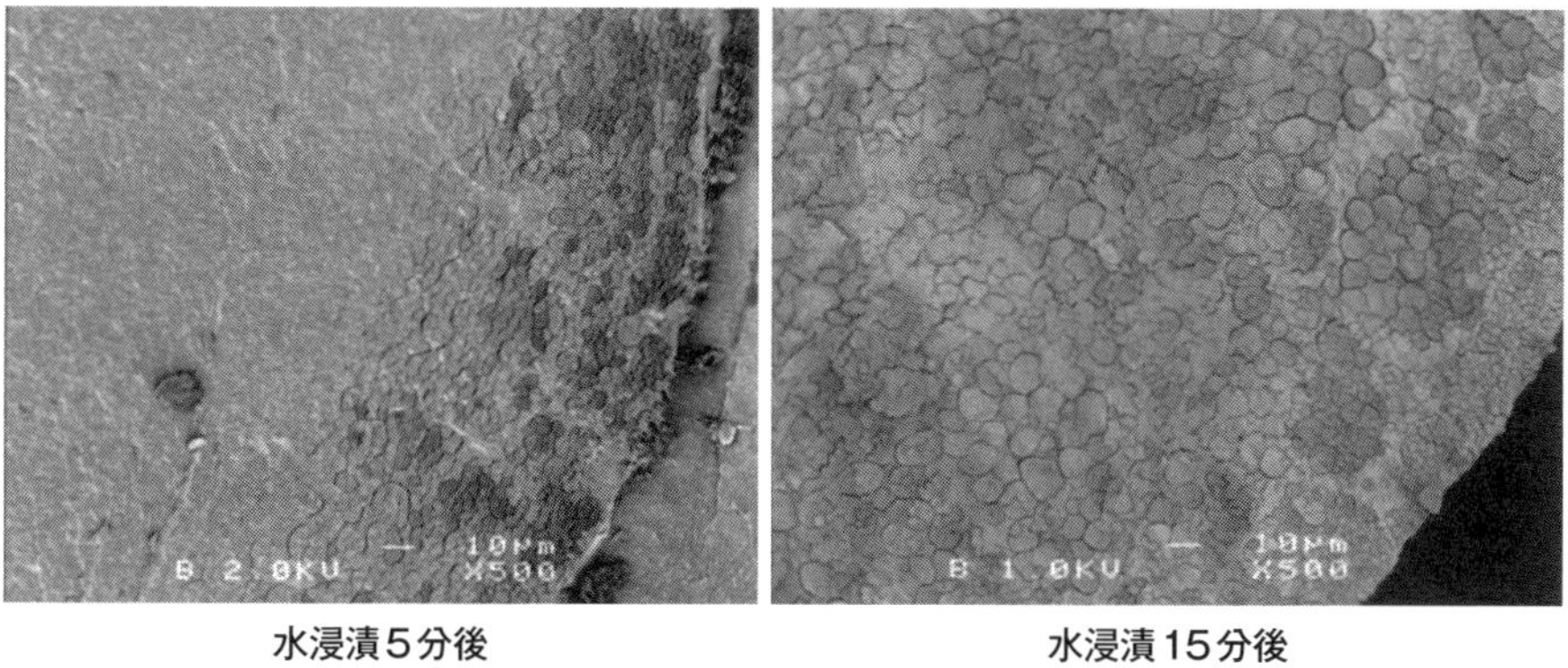

水浸漬５分後　　水浸漬15分後

ら粉砕する。浸漬すると次第に胚乳内部へ水が浸入し、図7 3に示すようにデンプン粒間に微細な隙間が発生する[3]。これによって、デンプン粒間の結合が弱まり、デンプンへの損傷発生が軽減され、ソフトな粉砕でも粒度を細かくできる。粉砕前の米粒水分と粉砕後の損傷デンプン率の関係は、図7 4のようである[4]。湿式は、原料水分が25%以上で乾式に比べ損傷デンプンが1／4程度以下に抑えられる。

粉砕後は高い水分のまま置いておくと菌が増殖するので、気流乾燥装置などで水分13%以下にまで乾燥する。湿式製粉は水浸漬や乾燥などの前後処理が必要になるのでコストアップになるが、それだけよい米粉が製造できる。

7 4 原料米水分と損傷デンプン率の関係（徳井 2010）

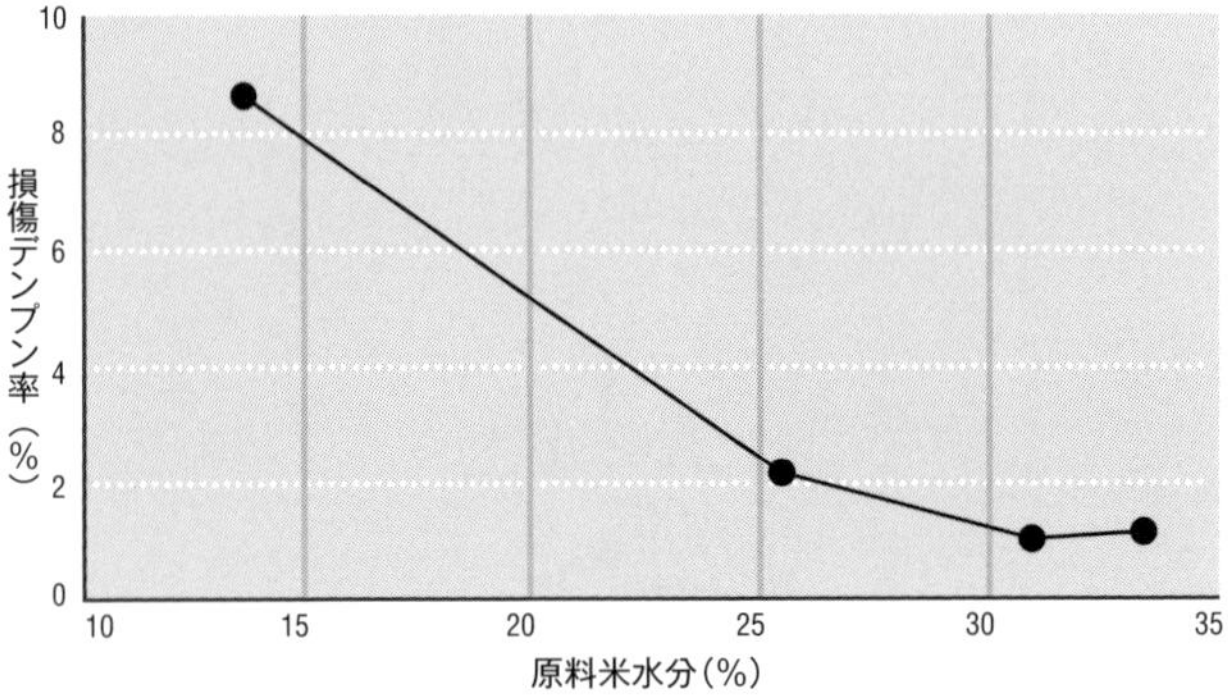

製パンに留意した粉砕法

損傷デンプンが少なくしかも均一に微粉化するための技術開発は、新潟県食品研究センターが水浸漬した米粒を圧ぺんロールで押し潰し、フレーク状にしてから気流粉砕する二段階製粉[5]や、酵素（ペプチナーゼ）添加した温水（30〜40℃）に浸漬してデンプン細胞間を緩める前処理法[6,7]を開発、また福盛シトギ方式による水浸漬とトレハロースによって水分を高める粉砕法や米粉粒度分布を調整する方法[8,9]などが先行して進化してきた。

最近では、逆に損傷デンプンを適度に分解すると甘みや焼き色が増すという「液種製パン法」も提唱されている。米粉利用は製粉粉砕の問題だけでなく製パン技術と相まって進化させていく必要があり、まだまだ技術革新が起こりそうである。

2 米粒粉砕の専用機

米粉用粉砕機には、粉砕方式が異なる小型から大型までの多くの機種がある。*10 代表的なものは以下の通りである。

(1) ピンミル（衝撃式粉砕機）　小型粉砕機（処理流量100kg／h以下）の乾式製粉で使われることが多い（図7-5）。粉砕室は垂直に対向する1対の高速回転ディスクと固定ディスク、並びに有穴の円状スクリーンで構成されている。

供給された米は、角柱状ピン（突起）が配置されている両ディスクで粉砕、スクリーン穴径より小さくなると漏下し、排出・回収される。粒径が大きい間は小さくなるまで粉砕が続く。スクリーン穴径の製作上に限界があるので、製品粒度は比較的粗い。湿式粉砕ではスクリーン穴の詰まりにつねに点検が必要である。

(2) ローラーミル　対向する1対のロールを内方向に回転、その間隙に米を通過させて粉砕する。両ロールには回転速度差があり、押し潰しだけでなく、ロール表面の溝歯によりせん断作用も働く。ロール間隙や溝歯の組み合わせで粒度を微調整する。ロール1回通しでは微細できないので、ロール通過後粉砕物をシフターで篩い分け、粒度が粗いものは次のロールに送り、一定粒度になるまでこれを繰り返す。米粉水分が高いとロールに帯状に巻きつき粉砕できなくなるので、湿式粉砕での水分は

7-5 ピンミル（槙野産業㈱パンフより）

18%程度以下にする。従来から湿式粉砕は上新粉製粉に使われ、製品粒度は150～100㎛、パンやケーキには少し粗い。

(3) スタンプミル（胴搗き臼） 白米を臼に入れ、杵を上下動させて粉砕。古くから食品の粉砕に使われてきた。米粒は衝撃・圧縮作用で粉砕、杵を軽くひねって落下させると、せん断・混合作用も加わる。粉砕物はシフターで篩い分けられ、湿式粉砕での粒度はローラーミルよりも細かく上用粉に使用。処理量が少ないので何台も並べて使われる。

(4) 気流粉砕機 代表的な市販機を図7-6に示す。羽根を放射状に配した回転ローターを高速回転（羽根周速度約90m／秒）して高速空気渦流を起こし、室下部から吸い込んだ米粒を粉砕室内壁の特殊型凹凸へ衝突させ、あるいは粒子同士の破砕・摩擦を繰り返して微粉化する。機体内に空気分級機能を持たせて粒度調整ができる。室上部の排出口にあるオリフィス板を調節して上昇温度を抑え、所定のサイズに粉砕された粒子を上部ファンで機外に排出する。気流粉砕機は湿式粉砕で使われることが多く、製品粒度は細かく30～50㎛、しかも分布幅が狭く、デンプン損傷率も低いのが特徴である。

(5) 超音速ジェット粉砕機（図7-7） インジェクションフィーダーから供給された原料や分級ゾーンで分離された粗粉は、マッハ2・5～3・0の気流発生超音速ノズルで吸引・加速され、ノズル内での気流攪乱による粒子間衝突や、ノズル前方の衝突板（アルミナセラミック）への激突で微粉砕される。粉砕物は再度分級ゾーン

7-6 気流式粉砕機（西村機械製作所製 SPM-R430）**の内部構造**

に送られ、設定粒度になるまで粉砕が繰り返される。分級はサイクロン周辺ルーパー部より均等流入される二次エアーの半自由渦による遠心力で分離され、乾式粉砕でも10㎛以下の米粉製造ができる。

ダイエット食に向く米粉!!

米粉と小麦粉のデンプンには大きな相違がある。米デンプンは角張っていて2～5㎛と小さく、アミロース含有率が0～35%と幅がある。一方、小麦デンプンは球状で2～10㎛の小粒デンプンと15～40㎛の大粒デンプンからなり、アミロース含有率が26～29%で幅が少ない。このため、米製品は水分を多く含みやすくモチモチした食感を有する。米粉パンの水分は42～45%、小麦粉パンの35～38%よりも一般に高いので、*11製品重量当たりの粉量は米粉パンのほうが小麦粉パンよりも少なくて済み、これはダイエット食にもつながる。

また米粉はパンだけでなく、食感や呈味性に特徴ある食品、液状化による高機能性飲料、化粧品や入浴剤、天然色素や生分解性プラスチック素材などにも応用ができる。

7 7 超音速ジェット粉砕機（日本ニューマチック工業 HP より）

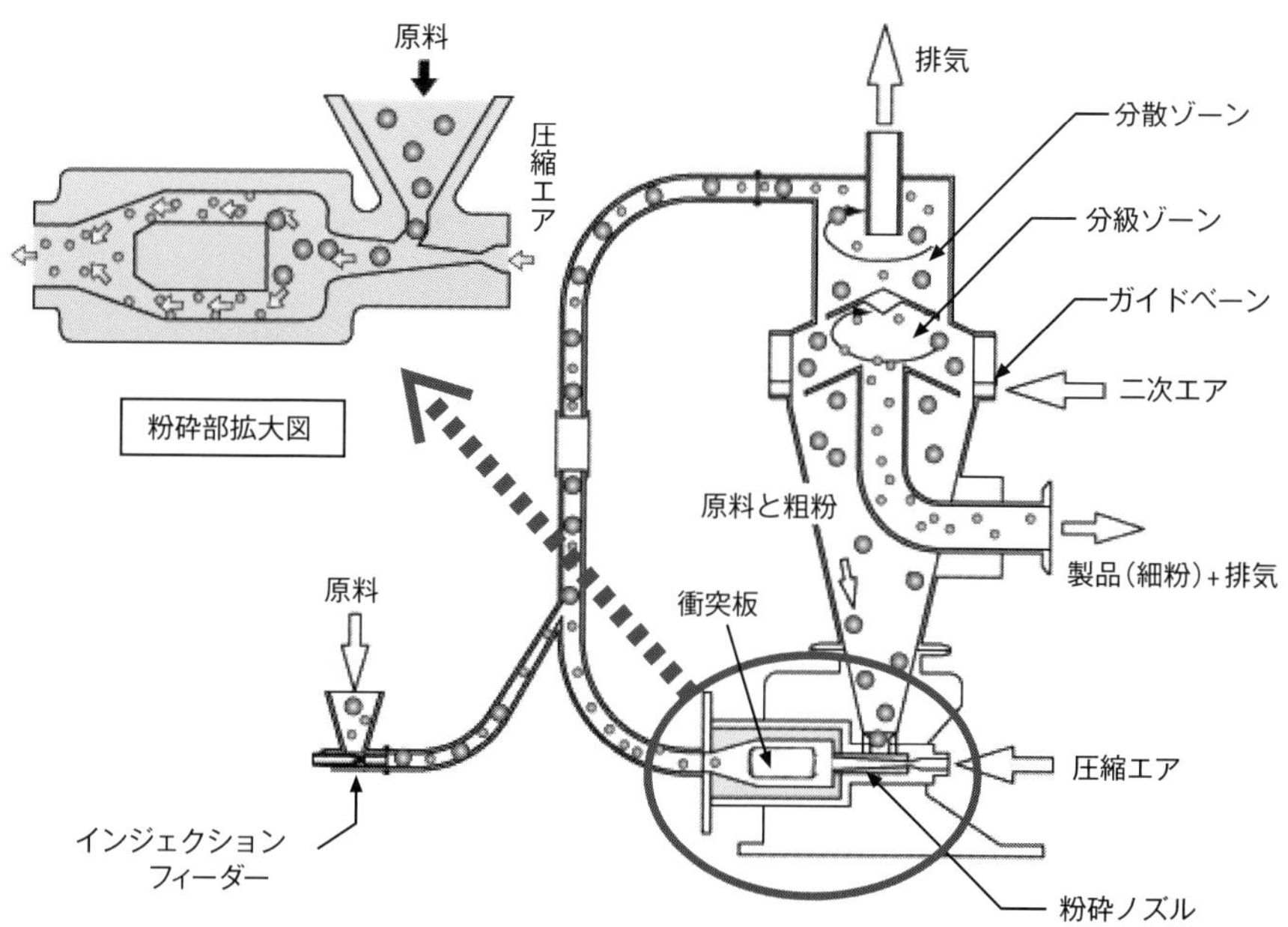

3 独自の製品領域で注目される米粉

これまで米粉は、米菓や家庭調理用原料あるいは団子や落雁などの和菓子原料として使用され、2010年の年間使用量は約22・3万t、そのうち、もち米菓10万t、せんべい12・3万t、これから大きな伸びは見込めない状況にある。こうしたことを背景に政府は、米生産の安定化や水田維持を図るために、主食用米以外の米を「新規需要米」と称し、パン向けの米粉用米、家畜向けの飼料用米などの生産拡大を図ろうとしている。

そのうち2020年度における米粉用米の生産目標は50万tで、これは輸入小麦500万tの1割に相当、食料自給率約1・4％アップというきわめて高い目標設定になっている。小麦に比べて割高の米をいかに低コスト生産できるか、また米粉にはグルテン形成機能がなく小麦粉代替としてパンや麺の原料とするには膨らみにくいなどの技術的ネックがあるが、この数年、これらの問題も解消されつつある。米の製粉・製パン技術や米粉用米品種の開発が格段に進み、米粉パンのほうが〝しっとり〟して〝のどごし〟がよいうえ、小麦アレルギーのような心配が少ないので、小麦粉製品の代替でなく米粉製品独自の領域が形成されつつある。[*12] これに伴い、米粉用米の生産量も伸びている。

7 8 米粉用米の市場規模の推移
（農文協『地域食材大百科』第6巻102pより）

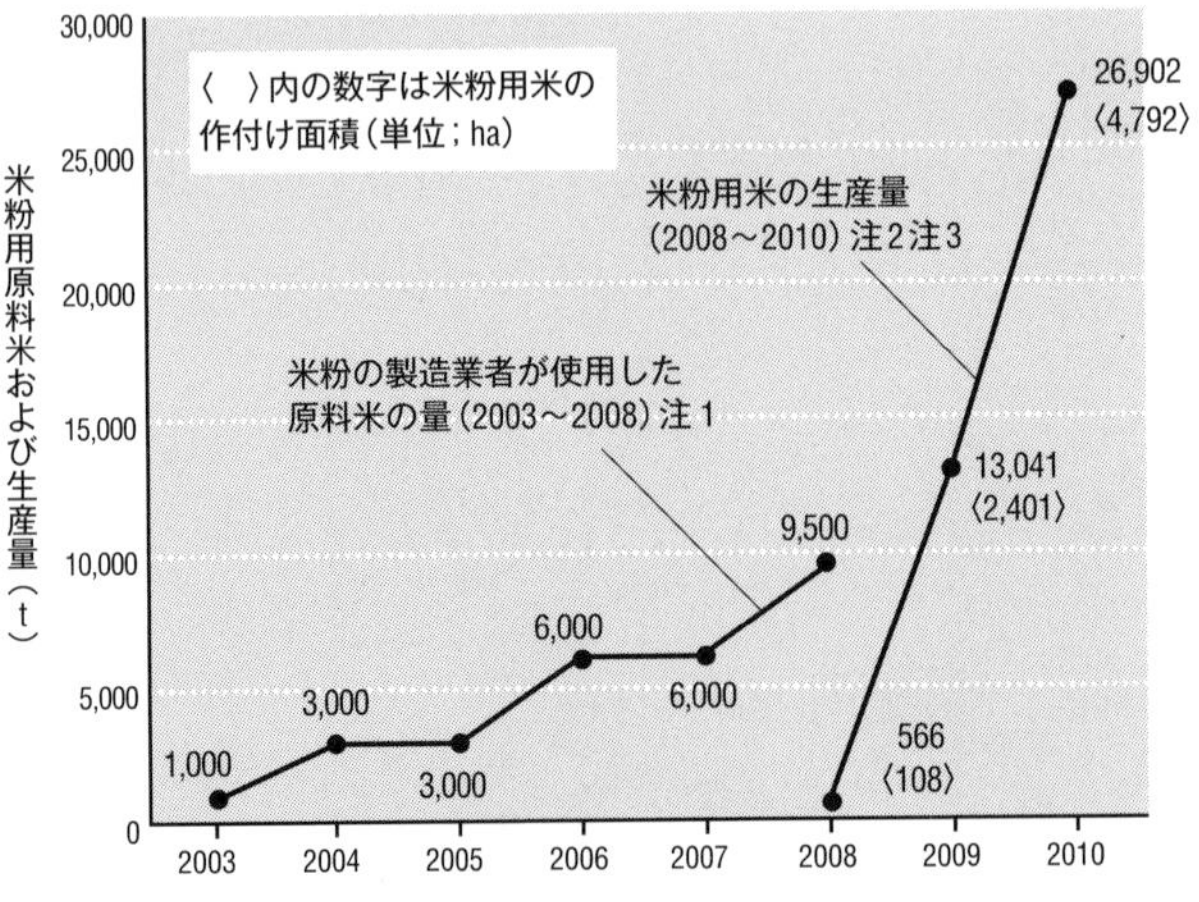

注1：地方農政事務所等による製粉業者などからの聞き取り
2：農林水産省調べ（新規需要米取り組み計画認定結果から抜粋）
3：2010年度は速報値。熊本、大分、宮崎、鹿児島は未集計

4 もっちり美味しい米粉パン製法

（1）グルテン添加パン製法　米粉にはグルテンが含まれず、製パンでは工夫が必要になる。[*2/13] 米粉とグルテン15～20%のミックス粉にマルトース、[*9] あるいは米粉とグルテンに天然酵母[*9]を添加して製パンするのがこの方法である。米粉比率が高いのでモチモチ感があり、生地の捏上げ温度や発酵時間に工夫が必要となる。米粉アミロース含有量との関係でみれば、「ミルキークイン」などの低アミロース米（含有率5～15%）で製パンすると、食感はしっとりしてモチモチ感が強いが、軟らか過ぎて腰折れ（焼き上げた食パンの側面が内側にへっこみ変形する、「ケービング」ともいう）する傾向にある。一方、高アミロース米（同25%以上）ではパン形状はしっかりしているが日数が経つと硬くなり、パサパサした食感となる。コシヒカリなどの中アミロース米（同17～23%）では腰折れせず硬くならず、しかもしっとり感やモチモチ感も

米の利用に新分野を開拓した米粉パン（写真：小倉かよ）

あり、グルテン添加米粉パンにもっとも適している。

玄米を24時間以上水浸漬後、気流粉砕した玄米粉（全粒粉）にグルテン20%添加した玄米パンは、白米パンよりも香りがやや劣るが、膨らみや食味・食感がよく、食物繊維、GABA、イノシトール、総フェルラ酸が3〜5倍に増える。[*14]

（2）米粉混成パン製法　パンの膨らみを維持するために、小麦粉に米粉5〜30%程度添加。小麦粉割合が高いので製パン性への影響は比較的少なく、大手パン工場で採用されている。発芽玄米粉を添加した発芽玄米パン[*15/16]や玄米粉を添加したパン[*17]などの製法特許もある。米ぬかには各種の成分が豊富に含まれるので、小麦全粒粉が特色ある小麦粉製品を生み出しているように、米全粒粉（玄米粉）にも美味しく食感のよい新製品の開発が期待される。グルテン添加米粉パンと同様に、米粉の割合が相対的に少ないので、アミロース含有率の影響は少ない。低アミロース米を用いても腰折れは少なく、モチモチ感が十分にある。また、21〜25%程度の高アミロース米でも加工直後ではパサパサ感や硬さに問題が少ない。

（3）100%米粉パン製法　小麦粉を使わずに粘弾性のある生地をつくるグルテンを含まない（グルテンフリー）方法である。その代わりに増粘多糖剤、例えばグアーガム、キサンタンガムなどが使われる。最近ではグルタチオン添加製法[*18]も開発されている。

一方、2002年、山形大学大学院ベンチャー・ビジネス・ラボラトリーが発泡スチロールや発泡ウレタンなどのプラスチック発泡技術を100%米粉パン製法に応用するのに成功。[*19]これは粘性の異なるプラスチックを混ぜ合わせ一定の粘りをもたせると、発泡スチロールや発泡ウレタンが生成できるという原理に基づいている。粘性の異なる米粉をブレンドすればグルテンがなくても粘りが出て生地を膨らませることができる。粘性の異なる米粉づくりは粉砕時の加熱でデンプンの分子構造を変化させることで可能となるようである。また、グルテンをまったく使わずに、アルファ化米粉やご飯を混ぜた米100%のパン製法[*20/21]も開発されている。

以上のように、製法によって適するアミロース含有率が違うので使い分けが必要になる。

5 米粉に適した品種と粉質米

米粉用米に求められる特性は、パンや麺などへの加工適性が高いことや、多収穫米で直播などの低コスト栽培に適すことが上げられる。米麺は中国や東南アジアでは消費量も多く、調理法も多岐にわたっている。その代表的なものがビーフンで、インディカに多い高アミロース米が使われている。わが国で開発されている最近の米粉用品種[*22]や粉質米は以下の通りである。

（1）「越のかおり」[*23] ジャポニカで高アミロース米である。白米中のアミロース含量が33%、コシヒカリより15ポイントも高い。米粉100%の製麺が可能で、麺線の付着性が少なく弾力性がある。高アミロース米は一般にインディカが多いが、この品種は短粒種であるので選別・精米などに市販機がそのまま利用できるなどの利点がある。

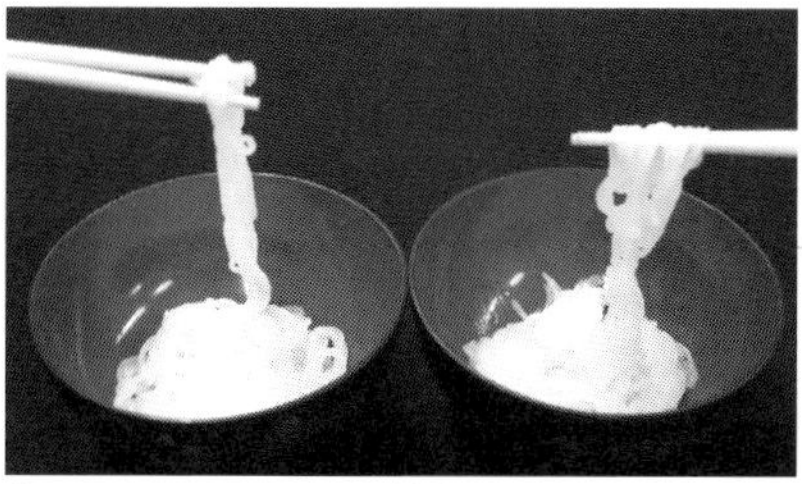

越のかおりでつくっためん（左）
（中央農業研究センター北陸研究拠点提供）

（2）「北陸193」 インディカで米粉パン用の多収穫米である。2008年に新潟県下JA管内の栽培実証試験では粗玄米収量が最高1094kg/10a、農家の平均実収量でも791kg/10aの高収量が得られている。ちなみに同年の普通玄米の全国平均収量は530kg/10a。米粉パン製造のネックである原料米価格を低減できる可能性が高い品種として注目されている。この米粉にグルテンを20%添加すると高い製パン適性が得られる。[*24]

（3）「ゆめふわり」[*25] 米粉パン用品種として育成された「ゆめふわり」は、損傷デンプンの割合が少なく、粒径が小さくて粒度分布範囲が狭いので製粉性に優れる。これまでの品種よりも「やわらかく」「しっとり」「もっちり」した食感のよい米粉混成パン（小麦粉に米粉を1～5割混合でも可能）が作れる。

出穂期・成熟期、収量性は「あきたこまち」とほぼ同等、稈長が短く倒れにくい特性がある。また、あきたこまちに比べアミロース含有量は10%ほど低く、玄米が白濁し、タンパク質組成ではグルテリンやグロブリンが少なく、プロラミンが多いのが特徴である。耐冷性が〝弱〟であるため、栽培適地は東北中南部、北陸および関東以西、今後の米粉普及への貢献が期待されている。

（4）「こなだもん」 湿式気流粉砕をすると、主食用品種より粒径の小さい米粉（平均粒径34・8㎛）になり、デンプン損傷割合（2・1％）が少ない。このため、膨らみがよく（米粉80％＋グルテン20％で比容積4・17㎖／g）、形崩れしにくい米粉パンが製造できる。主要な栽培特性は西日本で広く栽培されているヒノヒカリに近く、収量もほぼ同程度。標高が高い地帯を除く、西日本の広い地域での栽培に適している。[26]

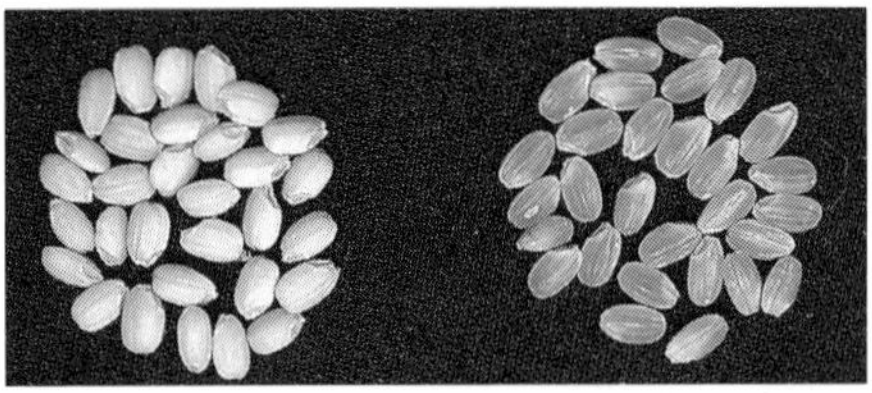

ゆめふわり　あきたこまち
（東北農業研究センター提供）

ほしのこ　ほしのゆめ　はくちょうもち
（北海道農業研究センター提供）

（5）粉質米

粉質米には、胚乳中心部が白濁する心白（眼状）から全体が白濁する乳白までがある。粳《うるち》米の突然変異であり、白濁米は遺伝的に育成することが可能な段階にある。また、イネ生育中の環境要因によって白色不透明部が生じる場合もある。その原因は、普通米（整粒）の胚乳が多面体状デンプン粒で密に蓄積されているのに対して、粉質米では球状デンプンが粗に蓄積されるため、その隙間で光が乱反射して濁って見える。[27] この隙間構造がデンプン粒の離れを容易にし、製粉法が違っても損傷デンプンを少なくする原因になっている。[28] また粒径の多くが30㎛以下と細かくなるので、乾式製粉でも加工性のよい米粉ができる可能性があり、安価な製粉が期待される。

ところが、一般的に粉質米は胚乳が軟らかく砕けやすいために精米歩留が70％程度にまで下がり、ロスが増える弱点がある。このため、粉質米は白米粉でなく玄米粉に適しているとの声もあるが、一方、粉質性と精米歩留に優れる多収性品種「ほしのこ」が開発され、白米製粉の可能性が高まっている。[29]「ほしのこ」は玄米外周が硬い層で形成されているために、歩留りが高くなる。今後はこれを母本にした粉質米の品種改良がいっそう進むと見られる。

高アミロース米の新規ゲル食品素材製法への期待

軟らかいゼリー状から高弾性のゴム状までの多様な物性のゲル状食品素材の製法が、（独）農研機構食品総合研究所によって開発されている。[*30] この製法は高アミロース米を製粉せずに粒のまま水を加えて炊飯・糊化し、温度制御しながら高速撹拌してダイレクト糊化するので、加工工程が簡略化できる（図7-9）。加水量を調整すればプリン、ムース、クリーム、パイなどの食素材に物性制御でき、多様な食品製造が可能になる。

例えば、シュークリームではシューとクリームの両方を、小麦粉を使わずに高アミロース米（品種モミロマン）で代替できる。また、卵や油脂などの使用を減らした洋菓子にも使えるので、脂質食素材の代替となり、しかも低カロリー化（ダイエット効果）も図れる。さらに、モチモチ感のある米麺、餅様食品にも使える。これまで飼料用として開発されてきた高アミロース米が小麦の代わりになるので、その波及効果はきわめて大きい。小麦アレルギーが多い外国人にも朗報となろう。また、高アミロース米はもともと高収量で栽培しやすくコスト低減も見込める。主食用米と競合しないので休耕田などでの作付けにも適している。現在使われている「モミロマン」以外の飼料米品種（夢十色、北瑞穂、越のかおり）なども同様に使えるであろう。実用化にあたっては、ゲルが強付着性であるために機械・装置で取り扱いにくいことや、多水分であるために保存性・流通性の改善などが必要となろう。今後は官民連携による新製品の開発が期待される。

7-9 ダイレクト糊化による加工工程の簡略化

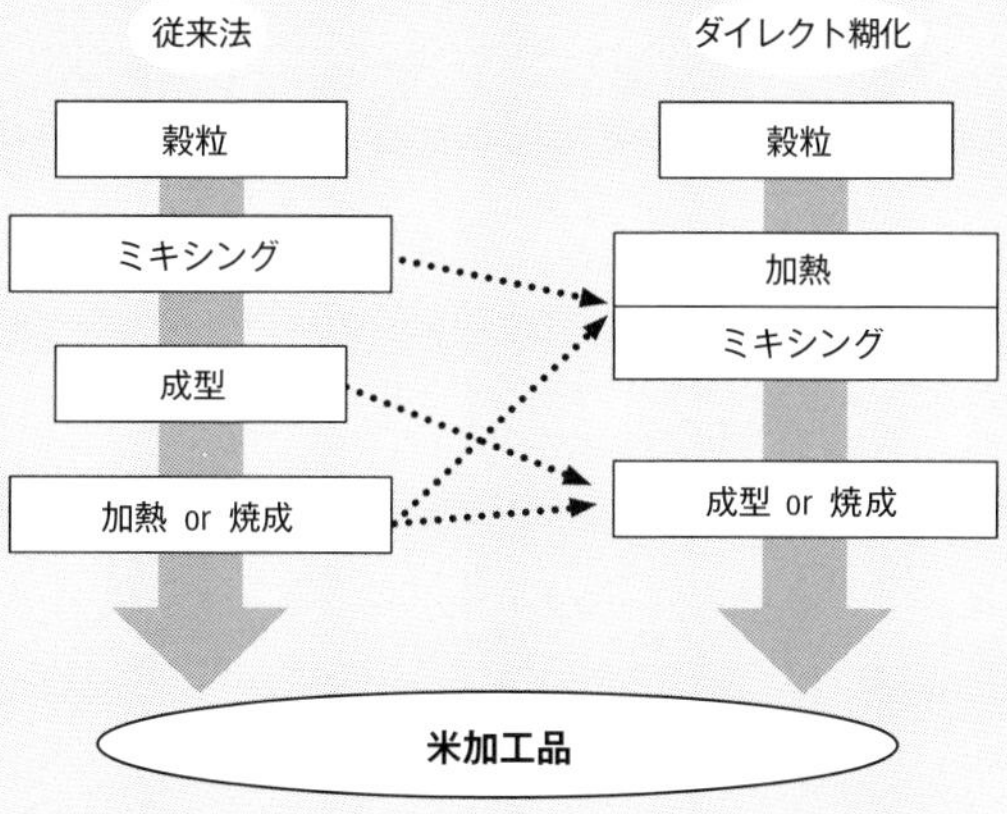

6 伸びる飼料用米

年間目標生産量（長期見通し）449万tとも

わが国でもっとも消費量が多い穀物はトウモロコシ、意外にも米の1・3倍程度になる。日常的にはそれほど実感がないが、家畜用エサとして畜産物を通して間接的に消費しているのである。トウモロコシはほとんどが輸入、そのため穀物自給率は28％程度と低い。政府はこのトウモロコシの代替として、飼料用米の増産を奨励している。飼料用米の生産量（作付け面積）は2008年度が8020t（1410ha）、12年度が18万3431t（3万4525ha）で20数倍に増えている。他方では、飼料用米の主食米への転売（飼料用米として主食用米と同じ品種を作付けするなど）、助成金目当ての「捨てづくり」などが生産現場で問題になっている。政府の年間目標生産量（長期見通し）は449万t（採卵鶏用約20％、ブロイラー用約50％、養豚用約15％、乳牛用約10％、肉牛用約3％）という、これまでにない大胆な数値目標が聞かれる。現在、生産量が多いのは九州で、畜産農家とイナ作農家の関係が強いのがその一因と見られる。

水田農業最後の切り札として期待

飼料用米増産の背景には、単に飼料穀物自給率の向上だけでなく、飼料穀物の国際価格の高騰、国産主食用米の需要減、有効利用が見込めない耕作放棄地や減反田の対策、TPP（環太平洋パートナーシップ協定）参画による外圧などがある。また、飼料用米生産はイナ作農家がこれまでの栽培技術や経験を活かしやすく、既往の機械や施設をそのまま共用（コンタミ防止が必要）できるので新規投資が要らないことなども、増産を後押ししている。過去にも米の飼料化が検討されてきたが、今回の飼料用米への転換は水田農業の最後の切り札として期待がかかる。2014年には飼料用米の検査規格（表7❶）も制定された。しかし、現在の飼料用米の奨励策は国の財政負担増に直結、赤字財政下ではその継続性の担保がまず必要となろう。

同時に、画期的な技術革新によって生産性向上を示すことが重要になる。安い輸入飼料穀物に対抗できる超低コスト技術システムの確立が急務である。単収のさらなる増加、直播導入による超省力化、堆肥など安価な資材の投入、機械の汎用利用による生産コストの大幅低減、畜産農家との広域連携など、大胆な技術革新が求められる。

現時点での飼料用米の技術指針が、「飼料用米の生産・給与技術マニュアル、2013年版」*31として（独）農業・食品産業技術総合研究機構から公表されているので、その要点を以下に示す。

品種選定と栽培管理

飼料に用いる品種は多収であることが第一、良食味や高品質は二義的である。高収量の実現にはチッソ多投に耐える高い耐倒伏性（とくに直播栽培）が求められ、農薬コスト削減のためには広範な耐病虫性も重要になる。表7❷にこれまでに開発された有望な地域別奨励品種を挙げる。

選定品種の粗玄米収量は700～900kg/10a、食用品種に比べ2～3割多収、なかには4割の多収品種もある。耐倒伏性も北海道向け品種「きたあおば」以外は高く、草型は穂重型、脱粒性は主食用並み、縞葉枯病

7 ❶ 飼料用米の農産物検査規格（農林水産省 2015、漢字・仮名表記を一部変更）

<table>
<tr><th colspan="3">種類</th><th colspan="2">飼料用籾</th><th colspan="2">飼料用玄米</th></tr>
<tr><td rowspan="8">品位</td><td colspan="2">等級区分</td><td colspan="4">合格</td></tr>
<tr><td rowspan="6">最高限度</td><td>水分</td><td colspan="2">14.5%</td><td colspan="2">15.0%</td></tr>
<tr><td>被害粒</td><td colspan="4">25%</td></tr>
<tr><td rowspan="3">異種穀粒</td><td>麦</td><td>1%</td><td>籾</td><td>3%</td></tr>
<tr><td rowspan="2">玄米および麦を除いたもの</td><td rowspan="2">1%</td><td>麦</td><td>1%</td></tr>
<tr><td>籾および麦を除いたもの</td><td>1%</td></tr>
<tr><td>異物</td><td colspan="2">2%</td><td colspan="2">1%</td></tr>
<tr><td colspan="2">規格外</td><td colspan="4">合格の品位に適さない籾および玄米であって、異種穀粒 および異物を50%以上混入していないもの</td></tr>
</table>

1) 銘柄（産地・品種）は設定しない
2) 等級区分は「合格」、「規格外」の2区分とする
3) 被害粒は「発芽粒」、「病害粒」、「芽腐れ粒」に限定する

7 ❷ 飼料用米の地域別奨励品種

地域	奨励品種
北海道	きたあおば、たちじょうぶ
東北	べこごのみ、みなゆたか、いわいだいら、つぶみのり、ふくひびき、つぶゆたか、べこあおば
北陸・関東～近畿・中国・四国	なつあおば、夢あおば、ゆめさかり、タカナリ、ホシアオバ、もちだわら、北陸193号、モミロマン、クサホナミ、クサノホシ
九州	ミズホチカラ、モグモグあおば

＊（独）農研機構「飼料用米の生産・給与技術マニュアル〈2013年版〉」より作成

抵抗性は高い特性を備えている。屑米は食用よりも全般にやや多いが、屑米もエサ、問題にはならない。また、飼料用米は多収性と消化性に優れる必要があるが、耐倒伏性を強化するリグニンは消化性を低下させるので厄介である。

ところが、これを解消できる強稈性と低リグニン性を両立する最強の稲、「リーフスター」の遺伝子が発見され、台風でも倒伏しないと報じられている。低リグニンでありながら強稈性を保持できるのは、稈の細胞壁を構成するセルロース、ヘミセルロースが高密度に存在すること、すなわち稈の外周部、皮層繊維組織の発展が良好で、二次壁が厚いことや内側にある柔組織細胞の一次壁も厚いことが理由にあげられている。[*32] この形質は飼料用だけでなく、食用やバイオマス用新品種の開発にも途を拓く画期的な成果である。

以上のように技術開発は進んでいるが、実際の飼料用米の単収（2013年度）は480kg／10a程度、主食用米の全国平均530kg／10aにも及ばない。いわゆる「捨てづくり」の横行や「横流し」の疑いがあり、技術だけでは解決しえない問題も抱えている。

超多収・低コストへの技術課題

栽培管理では多収量と超低コスト化が要点になる。まずは圃場条件や収穫物の搬入先の条件などを勘案して作期や作型を設定する必要がある。移植栽培では飼料用米はインディカ系統が多いので、休眠打破処理、大粒種の場合の播種機の播種量調節、育苗時の浸種水温・時間、出芽時やそれ以降の温度管理に留意が求められる。

肥培管理では、倒伏させずに多収とタンパク含量の増加を目指すチッソ増肥（食用米の1・6～2倍：6～7・5kg／10a）や、化学肥料に替わる家畜糞・堆肥の活用などによって籾数を確保し、粗玄米収量800kg／10a以上（食用品種の30～60%増）の安定栽培が当面の目標となろう。雑草・病害虫防除では登録農薬の使用基準に従い、とくに籾米（籾のこと、以下同じ）給与では残留農薬リスクを考え出穂後散布を控える。収穫は圃場立毛乾燥に努め、乾燥コストを低減する。食用米への異種混入防止や圃場落下種子対策も必要になる。また超低コスト化に向けた直播栽培、株間を広げた疎植栽培なども早急に取り組むべき課題となろう。

7 飼料用米の調製加工技術

破砕用機械の種類と特性

飼料用米の加工調製には主食用米と同様に収穫乾燥する方式と、収穫した生籾や乾燥籾に加水後密封してグレンサイレージ調製する方式がある。籾がらは難消化性で玄米も表皮で覆われており消化されにくいので、牛や豚には破砕処理などが必要になる。鶏などの家禽には砂嚢があるのでその必要がない。破砕用機械には次のようなものがある。

(1) 飼料用米破砕機　(独)農研機構と農機メーカーによって専用機が開発されている。[*33] 主要部はV溝型ツインローラで（図7 10）、ローラ間隙の調整で破砕粒度を変える。処理能力は2~3t／h、動力はエンジン（7・5kW）とモータ（8kW）の2仕様がある。

(2) インペラ式脱ぷ破砕機　2連式インペラ式籾摺機で、1段目の脱ぷファンで籾摺し2段目の破砕ファンで玄米を縞鋼板に衝撃させて破砕する。高水分籾まで破砕処理ができる。

(3) ライスカウンター　破砕機上部に載せたフレコンバッグ（底面開口）から乾燥籾米を破砕部（フリーハンマー24枚の高速回転機構）に供

7 10 破砕部（V溝型ツインローラ）の概略

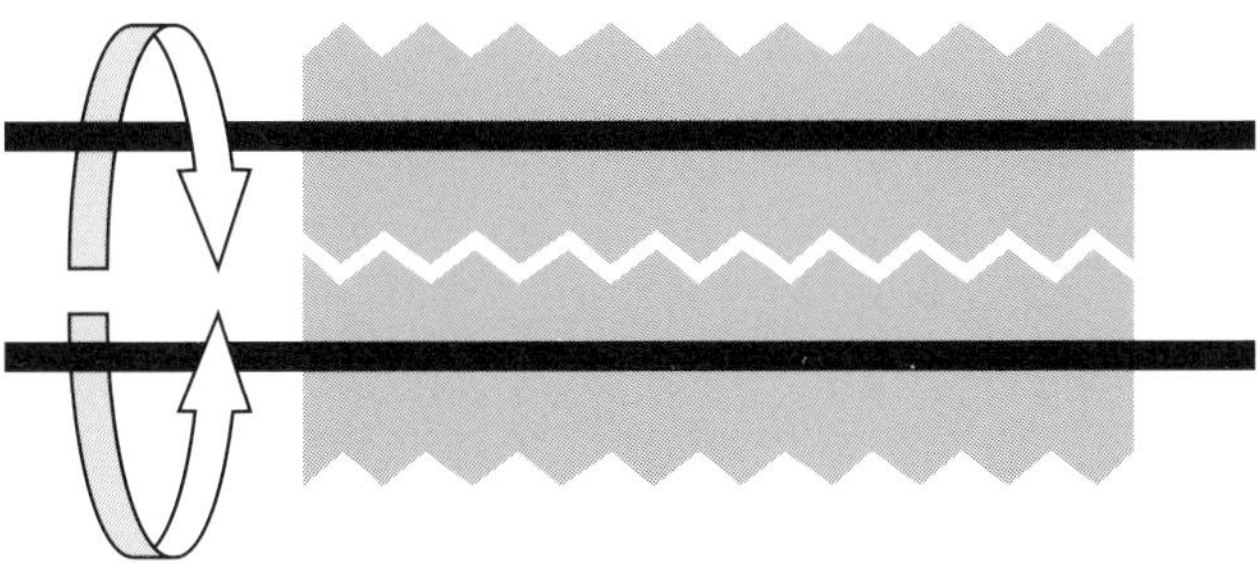

＊（独）農研機構「飼料用米の生産・給与技術マニュアル〈2013年版〉」一部抜粋

給して砕く。サイレージ調製では加水ノズルで水と乳酸菌を添加する。酪農家による開発機で処理能力は300〜600kg／hである。[*34]

(4) 米挽割り機（クラッシュマスター） 従来のゴムロール式籾摺機の主軸と副軸に、横溝と縦溝を刻んだ鉄製ロールを取り付け、玄米を挽割りする。

(5) 籾がら膨軟処理装置 米麦共同乾燥施設に設置されているプレスパンダーなど（全国に約700台設置）を活用した籾米サイレージ調製システムである。[*35] 1軸スクリュー刃で籾や玄米を圧縮・破砕する。

(6) 圧ぺん処理装置 飼料加工工場の押麦製造用圧ぺん処理装置を活用する。圧ぺんされた籾米は多くの籾がらが剥離され、玄米が扁平破砕される。蒸気で加水・加熱すればデンプンがアルファ化して消化性が向上する。

(7) 市販機（コンバイン・乾燥機）の活用 コンバインの高速脱穀により籾がらに損傷を与えやや高温で乾燥すると、乾燥速度が大幅に加速され重胴割れ粒が急増する。脱ぷが簡単でしかも米粒は咀嚼中に容易に砕けることが観察される。新たな投資も要らず、さらなる研究の進展が望まれる。

乳酸菌添加で良質グレインサイレージに

次に、籾米を水分調整し、密封してグレインサイレージ調製する方式である。糊熟期〜黄熟期の軟らかい籾米（水分約30％）を調製する「ソフトグレインサイレージ（SGS）」は、コンバイン収穫籾をインペラ式籾摺機で破砕して籾がら剥離粒を増やし、コンテナバッグなどに密封して乳酸発酵させる。発酵品質や消化性は良好で濃厚飼料として給与でき、また市販のコンバインや籾摺機を兼用できる利点がある。[*36] しかし、最近ではSGSよりもさらに良質サレージを安定調製できる方法[*37]が開発されている。これは成熟収穫籾（水分25％前後）を破砕後、乳酸菌を添加しながら水分約30〜35％に加水してサイレージ調製するものである。水分ムラが少なく作業が迅速に行なえ、高水分で水分ムラがあるために乳酸発酵が不安定になりやすいSGSよりも、良質なグレインサイレージ調製ができる。

8 家畜への飼料用米給与による品質向上

(1) 牛への給与　反芻動物である牛は消化管の通過速度が遅いので、籾がらは繊維性飼料としての効果が期待できるが、消化性が悪くなるので除くほうが好ましい。また、同じように消化を妨げる玄米表皮の粗挽きや挽割りなども必要になる。これらの処理をしないと不消化米が排泄物中に観察される。

デンプンは蒸気圧ぺんや粒度2㎜以下の破砕処理で、消化率やTDN含量（可消化養分総量）が高まり、利用効率が高まる。ルーメン（第一胃）内の分解速度はトウモロコシよりも速く、大麦並みに高い。

乳牛では泌乳前期には体調観察をしながら、破砕籾米や破砕玄米を市販配合飼料の25％（乾物）程度まで代替しても産乳性にとくに差異がないようである。泌乳中・後期では問題なく同等の産乳性がある。

肉用牛では、肥育全期間にわたり市販配合飼料の25％を代替でき、肥育後期にはTDN換算で配合飼料の30％を破砕籾米で代替しても良好な肥育成績が得られている。適切に飼料設計すれば、籾米なら40％、玄米なら50％を配合飼料に混合しても問題がない。

(2) 豚への給与　豚は単胃であるため消化管の通過速度が速く、給与前に細かく粉砕する必要がある。トウモロコシやマイロを粉砕飼料用玄米で50％代替しても、皮下脂肪内層の脂肪酸組成の割合をみると、オレイン酸が増えリノール酸が減り、肉質が向上する。消化管が未熟である離乳期子豚に粉砕飼料用米を給与すると、消化酵素の活性が高まり、日増体量が増え下痢発生が減り、飼料用米はトウモロコシよりも優れた飼料原料となる。[*38] ただ品種や栽培法によって栄養価やアミノ酸の消化率が異なるので、豚への給与ではそれらのチェックが必要になる。

(3) 鶏への給与　鶏などの家禽には砂嚢があるので、未粉砕でも摂取量に差がなく有効に利用できる。採卵鶏では栄養素のバランスを調整すれば、産卵成績（産卵率、卵重、飼料摂取量、飼料要求率）に影響がなく、トウモロコシ代替が可能である。だが、籾米では飼料中の脂肪の配合割合に留意する必要がある。また、代替率が高くなると卵黄色が薄くなるが、パルミチン酸やオレイン酸の含量が増加し、二価不飽和脂肪酸であるリノール酸（n-6系）含量が減少する傾向を示す。一方、脂肪酸バランスはドコサヘキサエン酸系のn-3系含量が変化しないことからn-6／n-3比が低下して、健康によい鶏卵生産が可能になる。さらに、オレイン酸は風味に影響するので、トウモロコシ主体の飼料との差別化も期待できそうである。

肉用鶏でも採卵鶏と同様にトウモロコシとの代替が可能であるが、肥育期間が短くカロリー不足の影響が出るので、飼料中の脂肪の配合割合に留意が必要とされている。飼料用米のみの給与では鶏肉の色が薄くなるが、歯ごたえとコクのある肉質になる。籾米での代替はトウモロコシの半量ぐらいが適当なようであるが、糞が乾きやすいなどのメリットがあり、さらに代替割合を増やせないか検討がなされている。

世界の超多収米の記録

飼料用米では低コスト生産が必至であり、超多収が大前提になる。はたしてそれが可能か、世界のこれまでの高単収例を整理した報告（吉永：農産物検査とくほん、194、50-56、2015）によれば、海外では中国・雲南でジャポニカのハイブリッド品種で1500kg／10a（粗玄米収量、以下同様）、エジプト・ナイルで1200kg／10aの記録があり、生育期間中の平均日射量は、雲南で18～20MJ／m²／日、エジプトで26MJ／m²／日と高かった。わが国の記録は971～1173kg／10a、そのときの日射量は15～18MJ／m²／日、日射量に比べて多収が得られたのは、多収品種と多肥栽培を組合せた結果であると考察されている。多肥でも倒伏し難いように、穂数を減らす穂重型にして茎を太く強くする、籾数と千粒重を増加させるなどが要点としている。良食味をねらう主食用米と違い、多収には、肥料の穂と茎葉への分配率を考えた品種選択、適期の肥培・水管理、病害虫防除などとともに、稲作への総合的な高い知識や経験が求められよう。

第8章

米ぬかと籾がらの利活用、いろいろ

1 米ぬかの活用

流通量は約60万t、多いのは米油用

玄米に占めるぬか（胚芽も含む）の重量割合は9～10％、最近の玄米の国内年間生産量は約750万t、米ぬかは毎年70万t前後が産出されている。そのうち、売買用として出回るのは約60万t、主な用途は米油（「米ぬか油」とも呼称、日本農林規格では「こめ油」で表示）に約30万t、家畜飼料に約20万t、そのほか、エノキ・シメジの培地、漬物用、肥料、水田雑草防除資材などに使われている。

米ぬかを食材化するための加工法とぬか製品を類別すると、図8−1のようになる。このなかでもっとも多いのが、生ぬかの脱脂による米油とその残渣である脱脂ぬかである。米油は原料が国内で賄える唯一の植物油、輸入に頼る他の植物油と大きく異なる。国内植物油の供給量は254万t（2010）、米油は菜種油、パーム油、大豆油に次いで第4位であるが、供給割合では3・5％程度と少ない。5、6位はゴマ油、オリーブ油である。

自給できるのに輸入されている米油

米ぬかから搾油できる原油量は重量比で約20％の約6万t、精製油（食用米油）となるのはその約65％の4万t程度、原料玄米からみれば米油は僅か0.5％程度の産出割合になる。米油の国内需要は多いが、原料米ぬかの不足により生産が追い付かない。本来自給できるにもかかわらず、毎年原油約3万t（2010）が東南アジアなどから輸入されている。これには、①米減反に伴うぬか生産量の減少、②国内での他用途との競合、③調達先の精米工場（所）の分散、④ぬかを大量集荷・運搬・分配する流通業がない、⑤生米ぬかがきわめて酸化しやすい、などによる。また、米油は原油中の脂肪酸やワックス等を取り除くのに高度な技術が必要になることも、技術上の制約になっている。今後、増産が見込まれる米粉用米の米ぬか活用、精米直後の酸敗処理、CEやRCなどで行なえる簡便な米油製造技術の開発はできないのであろうか。なかでも、戦後に乱立した米ぬか油

製造所は政府の奨励が縮小するに伴い衰退したが、そのときの製油技術を今日の先端的技術で見直せないか、検討する余地があるように思う。トレサビィリティー付きの地域ブランド「米油」の開発である。

脱脂ぬかは餌用にまわる

一方、搾油残渣である脱脂ぬかは大部分が家畜飼料に回されている。脱脂ぬかを炭化して餌に混ぜると、糞の消臭効果がある（山形県養豚試験場）。最近、養殖魚の餌に脱脂米ぬかを与えた研究で、ぬかに含まれるγ-オリザノールが糖質・脂質代謝を促進してアミノ酸の体内蓄積を高め、魚の増体量向上と健康的成長促進などが認められている。[*1] 魚に限らずペットフードにも応用できる可能性があり関心を集めている。

ぬかそのものを食材にする

エサ用以外にも食材化する場合、生ぬかには100万〜1000万個／gくらいの微生物（大腸菌を含む）が寄生しているので、殺菌と酸敗防止のための急速安定化処理、並びに消化・吸収がよくない硬くて粗いぬか粒子の微粉化処理（油脂分が多くて難しい）や食味改善な

8 1 米ぬかの食材化のための加工法とぬか製品の種類

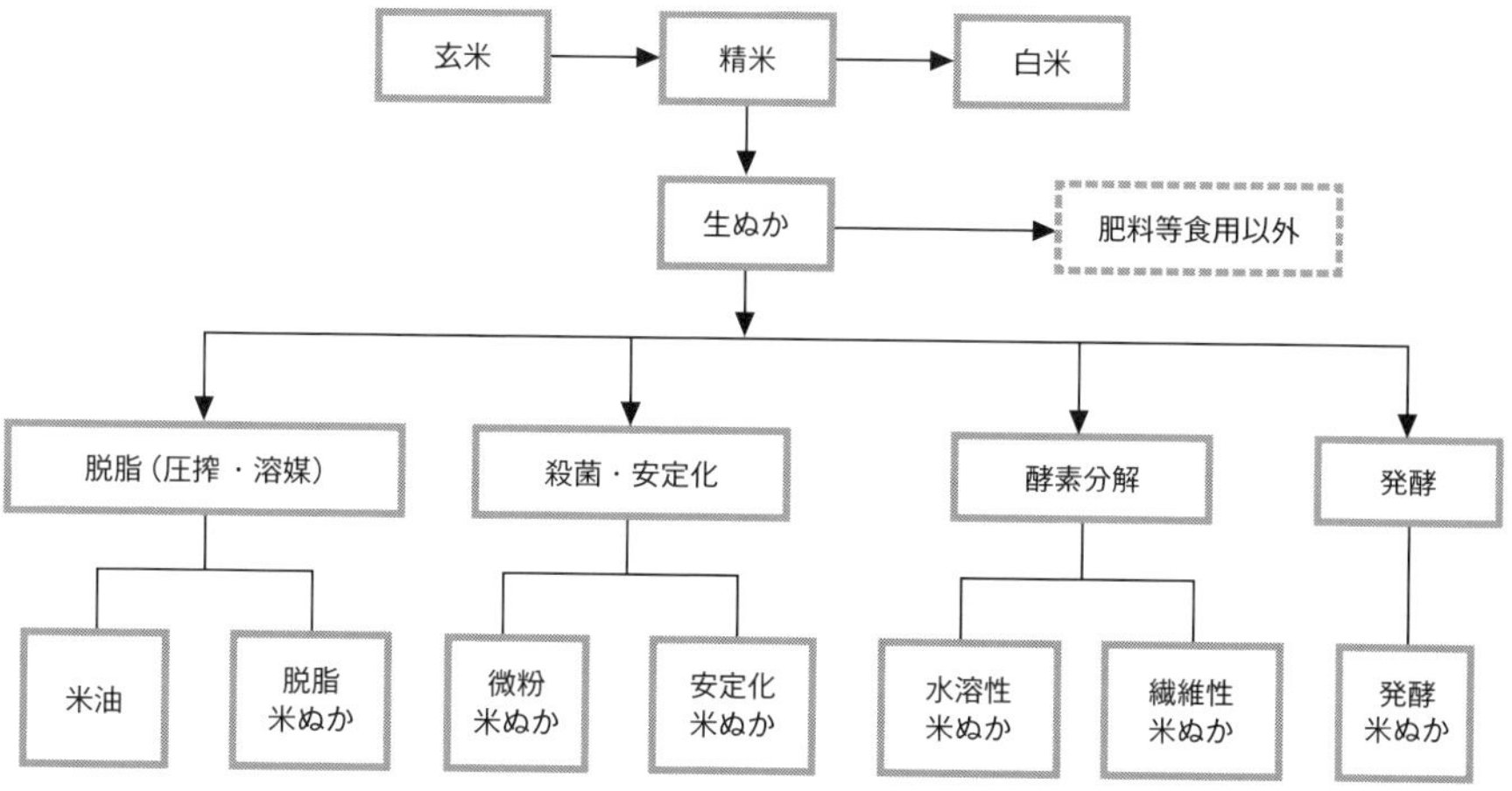

どが必要になる。

米ぬかは酵素分解し、米ぬかタンパク、米ぬかペプチド、米ぬかタンパク抽出残渣に画分して、米ぬかすべてを可食化するための技術開発が築野食品工業㈱や和歌山工業技術センターで進められている。このなかで、米ぬかタンパクは大豆タンパクと同等の栄養価がある、米ぬかペプチドは大豆ペプチドより低分子の割合が高くラット摂食で脂質が低下する、米ぬかタンパク抽出残渣にも排便促進作用や抗酸化作用がある、などが報告されている。また、これらを食素材にした製品開発も進み、水溶性製品はアイスクリーム、チョコレート、たれ、ドレッシング、健康ドリンク、サプリメントなどに、不溶性製品はクッキー、シリアル、ふりかけ、カレー、ハンバーグ、パスタ、パン、うどん・そば、糖尿病食、サプリメントなどに利用されている。

食材以外での利用法

そのほか、食材以外では米ぬかは古くから石鹸、床のつや出し、ぬか床、肥料、雑草抑制材などに、近年では化粧用、工業用素材として使われている。最近ではぬかの高機能性成分抽出物がガンや動脈硬化等に有効とする健康機能情報もあり、これらの科学的検証が進めば、米ぬかの魅力は飛躍的に拡大しそうである。

これらを受け、普通玄米よりもぬか収量が高い米品種、すなわち油含有量の多い糊粉層と胚盤貯油組織が大きく、脂質合成や集積効率が高い品種、また加工上のネックである脂質酸化を招く酵素（リパーゼ）を失活させた品種などの開発研究が始まっている。[*2] 米ぬかが副産物から主役になる日の到来もそう遠くはなさそうである。

胚芽部分が普通米よりも数倍ある巨大胚芽米は、ぬかがたくさんとれる
（堀末登氏提供、『食品加工総覧』9 口絵3p より）

2 酸敗防止、24時間以内の搾油が奨励

米ぬかは他の植物油原料よりも油脂分解酵素リパーゼを多量に含み、遊離脂肪酸量が多く、酸敗しやすい。玄米状態では表皮があり、ぬかが酸素に直接触れることがなく比較的安定しているが、表皮が剝がれると酸敗が急速に進む。

脂質の劣化を示す酸価（AV：Acid value）は、油脂1g中の遊離脂肪酸を中和するのに必要なKOHの㎎数で表わされ、米油業界では25以下が目安になっている。生ぬかのまま常温で放置すると、数時間で酸敗が始まり、5日目にはAVが35に上昇し、不快臭で食用に適さなくなる（図8-2）。このため、業界では生ぬかは早く酸敗防止処理して24h以内の搾油が奨励されている。例えば、70℃以上の2分間の加熱処理で酵素失活と水分低下によりAVは20前後になり、1年程度保存できる安定化米ぬか（Stabilized Rice Bran：SRB）になる。[*3] この加熱処理条件についてはぬかの用途によってはさらに厳しく、100℃-30分間程度ともいわれている。また、酵素失活と殺菌もできる過熱水蒸気法（SHS法）も開発され、生菌数が300個/g以下に抑えられている。[*4/5] これらの酸敗防止処理は、精米工場の精米ラインでぬか排出直後に行なえば、ぬかの用途がさらに拡大するであろう。

8-2 加熱処理ぬかの酸価（AV）の推移（石崎ら 1998）

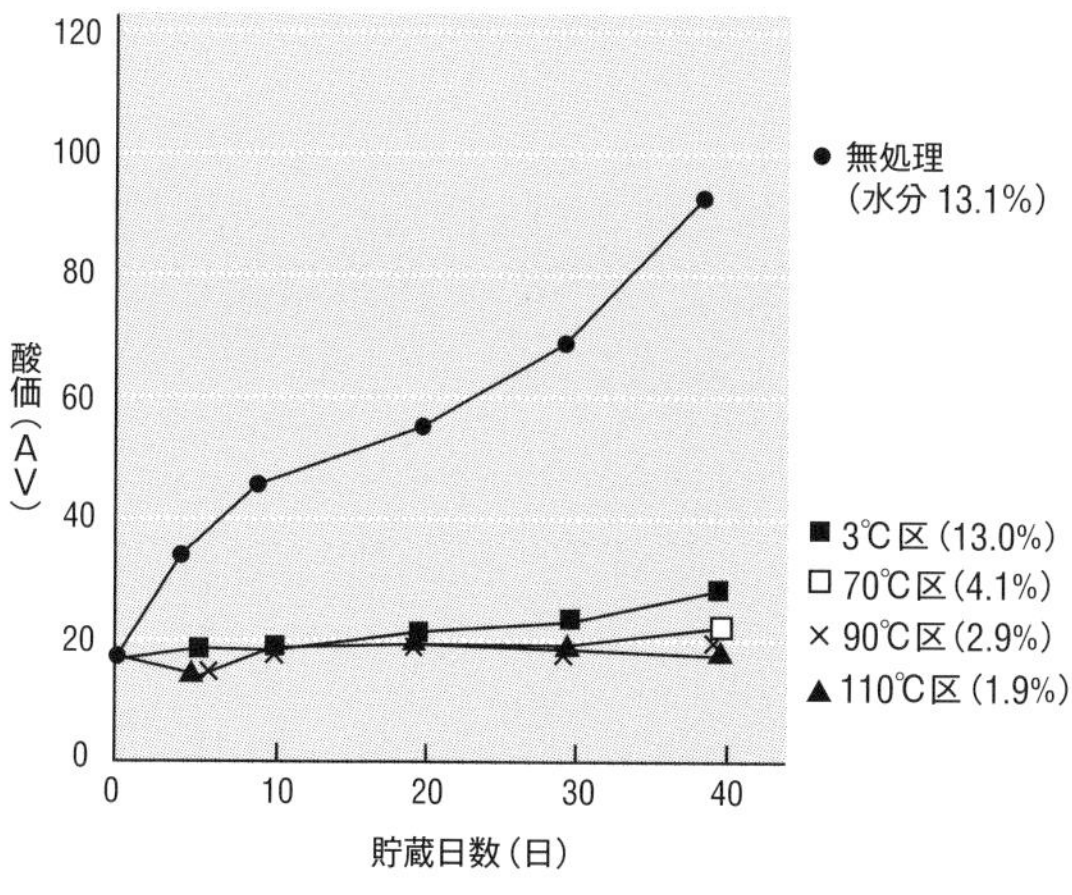

1）3℃区は低温保存
2）70、90、110℃区は設定温度に達してから2分間処理して35℃保管

3 米油の製法、その特徴

米油の製造工程は図8❸のように、大きくは搾油と精製とに分かれる。

搾油工程では加熱したぬかを機械圧搾し、油分を搾る。脱脂ぬかに残る油は、有機溶剤のヘキサンで抽出した後に蒸留（脱溶剤）して米原油に戻す場合もある。

一方の精製工程は脱ガム、脱ろう、脱酸、脱色、ウィンターリング（油を冷まして凝固するロウ分を除く）、脱臭の工程からなり、各工程で特有の副産物と高機能性成分が単離される。脱ガム工程では多くのガム質が含まれているので、水を加えてガム質を分離し、レシチンなどを抽出する。脱ろう工程では常温（20〜25℃）で析出する高融点ワックスを米ぬかワックスとして取り出す。脱酸工程では多量の遊離脂肪酸、不ケン化物（γ-オリザノールなど）が含まれているので、リン酸や水酸化ナトリウムなどを加え、遊離脂肪酸、γ-オリザノール、フェルラ酸、微量の重金属などをソープストック（油さい）として取り除く。脱色工程では活性白土等を加えて色素を、ウィンターリング工程では10℃以下の低融点ワックスおよび固体脂肪を除去する。脱臭工程では脱色後の精製油を高温・真空下で水蒸気蒸留し有臭成分を取り除き、最終製品の米油（サラダ油）を精製する。

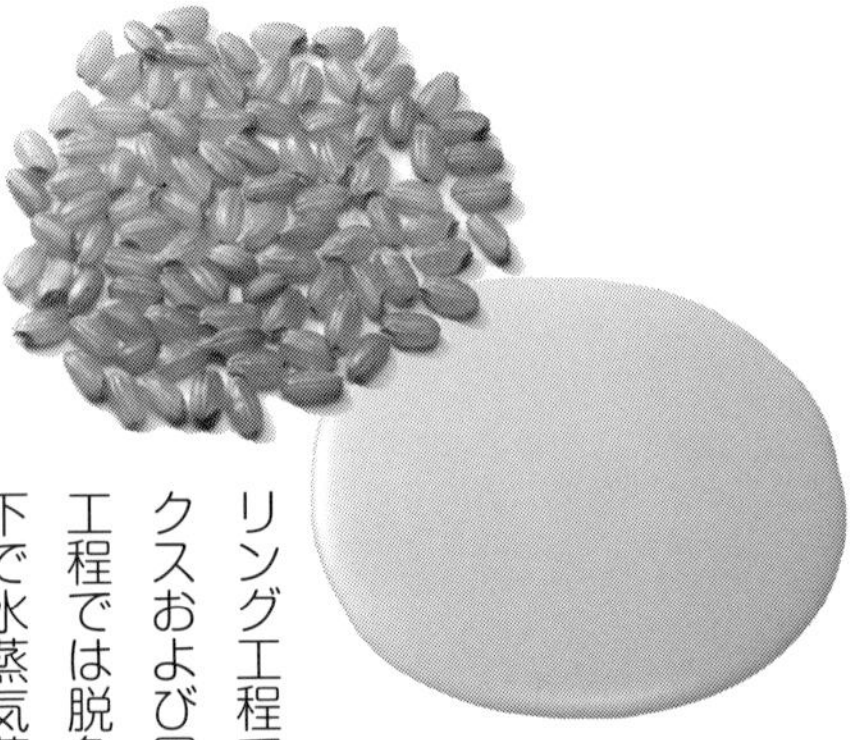
米油（写真：小倉隆人）

米油の製法は、近年、脱脂工程で残留する溶剤ヘキサンに健康リスクが懸念され、ヘキサン抽出法から、搾油率は低くなるが機械搾油に替わってきている。一方ヘキサンに代わってエタノール抽出も行なわれている。[*6] 表8❶に示すように、機械搾油やエタノール抽出はヘキサン抽出よりも米粗油中のγ-オリザノールやトコフェロール類の含有量が多い傾向にあり、そのうえ機械搾油後の脱脂ぬかを再度エタノール抽出しても残量が僅かであることが示されている。機械搾油やエタノール抽出は、ヘキサン抽出に替わり得る安全な方法である。

8 3 米油の製造工程と精選副産物

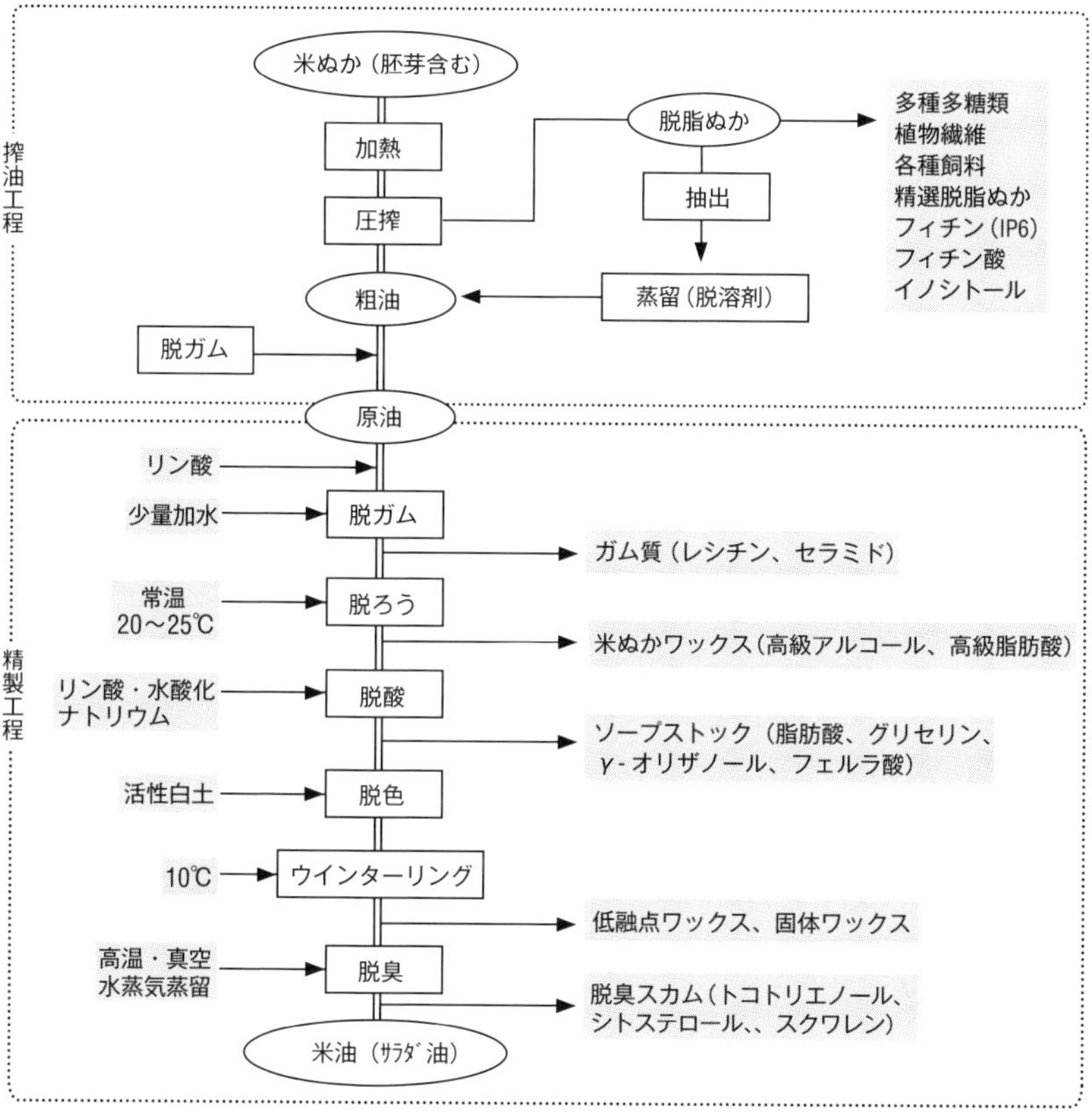

8 ❶ 搾油方法の違いによる機能性成分の抽出濃度（徳井ら 2013）

原料	生ぬか			脱脂ぬか*
搾油方法	機械搾油	エタノール抽出	ヘキサン抽出	エタノール抽出**
オリザノール（%）	6.38	5.68	4.90	0.01
トコフェロール（%）	1.21	0.89	0.60	0.04

＊機械搾油による脱脂ぬか　＊＊エタノール95%、抽出温度60℃ -2時間を2回実施

4 米ぬか・米油の栄養成分

玄米をはるかに上回る健康素材、米ぬか

米ぬかそのものの栄養成分を、玄米、白米のそれと比較して表8❷に示す。米ぬかは玄米や白米と比べ、脂質や食物繊維の含有量がきわだって多く、しかもタンパク質含有量も倍に近い。リン、マグネシウム、鉄などのミネラルについても白米に比べ20〜40倍、ビタミンB_1、ナイアシン、ビタミンEについては40〜130倍も多く含まれ、玄米をはるかに上回る健康素材であることがわかる。

脂肪酸バランス、酸化安定性が抜群の米油

主な植物油の脂肪酸組成および脂肪酸の種類等を表8❸に示す。[*7] 米油の脂肪酸組成はオレイン酸43.2%、リノール酸34.8%、パルミチン酸16.6%、これらでほとんどを占めている。また他の植物油と比べると、米油は不ケン化物（γ-オリザノール、フェルラ酸、ビタミンE、植物ステロールなどの有効成分で構成）や総ステロール、それにパルミチン酸が多く、なかでも、図8❹[*8]に示すように、菜種油や大豆油には含まれないγ-オリザノールとトコトリエノールがそれぞれ0.1%と0.04%程度含有されている。一方、菜種油や大豆油に比べてリノレン酸がはるかに少ないのが特徴である。また、

8 ❷ 米ぬかと玄米、白米の成分比較（100g当たり）

米の種類	タンパク質 g	脂質 g	炭水化物 g	食物繊維 g	リン mg	マグネシウム mg	鉄 mg	ビタミンB_1 mg	ナイアシン mg	ビタミンE mg
米ぬか	13.0	18.9	44.0	25.5	2050	893	13.8	3.38	52.0	13.1
玄米	6.8	2.7	73.8	3.0	290	110	2.1	0.41	6.3	1.4
白米	6.1	0.9	77.1	0.5	94	23	0.8	0.08	1.2	0.1
米ぬか / 白米	2.1	21.0	0.6	51.0	21.8	38.8	17.3	42.3	43.3	131.0

5訂日本食品成分表より、米ぬかは精米歩留90%として算出

8-3 各種植物油の分析値および脂肪酸組成（中村 2009 に一部追加）

油の種類		米油	菜種油	大豆油	コーン油
ケン化価		186.3	187.4	190.4	189.4
ヨウ素価		102.3	114.9	130.8	124.3
不ケン化物（%）		2.39	0.97	0.54	0.95
総ステロール（%）		1.09	0.50	0.20	0.46
脂肪酸組成%	パルミチン酸　16：0	16.6	4.0	10.3	9.2
	ステアリン酸　18：0	1.9	1.8	4.0	1.8
	オレイン酸　18：1	43.2	63.0	24.0	29.2
	リノール酸　18：2	34.8	19.5	53.4	56.2
	リノレン酸　18：3	1.3	9.3	7.0	1.1
	その他	2.2	2.4	1.3	2.5
脂肪酸の種類*	飽和脂肪酸（S）	3.0	3.0	3.0	3.0
	一価不飽和脂肪酸（M）	6.9	30.1	5.1	6.6
	多価不飽和脂肪酸（P）	6.6	16.2	12.6	12.9

＊ S を3.0とした場合の値

第6次改定「日本人栄養所要量で望ましいとされる脂肪酸バランス（飽和脂肪酸：一価不飽和脂肪酸：多価不飽和脂肪酸が3：4：3）にもっとも近いのも米油である

8-4 米油特有の生理活性成分の含有量（高橋 2012）

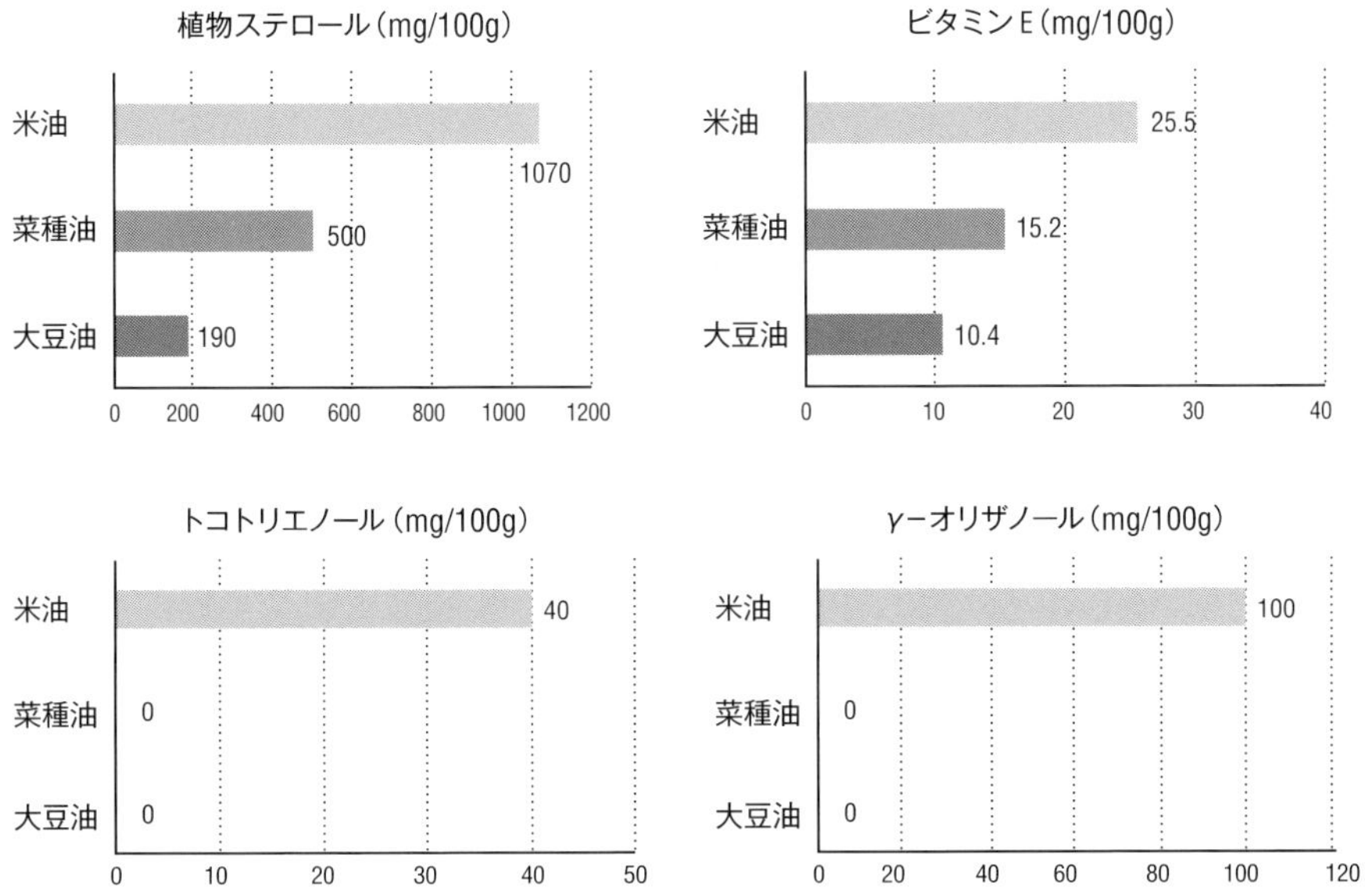

ことが同表からわかる。さらにリノレン酸が少ないのは、表8❹に見るように酸化安定性（AOM値）が高く、油の劣化が遅く長持ちすることを示している。以上が、米油が「健康オイル」といわれるゆえんである。

8 ❹ 植物油の AOD 試験による酸化安定性

（築野食品 HP より）

植物油の種類	AOM 値（時間）*
米油	23
大豆油	13
菜種油	21
コーン油	17
綿実油	14
サフラワー油	8

＊油中に空気を吹き込みながら98℃に保持、過酸化物値（POV）が100になるまでの時間を測定

泡立ち少なくカラッと揚がる

米油は揚げ物に使うと、加熱時にリノレン酸含量と相関が高いアクロレイン（刺激臭のある無色の液体、化学式CH_2＝CHCHO、空気中では酸化されてアクリルになる）の生成が少ないため「油酔い」がなく、そのうえ風味が良好で泡立ちが少なくカラッと揚がり、揚げ物の品質が他の油より長時間保てる。いわゆる調理特性に優れる。このため、ポテトチップス、揚げ煎餅、かりんとう、カップラーメンのスープ油やさつま揚げ、マヨネーズなどに使われている。また、高級料亭やレストラン、学校給食、保育園や幼稚園でも使われ、長持ち（3〜4回）するので人気が高い。大半が業務用で家庭用としては数％程度と少なく、手に入りにくくやや割高感がある。しかし原料が唯一自給できる植物油であり、後述のように優れた生理機能を有していることからすれば一概に高いとはいえないであろう。

誤ったイメージ今でも

なお、米油の消費が伸びにくい背景には、1968年に発生したカネミ油症事件（「黒い赤ちゃん」誕生など）の風評被害がまだ残っているからともいわれている。この事件は脱臭工程で熱媒体に使われていたPCB（ポリ塩化ビフェニル）が米油に混入して健康被害が発生したもので、後に原因は、九州の特定工場でのPCB設備の配管ミスなどであったとする科学的検証がなされたが、被害対策、原因究明や治療法開発の遅れが事件を増幅し、今でも「米油は危険」の風評が完全に払拭されていない。食の安全性がいかに大切か改めて思い知らされる。

5 米ぬか由来の機能性成分

米ぬかには美容効果やフグ卵巣のぬか漬よる解毒作用など、不思議な効能が古くから経験的に知られてきた。近年では、米ぬかには健康によい多くの有効成分が含まれていることが科学的に解明されつつある（図８５）。

その成分について、「第1回コメの高度利用に関する国際シンポジウム（1998）」が京都で開かれ、そこではもっぱらイノシトールおよびＩＰ６（フィチン酸）、フェルラ酸などの有効性に研究発表が集中した。例えば、イノシトールが口腔ガン、肝臓ガン、皮膚ガン、乳ガン、大腸ガンの発生を抑制することや、心筋梗塞や脳血栓を防ぐための血液凝集抑制作用（血液サラサラ効果）があること、また、米油精製工程で産出される黒色でネバネバの米ぬかピッチに含まれるフェルラ酸が、赤ワインのポリフェノールを遥かに凌ぐ抗酸化作用を示すこと、ほかにも紫外線吸収作用（人体に有害な320〜400nmの吸収）、抗菌作用（黄色ブドウ球菌の抑制）、発芽抑制作用（タマネギ、ニンニク、ジャガイモ）などについて国内外から報告がなされた。

8 5 米原油と脱脂ぬかに含まれる有用成分（築野食品工業㈱資料より）

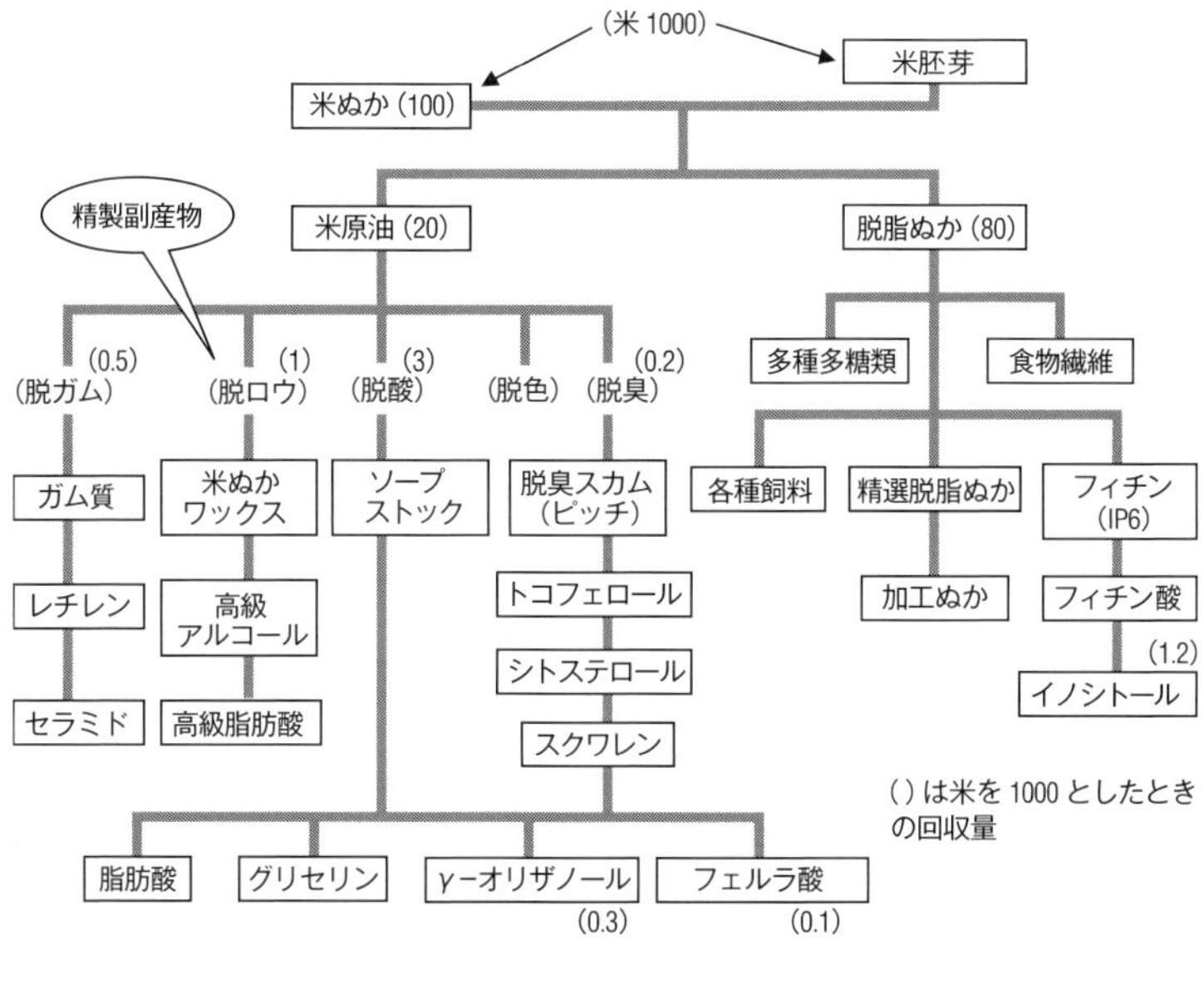

6 食用以外にも活用できる米ぬか・米油

(1) 化粧品　米ぬかは保湿性が高く洗顔料、化粧水、乳液などスキンケア化粧品に「コメぬか」と銘を打ちすでに市販化されている。最近、農研機構東北農業研究センター、オルガノ㈱、日本製粉㈱の共同研究で、米ぬかから高純度のセラミドを連続生産する技術が開発されている。[*9] セラミドは細胞間脂質の一種で、皮膚角質層に多く存在し、バリア機能や保湿機能を与えるが、加齢とともに減少し、しわや肌荒れの原因となる。市販セラミドは低純度（含有率5～10％）であるが、共同研究では、これを擬似移動層クロマトグラフィー法で高純度化（90～95％）に成功。これまでと違い色や臭いがほとんどなく、皮膚への塗布や経口摂取ができる。化粧品や医薬品としての新たな製品が期待できそうである。

米脂肪酸を油脂原料にして苛性ソーダを反応させると脂肪酸ナトリウムの固形石鹸や粉末石鹸に、苛性カリを反応させると脂肪酸カリウムの液状石鹸になる。これらは合成洗剤に比べて泡切れがよく、食器や手などに界面活性剤が残りにくく、生分解性も良好である。

(2) サプリメント　脱脂米ぬかに水を加えフィチン酸水溶液を添加し、抽出・濃縮・乾燥した粉末サプリメント（商品名:ライセオ）[*10]が販売されている。α-トコフェノールによる血中コレステロールや過酸化脂質の低下、尿タンパク上昇抑制がラット試験で認められている。フィチン酸によるキレート作用や、抗がん、抗脂血症、腎結石の抑制作用なども期待されている。[*11]

また、ライスワックス（米油の粗ロウを精製したもの）の主成分の一つである高級脂肪族アルコールはポリコサノールと呼ばれ、これを総コレステロール値が高めの人（220㎎／㎗以上）に1日20㎎・8週間投与すると、4週間以降に値の低下が認められている。[*12] ポリコサノールは脂質代謝に関与しスタミナ源、食事改善に有効なようである。

(3) エコな工業用素材　米油の副産物として脱酸工程で生成される米ぬか脂肪酸が化成品として利用されている。なかでも使用の多いのはアルキド樹脂、主に塗料としてワニス・エナメル、調合ペイント、錆び止めペイントなどに、またインクリボンにも使われている。

このほか、特筆されるのが新素材、硬質多孔性炭素材料「RBセラミックス」である。「RB」はRice Branの頭文字で、東北大学で開発された。[*13/14] 脱脂米ぬかにフェノール樹脂を含浸、乾燥後、チッソガス300〜1100℃で炭化焼成して粉体化したものである。この粉体と、フェノール樹脂を再度混合して圧縮成型あるいはペレット化した後に、射出成形し、再度チッソガス中で炭化焼成する。①低摩擦・低摩耗の特性を活かした、潤滑油がいらない直動すべり軸受けや無潤滑ステンレスチェーン、②高摩擦・低摩耗の特性を活かした、滑りにくい安全靴・サンダル、電動車椅子駆動ローラなどのRBセラミックス製品がある。脱脂米ぬか以外に麩《ふすま》や籾がらも原料になるという。今後は低摩擦・低摩耗に着眼した金属／セラミックス複合材料の開発が期待されている。RBセラミックスの最大の魅力は石油由来でなく、毎年発生する米ぬかから生産できるエコマテリアルということである。

RBセラミックスの実用化の例

耐滑性に優れるサンダル
(㈲ますや履物店提供)

無潤滑直動すべり軸受
(プレファクト㈱提供)

無潤滑ステンレスチェーン
(オリエンタルチエン工業㈱提供)

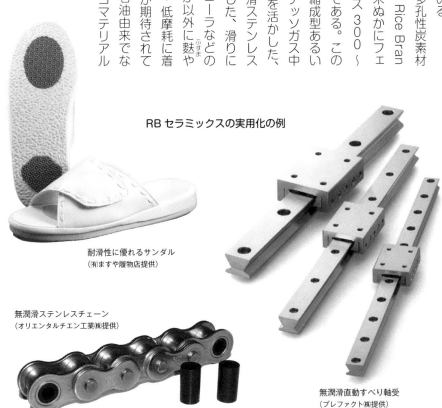

7 籾がらの活用

農業サイドでの利用が合理的

籾がらの籾に占める重量割合は、品種や充実度によっても異なるが約20％である。したがって、玄米重量に0・25を掛けると籾がら量になる。近年の年間玄米生産量からすれば籾がらは200万t近くが毎年産出されていることになる。世界では約9000万tにもなる。籾がらは体積見掛け密度が0・10～0・14t／m³と低く、嵩張る。国内年間産出量を容積換算すると1500万～1700万m³、東京ドームの12～17杯分にもなる膨大な量である。籾がらは嵩高く容積効率が低いことが輸送や貯蔵、あるいはハンドリングでのネックになっている。このため、付加価値の高い製品をつくる原料として用いるのであれば多少のコストアップは容認されるが、そうでなければ籾がらの集積場所（RCやCE）である農業サイドでの利用が合理的である。減容化するために粉砕すると、容積は粉砕前の1／2～1／6になり吸水性も著しく高まる。しかし、籾がらは硬い組成物であるために粉砕エネルギーを要し、粉砕機内の部材の磨耗が激しく、頻繁に部品交換が必要になる厄介な素材である。

米生産が続く限り産出される莫大な量の籾がら

籾がら問題が表面化したのは1960年代以降、共同乾燥調製施設の導入に伴い、籾がらが集中的に発生したことに始まる。熱源利用が検討され、簡易な籾がら燃焼炉も開発されたが、安くて使いやすい化石エネルギーの依存から脱却できずに、今日に至っている。籾がらの利用については、日本よりもむしろインドや東南アジア、それに中国のほうが先行しているように見える。

現在における主な用途は、表8❺に示すように堆肥に約55万t（重量割合で約28％）、畜舎敷料に約40万t（同約20％）、これらで半量を占める。続いて、廃棄13％、暗渠資材9％、くん炭とマルチが各5％、多くが農業用である。この数値は若干古いが、現在でも大きな違いはないであろう。また工業用素材についても、後述のように研究開発がなされてきたが実用化された例は少ない。しかし、米生産が続く限り毎年莫大な量の籾がらが産出され、しかもカーボンニュートラル（排出される二酸化炭素と吸収される二酸化炭素が同じという概念）で環境に優しい再生型資源である。燃焼すれば熱回収や発電に使えるのである。その際、産出される籾がら灰や籾がら炭化物に含まれるシリカは良質で、高純度ケイ酸やファインセラミックスの原料としての未来が描かれる。

8 ❺ 国内における籾がらの用途（2005年産）

用途	使用量（t）	割合（%）	利用内容
堆肥	554,682	28	家畜ふん尿と混ぜる副資材、粉砕する場合もある
畜舎敷料	398,051	20	主に乳牛舎での畜体の汚れ、床ずれ、冷えの防止、堆肥化の促進
廃棄	261,195	13	焼却処理等により廃棄
暗渠資材	175,872	9	本暗渠や補助暗渠の疎水材
くん炭	100,256	5	炭化させ土壌改良材や排水処理浄化用ろ材として利用
マルチ	96,773	5	土壌乾燥防止、地温調節、雑草防除等のために土壌表面を被覆
床土代替資材	54,370	3	育苗用床土や特用林産物の菌床等
燃料	10,801	1	暖房用ボイラー等の燃料
その他	298,461	15	上記以外での用途で利用
不明	64,994	3	
合計	2,015,455	100	

農林水産省生産局農産振興課「もみがら発生量とその用途」より抜粋、一部追加

ポストハーベスト分野における省エネ・環境負荷軽減の方向

国内全産業に占める農業生産の化石エネルギー投入量は数%と少ない。個別稲作農家の消費エネルギー量は、1ha当たり394万8000kcal程度、うち乾燥工程が約40%を占める（前川、農機学誌1992）。乾燥貯蔵分野おける省エネ・CO_2発生量削減には、省エネ機械・設備の開発や現行機の省エネ運転などをはじめ、①乾燥する水分量の低減、②化石燃料使用量の削減、③バイオマス転換利用、④太陽熱・太陽光発電の有効利用、⑤乾燥排熱の回収再利用、⑥玄米低温倉庫における通年保管などの見直しなどが必要である。このなかで籾がら有効利用は重要課題となろう。

8 籾がらのミクロ構造と成分特性

木化した細胞壁と非晶質シリカの複合体

籾がらは玄米を包む内穎《えい》と外穎からなり、碗型形状で組織は硬く、籾摺り後の水分は12～13％にまで乾いている。

その基本構造は木質層、シリカ層、クチクラ層からなり、木質層は多くが籾がら断面の中間部にあって、それを挟むようにしてシリカ層（ケイ酸層）が重量比で外表皮に約70％、内表皮に約30％、強固に付着している。さらにクチクラ層が最内外表皮を覆うサンドイッチ構造になっている（図8 6）[*15]。籾がらは重量の80％程度が木化した細胞壁、残り約20％がシリカからなる複合体である。このシリカは、鉱物由来のものと異なり非晶質（アモルファス）であるため反応性が高く、しかも堅牢な多孔性微細構造であるところが大きな特徴である。また、耐腐

8 6 籾がらの外観（左）とミクロ構造（右）
（ミクロ構造図：川村ら 2003 から引用）

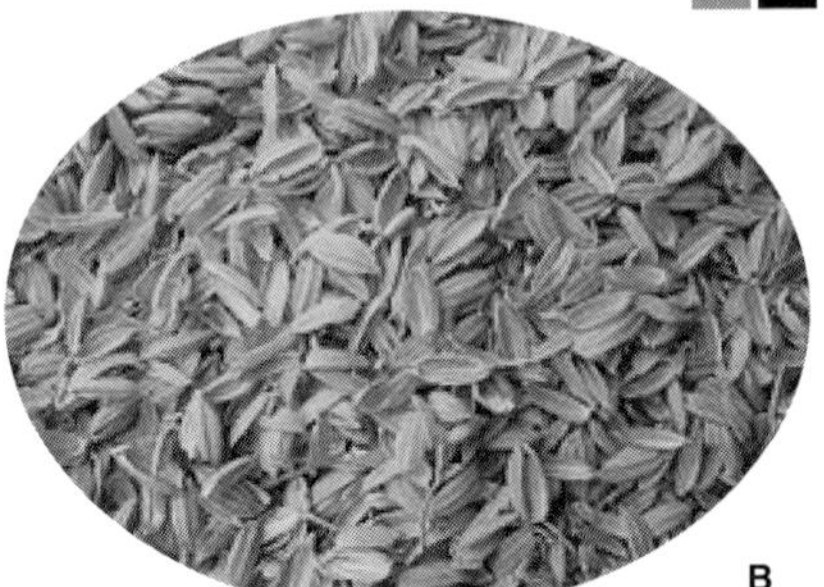

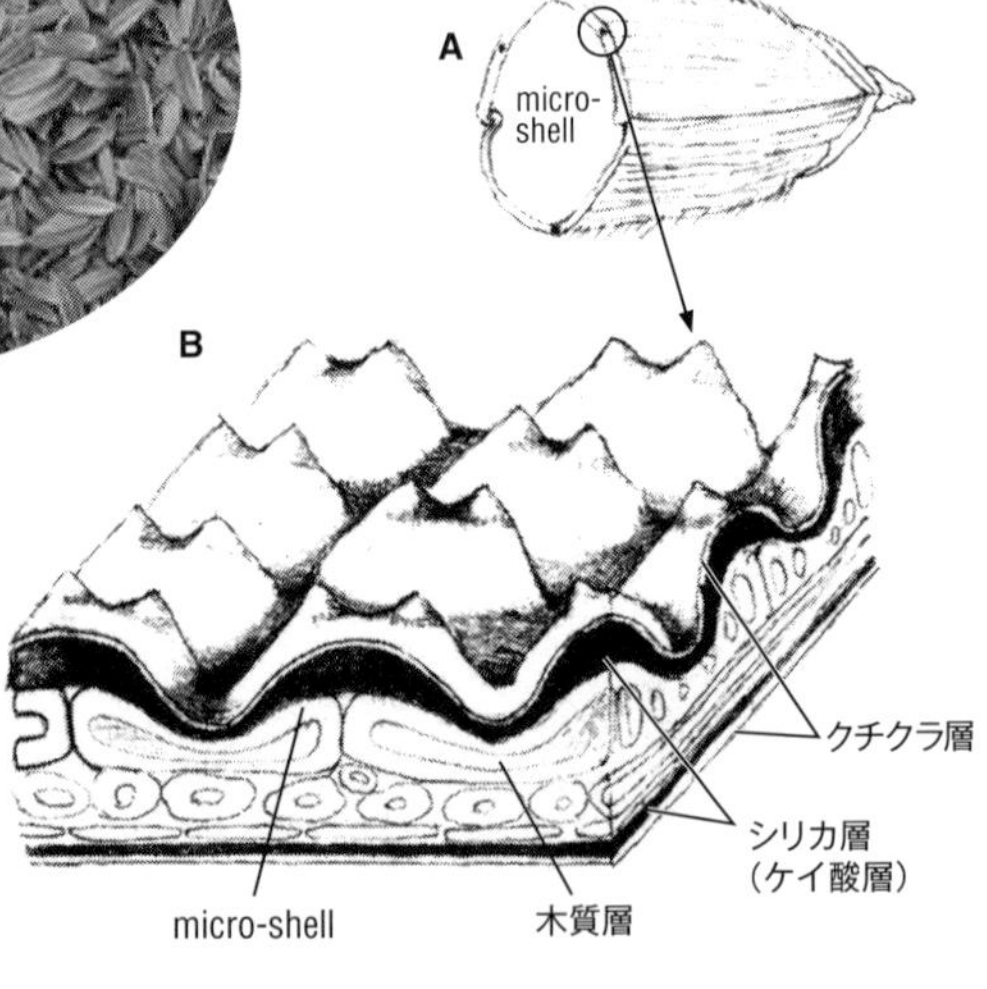

8 6 籾がらの組成分析値
（下川ら 1993）

リグニン	20～34％
セルロース	24～39
ヘミセルロース	17～26
シリカ（SiO_2）	13～29

食性や撥水性も高い。

燃焼や炭化粉砕で大きく減容

籾がらの組成はリグニン、セルロース、ヘミセルロースの有機物とシリカ（ケイ酸）の無機物で、これらの割合は品種や土壌条件によって異なるが、おおむね表8❻[*16]に示す通りである。籾がらは木材類などと比べ、シリカの割合が際立って多い。燃焼すると籾がらは籾がら灰になり減容するが、低温燃焼では多孔性微細構造が残り、高温燃焼ではシリカが溶解して微細構造が失われる。部分燃焼や乾留処理すると籾がら炭化物になり、粉砕すると容積は激減する。

新たな生理活性機能を秘めた焙煎米ぬか抽出物

脱脂米ぬかを焙煎（コーヒー豆のように乾煎りする）後に、熱水とエタノールで抽出した焙煎米ぬか抽出物が新たな機能性素材として注目されている。この抽出物は焙煎によって倍増するマルトール（消臭効果）や新たに生成されるメラノイジン（褐色物質）やバニリン（芳香物質）、キサントシンなどを含み、さらにフィチン酸やイノシトールも含んでいる。[*17] 一方、米ぬかの脂溶性成分であるフェルラ酸、γ-オリザノール、ビタミンEは含まれていないので、これまでにない新しい米ぬか素材である。

この焙煎米ぬか抽出物は、次の効果が示されている。[*18] ①人が不快と感じる悪臭全般に消臭効果があり、N系臭気（アンモニア）だけでなくS系臭気（ジアリルジサルファイド）や低級脂肪酸にも有効で、青魚臭、口臭、加齢臭をマスキングでなく化学反応で消臭できる、②体内に発生する活性酸素や紫外線による皮下組織の活性酸素の消去に有効で、カテキンよりも効率的に消去できる、③焙煎米ぬか抽出物を混合したエタノールをラットに与えて血中過酸化脂肪濃度を調べると、血清中のエタノールとアセトアルデヒドの濃度が有意に低下し、酢酸濃度が高くなる、④マウス脳神経細胞にアルツハイマー病発症の原因物質とされるアミロイドベータペプチド（Aβ）とCu^{2+}を蓄積したマウスで脳神経細胞死が確認できたが、焙煎米ぬか抽出物を同時に給与すると脳神経細胞死がなく予防効果が期待できそうであるなど、注目される試験例が紹介されている。

焙煎米ぬか抽出物は新たな生理活性機能を秘めており、今後はさらなる科学的エビデンスの充実が待たれる。

9 おもに農業用資材として利用

籾がらをそのまま使う

（1）堆肥・畜舎敷料・飼料　牛糞堆肥の水分調整や消臭として籾がらが使われている。粉砕籾がらは吸水率が高いので、発酵に適した水分になるように混合調整される。また、畜体の清潔管理のための敷料としても用いられ、堆肥とともに今後も使用が見込まれる。飼料としての籾がらは、微粉砕や膨軟化処理して5％程度の混合であれば粗飼料として問題がないようである。かつては高温・高圧下でアンモニア処理したＡＲＨ（Ammonated Rice Hull）が、肉牛肥育用粗飼料として開発され、粗タンパク含量やＤＣＰ（可消化粗タンパク質）が増え飼養成績も良好であったが、軽度のルーメン・パラケラトージス（第一胃粘膜の角化異常）の発生などから使われなくなっている。[*19]

（2）土壌改良材・育苗床土　重粘な転換田などの土壌物理性改善に籾がらが使用されている。投入量は100～200kg／10a、土壌混和すると籾がらの堅固な構造と耐腐食性により気相率が高まり、根の発育が促進される。大量施用では微生物分解時に土壌中チッソを吸収・消費するチッソ飢餓が発生し、やがて撥水性が弱まり無機化チッソが再放出されるようになるので、チッソ施用の加減が必要になる。

次に育苗床土の代替に籾がら成型マットが販売されている。粉砕籾がらに、酸度調整剤、吸水改善剤、肥料、それにバインダー（ＰＥＴ）を混合して150℃－3分間程度の加熱・圧縮成型したものである。マット1枚は450ｇと軽量、Ｎ・Ｐ・Ｋ各1・5g程度が配合されている。成型時の高温で雑草種子や病原菌が死滅しているの。籾がら成型マットでは出芽時に根上がりするので、覆土量の増加や育苗箱の積み重ねが行なわれている。[*20]

（3）暗渠用疎水材　圃場の排水性向上のために、田面下30〜40㎝、圃場長辺方向におよそ10m間隔で施工される本暗渠（多孔コルゲート管など）の目詰まり防止に、籾がらが使われている。また、本暗渠に直交する補助暗渠（弾丸暗渠など）の作溝補強材としても用いられている。籾がらは耐腐食性・耐久性に優れ、しかも農村で安価で身近に入手できる。

（4）籾酢　籾がらは、籾がら炭化炉で無酸素や酸素不足状態で加熱（乾留）すると、200℃以下で水分蒸発、180〜300℃でヘミセルロース、240〜400℃でセルロース、280〜550℃でリグニンが熱分解され、発生ガスを冷却すると籾酢（pH3程度）とタールが回収される。籾酢の含有成分は200種以上、有害なベンツピレン、ホルムアルデヒド、タールが含まれず、他の酢液にない抗菌成分グアヤコールやクレオゾールなどが含まれている。籾酢の適量散布で、病害防除や土壌殺菌の効果などにより作物生育が促進され、他の酢液よりも高い効能が期待できそうである。[*21]

籾酢効果の報告が見当たらないので、他の酢液の効果を概観する。木酢には蟻酸、酢酸、メタノール、エタノール、蟻酸メチルエステル、酢酸メチルエステルなど70種の成分が含まれる。[*22] 育苗土への散布で、稲稚苗の葉齢、草丈、生体重、とくに根重の増加が顕著で、[*23] 最適濃度は0.005％程度。[*24] 木酢と木炭の混合物（1：4）を2kg／10a散布すると、根が活性化し地上部が生育促進され、玄米収量が約17％増加した報告がある。[*24] その他、木酢4〜8倍液の6ℓ／㎡散布で麦萎縮病の抑制と生育促進。[*22] 竹酢50倍液散布でキュウリうどんこ病、10倍液でイチゴうどんこ病の抑制が認められている。[*25] 酢液は有機栽培に使える資材、籾酢は含有成分数も多く、ほかの酢液と同等以上の効果が期待される。

圧縮成型して建築資材などに

（1）圧縮成型による固形燃料　籾がらをすり潰し、圧縮成型して固形燃料にするモミガライト製造機（㈱トロムソ）を用いると、成型温度約300℃で結合材が要らない籾がら100％の燃料棒（径5×長さ35㎝、比重1・2、含水率約5・5％）ができる。らい壊部の一部を替えるとカール状（ブリケット）にも成型できる（図8 7）。圧縮固形燃料はストーブやボイラー用であり、燃焼ガスにはチッソ・硫黄酸化物が含まれないのも特徴である。

　このほか固体燃料ではないが、成型しないで粗くすり潰しただけの籾がらは、通気性、吸水性、保水性が増し、イネ育苗土、花や野菜の培土、畜舎の敷料などに使いやすいことで知られている。

（2）建材ボード類　加熱・圧縮・らい潰法による籾がら成型品を再度微砕後に分級して粒度を揃えた粉体（住金物産㈱製品「スミセルコ」：17～100mesh）が、多用途素材として注目される。建築ボードに使うと曲げ強度などが木粉原料の場合と同等、耐火性はむしろ優れる。[*15] シロアリ食害が顕著に忌避できるので、防除剤使用の建材よりも安全性が高い。

（3）緑化パネル　都市ビルなどの屋上緑化に、籾がらを特殊バインダーで板状に成型した芝生育成基盤（商品名「モミ芝マット」）が販売されている。耐踏圧性に優れ、保温・断熱効果も高い。マット1枚の規格は幅30×長さ38×高さ6㎝、重量3・2～5・5㎏が標準仕様である。

8 7 圧縮成型機のらい壊圧縮部の概略と籾がらブリケット

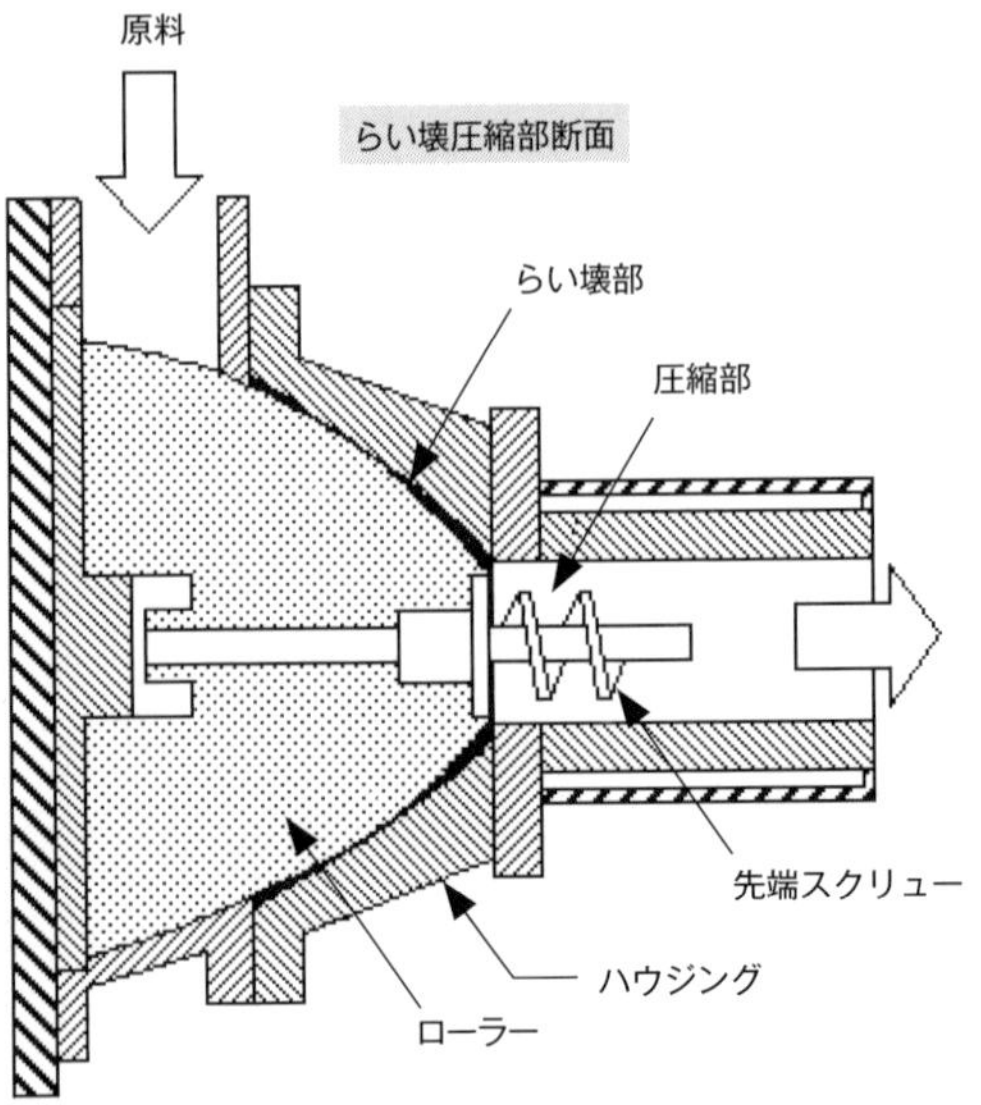

籾がら原料：見掛け密度 0.14 t/m³
籾がらブリケット
　見掛け密度 0.35～0.4 t/m³
　処理能力 150 kg/h

10 籾がら燃焼でガス化発電する

籾がら発生量の15％で10万世帯の電力供給が可能か

籾がらを燃焼すると2800～3500㎉／kgの発熱量がある。直接燃焼による熱利用や燃焼ガス化による発電利用が進んでいる。日本における年間籾がら発生量は約200万t、仮にその約15％、30万tを籾がら燃焼に仕向けるとすると、年間の籾がら熱量は1・085×1012㎉、原油換算で11・73万㎘（9250㎉／ℓで試算）に相当。これは仮に発電効率30％とすると電力量3・78億kWh、年間約10万世帯（1世帯10kWh／日で試算）の電力量になる。これはあくまでも概算に過ぎないが、籾がらのエネルギー潜在力の大きさを示している。

主なガス化炉

バイオマス焼成により揮発物質をガス化発電するための主なガス化炉には、次の3種類がある。

（1）固定床ガス化炉　小型で設備費も安いので、籾がらが集積するRCやCEなどに導入しやすい。籾がらブリケットを炉上部から供給して火格子上で燃焼・ガス化させる。空気を上部から供給するダウンドラフト（並行流）型と、下部から供給するアップドラフト（対向流）型がある。それぞれのガス化反応の状況を図8-8に示す。いずれも、炉内で原料は乾燥、熱分解、酸化、還元の反応を起こすが、ダウンドラフト型は二次空気による部分酸化でタールが燃焼され副産物も少なく、クリーンなガスが取り出せる。生成ガス温度が450℃程度に高くなるので冷却装置が必要になる。

ダウンドラフト型の発電システムを図8-9に示す。発電用エンジンはディーゼル（軽油混焼）でもガスでも可能である。らい潰圧縮成型した籾がらブリケットを原料に、ディーゼルエンジン発電機（30kW）を導入したテストプラントの性能試験の結果がある。[*26] それによると、生成ガスは水素、一酸化炭素などで、その量は重量比で籾がらの約2倍である。冷ガス効率74％、発電効率（生成ガス）21％、代替率70・3％で、籾がら1kg当たり0・

7kWhの電力が得られたとしている（表8❼[*26]）。タールとダストの濃度はバグフィルタ後にはそれぞれ1～15、5～30㎎／N㎥、冷却直後の約1／100に減少している。このガス化炉は籾がら以外の木質系バイオマスにも

8 8 固定床バイオマスガス化炉（模式図）

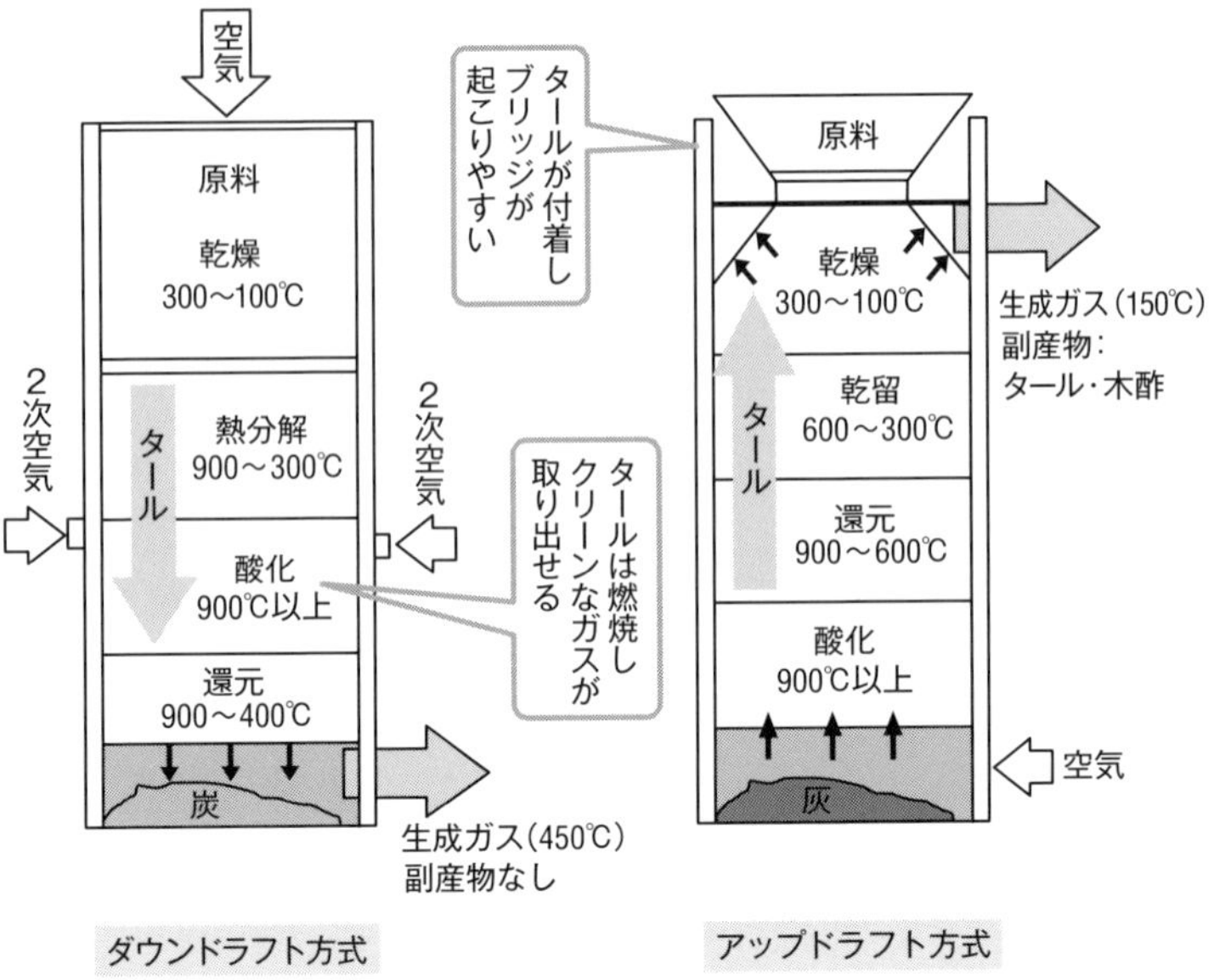

8 9 固定床ガス化炉（ダウンドラフト型）発電システムのフロー（柏村 2009）

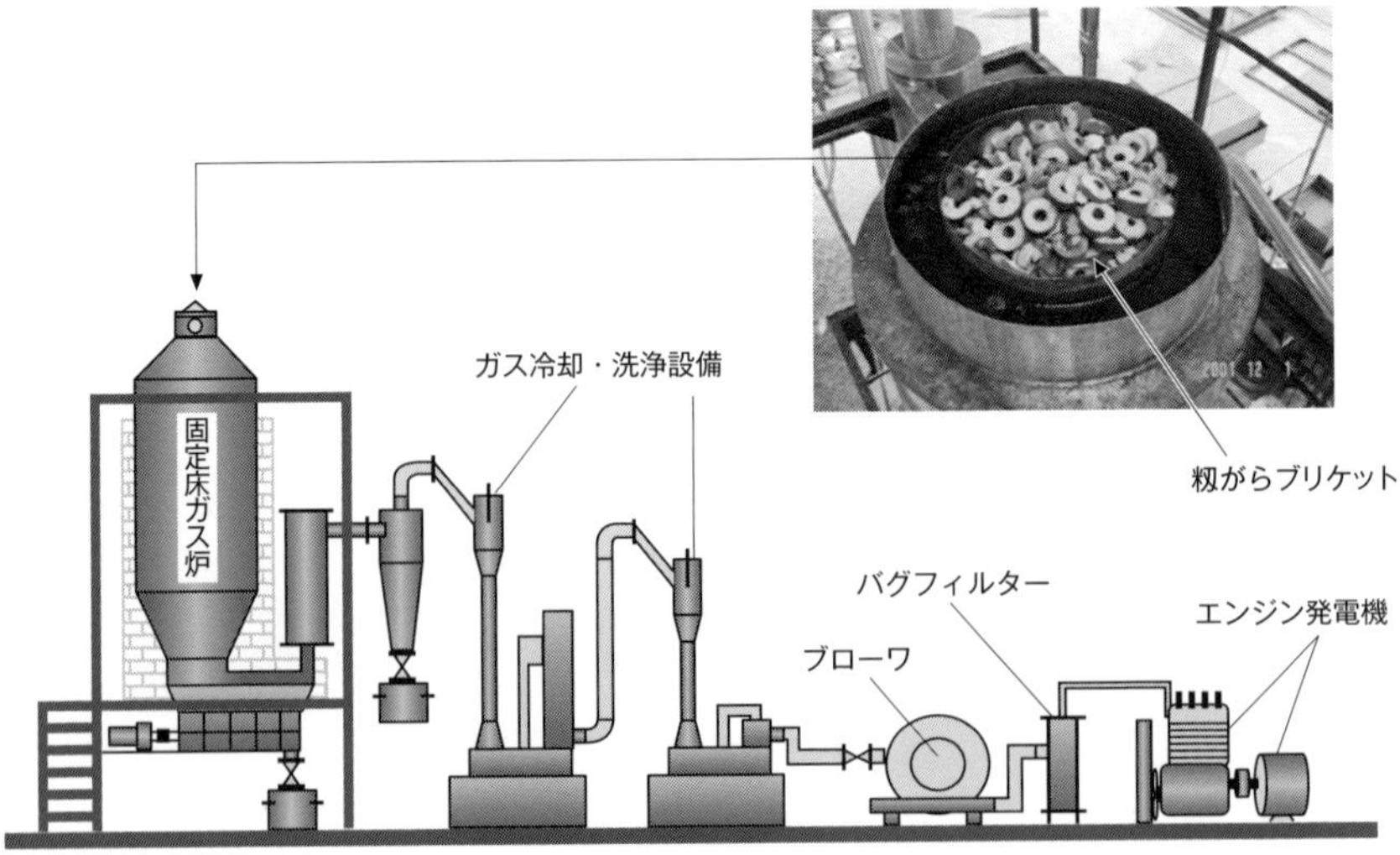

使用できる。

一方、アップドラフト（対向流）型は、原料が下降する間に乾燥、熱分解、チャー（炭素）ガス化、チャー燃焼が順次進行する。空気導入部でのチャー燃焼ガスが上部へ移動してガス化される。この過程で酸素が消費され、還元雰囲気下で変化したガスはさらに上昇、その熱で熱分解と乾燥が順次進む。生成ガス温度は約150℃と低いため冷却装置が不要で熱効率が高い。また、原料が乾燥されるので比較的高水分原料も処理できる利点はあるが、揮発成分の加熱時間が短いためにタールを多量に生成し、その除去などにガス精製が必要となる。フィリピンなど東南アジアで普及が進んでいる。[*27]

（2）流動床ガス化炉　流動床は中規模向け、炉底部に原料と砂やアルミナなどの小粒子、それにガス化剤（空気、酸素、水蒸気）を投入、またガス化剤は中央部からも投入するので効率的な撹拌・加熱が進む。熱分解温度は原料およびガス化剤の供給量で調整される。初期コストがかかることや微粉炭などが生成ガスに混入する課題がある。これらを改善した循環流動床（常温、加圧）や内部循環流動床、そのほか2塔式などがある。

（3）噴流床ガス化炉　投入原料を下から噴出するガス流で浮遊・噴流して短時間でガス化させる。特徴としては、①構造が簡単、②多種の原料に対応できる、③小規模から大規模まで対応可能、④ガス組成の制御が容易、⑤タール生成量がきわめて少ない、⑥生成気体燃料へのエネルギー変換率が高い、などがあり、自燃式と外燃式とに分かれる。自燃式は原料を炉内で部分燃焼とガス化を同時進行させる方式、外燃式は外部ボイラーで燃焼、高温ガス（900～1000℃）でガス化炉を加熱させる。いずれも籾がら原料での利用が可能と思われるが、実際の試験結果が見当たらない。

8 ❼ 固定床ガス化炉発電システムの性能試験結果（柏村 2009、一部抜粋）

原料	籾がら	
原料消費量 (kg/h)	36.1	
灰排出量 (kg/h)	5.3	
生成ガス量 (Nm^3/h) (kg/h)	 71.4 64.6	
生成ガス組成 (Vol %)	H_2 17.6 CO 19.8 CH_4 1.1 CO_2 10.4 O_2 0 N_2 49.1	
高位発熱量 (MJ/Nm^3)	5.18	
冷ガス効率 (%)	74.0	
発電効率 (%)	生成ガス	21.0
	軽油	30.5
	代替率**	70.3

*　ディーゼルエンジン発電機（過給器なし）使用：デンヨー DCA-60ESI

**　生成ガスにより軽油が置き換えられた割合（同一負荷における専燃時の軽油消費量と混燃時消費量の差）

11 籾がら灰の魅力とその活用

籾がら燃焼で副生される籾がら灰（RHA、SiO_2）は、燃焼温度や焼成時間によって籾がら灰の性質に違いが生じ、用途も異なる。700℃以下の低温焼成灰では非晶質のケイ酸（SiO_2）となり反応性の高いゼオライト合成により、肥料、コンクリート混和材、脱臭、吸放湿、水質浄化などの用材として利用できる。燃焼温度700℃程度以上ではα－クリストバライト、トリジマイトおよび石英として結晶化され、建築材や工芸品などに使えるようである。

燃焼炉としては、ライスセンターなどに対応できる農村向けの小型籾がら流動燃焼炉の試作機がある。[*28] 低温燃焼の安定制御ができるので籾がら灰が非晶質になりやすい。肥料以外にも水硬性セメント、熱源（籾乾燥、ハウス暖房）、ろ過助材などへの利用が可能と見られる。同様に、送風孔を有するスターラーを炉内で水平回転して燃焼籾がらを攪拌しながら、燃焼空気を供給する攪拌燃焼炉も試作されている。[*29] 本機は流動床炉やロータリキルン式などと比べ低温での長時間焼成が可能で、400℃程度で焼成した籾がら灰の比表面積が100㎡／gを越えてポゾラン活性度（セメント水和時の耐久性・水密性の向上程度）も非常に高く、しかも未燃炭素量も少ない籾がら灰が製造できる。初期コスト低減の可能性があり、農村での実用化が検討されてよいと考える。

以下に、期待される主な用途をみてみる。

(1) ケイ酸肥料　空気吹き込み式攪拌流動層燃焼炉で400～500℃程度の低温で完全燃焼した籾がら灰は、非結晶で高い溶解性を有し（図8-10）、ケイ酸肥料として施用すると稲収量が対照無施用区やケイカル施用区を上回り（図8-11）、ケイ酸吸収量も高くなることが解明されている。[*30] しかも重金属などの有害物質はほとんど含まれない。稲へのケイ酸施用の効果は、①葉の受光態勢改善による光合成の促進、②稲体維管束の強靭化による耐倒伏性向上、③表皮の「クチクラ・シリカ層」形成による病虫害抵抗性強化、④根の酸化力向上による根腐れ病軽減、⑤ミネラル補給、⑥土壌団粒化と水浄化促進、⑦リン酸吸収の向上、⑧チッソ吸収制御による軟弱徒長抑制と倒伏軽減、などがあげられる。

(2) 高強度・軽量コンクリート用混和材　700℃程度以下で焼却・粉砕した非晶質籾がら灰を10%混入したコンクリートは、強度・耐久性ともに無混入の場合より高く、シリカフューム混入コンクリートと同等以上の高強度でしかも軽量である。[*31] また、白色灰化するまで長時間燃焼（最高温度は900〜1000℃に上昇）した籾がら灰についても、AE減水剤（微細気泡の連行と亀裂防止のためのコンクリートの混入剤）と混合すると高強度コンクリートが作製でき、水結合材比30%で最高圧縮強度が87Mpaの高い値が得られている。[*32] いずれの籾がら灰も混和材として使えばコンクリートの品質改善とセメント使用量の節減が図れる。

(3) ポーラスセラミックス　非晶質シリカを含有する籾がら灰は外部に通じる連通した細孔を有し、細孔径と構造の組み合わせによって高いフィルター機能が発揮できる。これは環境汚染水浄化に適した多孔質体である。また籾がら灰の焼結体は主成分シリカが高い吸着性と適度な保水性を有し、微生物や酵素活性に好適な多孔質構造である。籾がら灰40%・珪砂40%・アルミナセメント20%の焼結体で、酵素や酵母が内部まで浸透しリアクター反応が容易に進む。[*15] 環境汚染水の水質浄化用多孔質体や、脱ハロゲンのバイオリアクター用酵素固定化担体などへの用途が期待されている。

8 10 燃焼温度の異なる籾がら灰の溶解性
（伊藤ら 2004、「中央農研究成果情報」より）

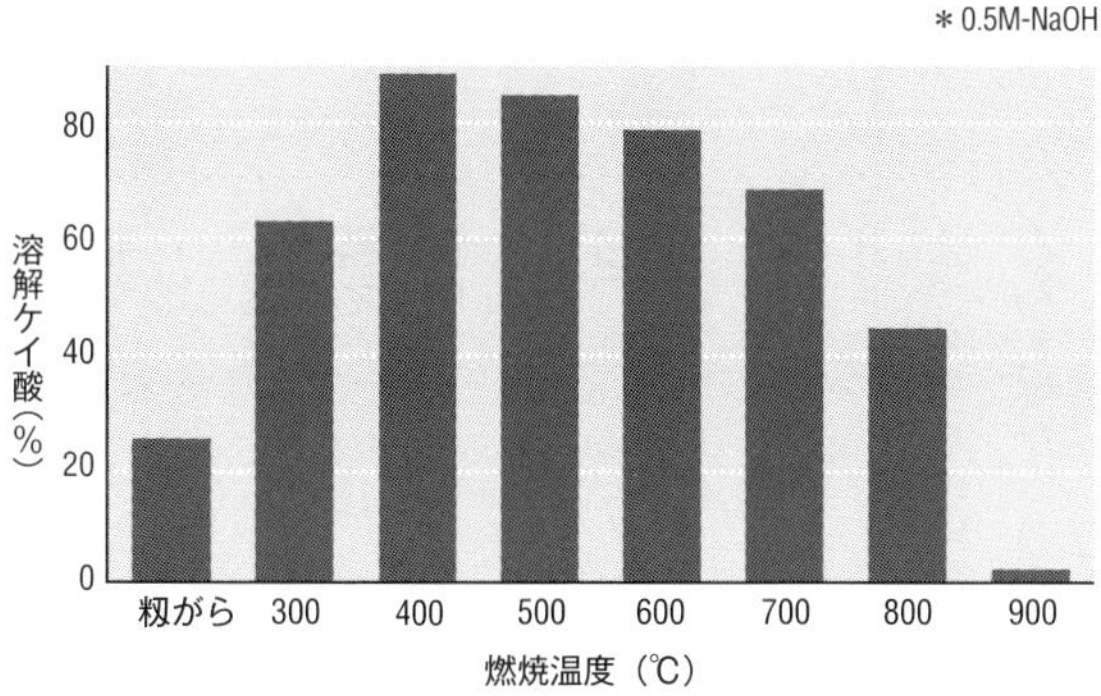

8 11 籾がら灰等の施用による水稲収量とケイ酸吸収量の比較
（伊藤ら 2004、「中央農研究成果情報」より）

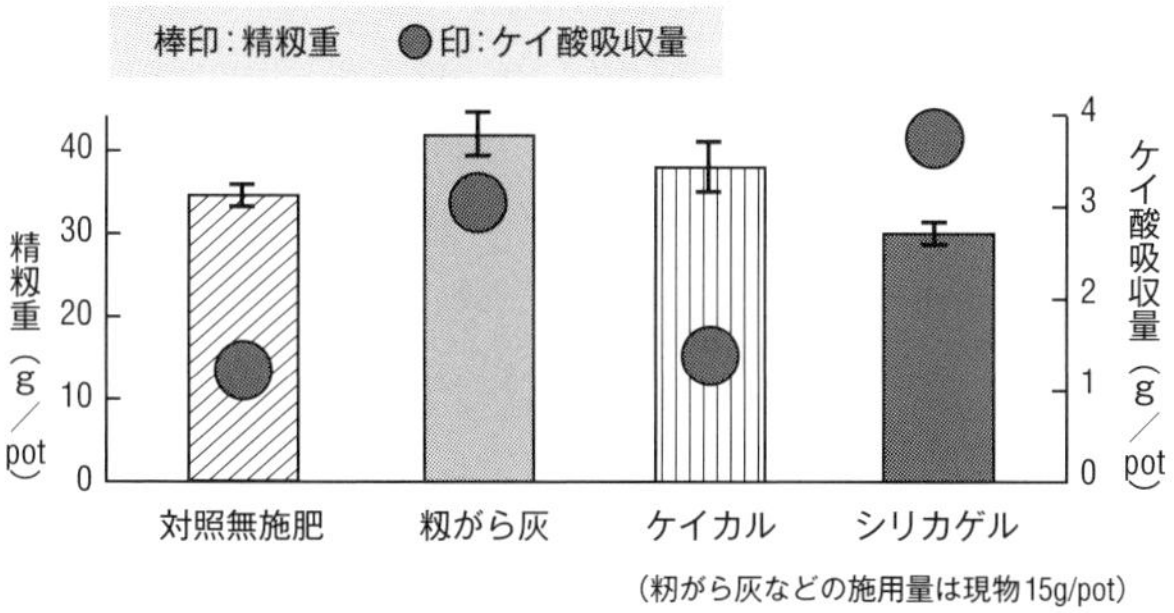

（籾がら灰などの施用量は現物15g/pot）

12 籾がら炭化物として活用する

古くから炭化籾がらはくん炭として農家が野焼きで作れる土壌改良材として、また製鉄所の高炉から排出される溶銑の表面冷却を防ぐ被覆材として使われてきた。近年、先端産業分野での電子用材や光学用材などのセラミックス用として、籾がら炭化物の研究開発が進められてきた。また、水や空気の浄化に炭化材が優れることから、消臭材やバイオマス菌体固定用担体などへの利用拡大が期待されている。[16] 籾がら炭化物から得られる生成物の量は僅かで、生成効率が低いなどの課題があるが、均一燃焼できる密閉型振動流動層装置も開発され、セラミックス原料や吸着材製造への活用が期待される。

（1）セラミックス等への素材活用　エレクトロニクス分野や光通信分野で用いられるセラミックス原料として、籾がら焼成灰中の高反応性SiO_2を塩素化して四塩化ケイ素（$SiCl_4$）を製造し、$SiCl_4$から高純度超微粒子セラミックス粉体を製造する研究が進められた。[34/15] $SiCl_4$は炭化ケイ素（SiC）や窒化ケイ素（Si_3N_4）などのSi系ファインセラミックスを直接製造する原料としても重要である。$SiCl_4$の利点は沸点が57・6℃と低いため、容易に精製でき高純度な焼結体が得られることや、超微粒子を低温焼結できることにある。従来のケイ石などの無機原料を用いるよりも籾がら炭化物から効率よく$SiCl_4$が製造できるのは、籾がら上表皮細胞の微細構造（前掲図8 6）により反応性が飛躍的に高く、還元能力が速やかに起こることによると考えられている。[15] このように優れた機能を有する籾がらであるが、セラミックス原料としての最大の課題は籾がら集積場所の分散、嵩高く容積効率が悪く輸送コストが掛かることなどが実用化の隘路となっているという。

（2）有害気体の吸着材　炭化温度が高いほど籾がら炭化物は、建築材料やタバコ主流煙などから放出される空気汚染物質であるアルデヒド類の濃度を早く低減できる。アセトアルデヒドは約600℃、ホルムアルデヒドは約800℃で吸着速度がもっとも速く、籾がら炭化物は市販のヤシがら活性炭と同等以上の吸着効果があることが認められている。[33]

また、籾がら炭化物にもシロアリ食害防止効果が期待できるので、木質系ボード類の原料に添加すれば、接着剤から発散されるホルマリンなどの有害気体の吸収、防虫にも効果が期待される。[*15] これ以外にも、セメントに添加すると籾がら灰の場合と同様にコンクリートの軽量化や高強度化が期待できる。

以上のように、籾がらはエネルギー源や、先端技術にも関連する工業用部品等の原料として、優れた機能を有している。実用化の隘路が、籾がら集積場所の分散、嵩高く容積効率が悪く輸送コストが掛かることなどであれば、農村でのローカルエネルギーとして熱あるいは発電用、肥料などの農業資材用、環境に優しい水浄化用の原料として利用するのがもっとも合理的であると考える。

籾がらの工業利用で稲作シリカが不足する!?

稲はケイ酸植物であり、籾がらにも稲わらにもシリカ（ケイ酸）が含まれている。籾がらの工業利用で稲作再生産への支障が出ないのか、奥谷の概算[*34]をもとに見直してみる。

籾とわらの収量比（重量）は1：1、籾収量６００kg／10a、籾がら割合20%、籾がらとわらのシリカ含有率をそれぞれ20%と15%とすると、10a当たりの籾がらシリカは20kg、稲わらシリカは90kg、併せて稲全体のシリカ量は１１０kg／10aが必要になる。灌漑水に含まれるのシリカ濃度を20ppm（日本の河川水のケイ酸イオンからの平均換算値）、灌漑水量を１５００t／10aとすると、灌漑水からのシリカ供給量は30kg／10aとなる。稲は不足分80kg／10aを土壌から吸収することが必要になる。そのままだと土壌中シリカが年々収奪されていくことになる。稲わらを全量還元（シリカ90kg／10a）すれば持続的に充足されるが、全量還元は地域によっては稲の生育障害を招く場合があるので、還元量を減らしたり止めたりしている。この場合には、ケイ酸苦土石灰などの土壌改良材やケイ酸肥料、それに堆肥などの散布が不可欠になる。ケイ酸分の補給なしに、持続的な稲作は成立しないことになる。現在でも稲わらのケイ酸含有率が年々低下している。[*35] 籾がらの工業利用を図る際には、なおいっそうケイ酸の手当てを忘れてはならないであろう。籾がら灰の出番である。

おわりに

「辿りきて未だ山麓」であるが、筆者の手を離れ上梓の運びとなった。

幼少の頃、ご飯が一粒でもお茶碗に残っていると叱られた記憶が、母の想い出と重なる。その頃から食べ続けている米、飽きることがない秘密はどこにあるのであろうか、不思議である。米には多分、どんな〝おかず〟であってもそれを引き立てる、少し控えめな味があるからであろう。この抑えた美味しさは今や、極良食味米品種の開発や精微な精米技術などによって極限に近づいていると思う。新米になるとおかずすら要らないからである。

ところで米の「美味しさ」を求めて取り除いてきたのが、〝ぬか〟であった。しかしこのぬかに健康成分が濃縮されているのである。米偏に健康の「康」で糠、「白」で粕。この漢字を当てた昔人の慧眼には驚かされる。ただ、そうはいってもまえがきでも記したように、いまさら玄米や分搗き米に戻るのも難しい。そこで興味を募らせたのが、「美味しさ」と「健康機能」を併せ持たせる試みである。すでにこの挑戦はポストハーベスト技術において胚芽米や発芽玄米、そしてＧＡＢＡ（ギャバ）米などで始まっている。これらをさらにもう一歩前に進められないかと考えたのが本書執筆の動機であった。未だ具体的なイメージが描き切れないでいるが、書き進める中でその感は強くなり、「新しい米創り」

にどんどん興味が膨らんだ。

一方、米の消費量が減りつづける中で、主食用米には今後も需要の増加が見込めそうにない。そんな中で米づくり農家が存分に米生産するには、他用途米である米粉用米や飼料用米、あるいは忘れ去られがちな副産物〝ぬか〟や〝籾がら〟をポストハーベスト技術で付加価値を高め、有効活用することが大切と感じた。このことが本書の内容を広げることになった。

転換期にある米づくり、「守りから攻め」に転じるには、ポストハーベスト技術においても、これまでのように収穫米の鮮度や品質保持に注力することは勿論であるが、加えて新しい多様な米創りを地域の事情に合わせ総合的にチャレンジする取り組みがよりいっそう必要となろう。その場合に本書が一助になることを願っている。

最後に、執筆の端緒をいただいた山下律也京都大学名誉教授、発刊に至る長い道のりを見守りご支援下さった㈱サタケ副社長福森武博士に謝意を表します。また、出版の道筋をつけてもらった堀尾尚志神戸大学名誉教授、編集校正などの労をかける中で本づくりの機微に触れさせてもらった（一社）農山漁村文化協会編集局後藤啓二郎さん、文献の収集・整理を手助けしてもらった㈱サタケ技術企画室半田由美子さんに感謝を申し上げます。加えて、途中、筆が折れそうになったとき、支えてくれた妻・秀子に「ありがとう」を添えます。

32 大川泰一郎：農産物検査とくほん，193，57-59，2014.
33 重田一人　他：農業機械学会誌，70（2），136-142，2008.
34 臼井節雄：JATAFF，2（3），39-42，2014.
35 浦川修司：農業食料工学会誌，76（5），365-370，2014.
36 朽木靖之　他：農業機械学会東北支部報，57，13-16，2010.
37 井上秀彦　他：日本草地学会誌，58（3），153-165，2012.
38 高田良三：JATAFF ジャーナル，2（11），55，2014.

第8章

1 風間貴充　他：養殖，2009-1，40-42，2009.
2 佐藤　光：Techno Innovation 81，26-33，2012.
3 石崎和彦　他：新潟畜産試験場研究報告，12，52-54，1998.
4 古川俊夫他：New Food Industry，Vol.28，No.2，1986.
5 山中良郎：食品工業，1990 年 10 月，1990.
6 徳井圭裕：環境応答型抽出システムを利用した米糠機能性素材の開発成果報告書（（財）岡山県産業振興財団），5-57，2012.
7 中村太厚：精米工業，No.235，13-19，2009.
8 高橋美奈子：Techno Innovation 81，12-16，2012.
9 木村俊之：農研機構東北農業研究センター，プレスリリース，2014.
10 築野食品工業株式会社：ライセオ，http-www.komenet.jp
11 片山徹之：食品加工技術，22（1），31-38，2002.
12 谷水浩一：食品工業，48，（22），50-55，2005.
13 堀切川一男　他：研究ジャーナル，26（10），37-41，2003.
14 山口　建　他：粉体技術，1（12），80-85，2009.
15 川村　弘　他：研究ジャーナル，26（10），42-48，2003.
16 下川勝義　他：北海道工業開発試験所報告第 59 号，1-12，1993.
17 鈴木健太：ジャパンフードサイエンス，2013-1，28-33，2013.
18 谷口久次　他：日本食品科学工学会誌，59（7），301-318，2012.
19 藤田浩三　他：日本畜産学会報，48（2），80-88，1977.
20 星　信幸・高橋智恵子：東北農業研究，55，19-20，2002.
21 明和工業株式会社：商品紹介，ホームページ，www.meiwa-ind.co.jp/puroducts，2006.
22 宮本雄一：農業及び園芸 36-10，1637-1640，1961.
23 市川　正　他：日本作物学会紀事，51（1），14-17，1982.
24 続　栄治　他：日本作物学会紀事，58（4），592-597，1989.
25 金磯泰雄　他：徳島農研報 37，2001.
26 柏村　崇：農業機械学会誌，71（4），19-20，2009.
27 法貴　誠：環境技術，35（6），19-22，2006.
28 （独）産業技術総合研究所北海道センター，技術資料 40，1989.
29 和田一朗　他：農業機械学会誌，61（4），125-132，1999.
30 伊藤純雄　他：（独）農研機構研究成果情報（関東東海北陸），2004.
31 佐藤幸三　他：コンクリート工学年次論文報告集，20（2），193-198，1998.
32 石黒　覚：三重大学生物資源紀要，22，63-69，1999.
33 熊谷誠治　他：素材物性学雑誌，20（2），34-38，2007.
34 奥谷　猛　他：Netsu Sokutei，23（3），117-127，1996.
35 熊谷勝巳：季刊肥料，101，108-114，2005.

5 目崎孝昌：美味技術研究会選書 No.6, 63, 2006.
6 大能俊久　他：日本食品科学工学会誌, 51-12, 40-44, 2004.
7 横江未央　他：農業機械学会誌, 67 (4), 113-120, 2005.
8 横江未央　他：農業機械学会誌, 70 (6), 69-75, 2008.
9 日本精米工業会：精米工業 197, 16-17, 2002.
10 奥西智哉　他：日本食品科学工学会誌, 55-2, 76-77, 2008.
11 伊藤純子　他：日本食品科学工学会誌, 51-10, 531-538, 539-545, 2004.
12 貝沼やす子：お米とご飯の科学, 建帛社, 2012.
13 畑江敬子：農業機械学会誌 69, 2, 4-7, 2007.
14 香西みどり　他：日本家政学会誌, 51-7, 579-585, 2000.
15 馬橋由佳　他：日本調理科学会誌, 40 (5), 323-328, 2007.
16 日本精米工業会：精米工業 261, 50-52, 2013.
17 福場博保：炊飯の科学, 37-80, 全国米麦協会, 1985.
18 石井克枝：千葉大学教育学部研究紀要, 47- Ⅲ自然科学編, 161-167, 1999.
19 古屋慎一郎：美味技術学会誌, 13 (2), 1-4, 2014.
20 原本正文：2015 美味技術学会シンポジウム, 31-35, 2015.

第7章

1 Araki E. et al.：Food Sci.Technol.Res, 15, 439-448, 2009.
2 青木法明：調理食品と技術, 18-2, 20-31, 2012.
3 目崎孝昌：美味技術研究会選書 No.6, 2006.
4 徳井圭裕：粉体技術, 2-9, 73-77, 2010.
5 有坂将美　他：特許第 1866267 号, 1994.
6 江川和徳：米粉百科, 8-17, グレン・エス・ピー, 2009.
7 宍戸功一　他：新潟食品研究所研究報告, 27, 21-28, 1992.
8 福盛幸一：特開 2011-078344, 2011.
9 シトギジャパン：特開 2004-267194, 2004.
10 岡留博司：研究ジャーナル, 34 (12), 21-26, 2011.
11 高橋仙一郎：食品工業, 45, 32-37, 2002.
12 吉井洋一　他：農林水産技術研究ジャーナル, 31 (7), 22-27, 2008.
13 鈴木保宏：Techno Innovation, 76, 37-41, 2010.
14 (独) 農研機構作物研究所：(独) 農研機構作物研究所プレスリリース, 2011.
15 ドーマー㈱：特開 2002-238443, 2002.
16 ㈱日本技研：特開 2004-201659, 2004.
17 平内優子：特開 2005-198573, 2005.
18 矢野裕之：食品と容器, 52 (6), 368-373, 2011.
19 西岡昭博：粉体技術, 2 (8), 60-67, 2010.
20 秋田白神：特開 2011-211920, 2011.
21 奥西智哉：研究ジャーナル, 34 (12), 42-45, 2011.
22 三浦清之：研究ジャーナル, 34 (12), 11-15, 2011.
23 (独) 農研機構中央農研北陸研究センター：プレスリリース, 2008.
24 青木法明　他：日本食品科学工学会誌, 57 (3), 107-113, 2010.
25 (独) 農研機構東北農業研究センター：プレスリリース, 2013.
26 (独) 農研機構九州沖縄農業研究センター：プレスリリース, 2015.
27 芦田かなえ：研究ジャーナル, 34 (12), 16-20, 2011.
28 Ashida et al.,：Food Sci. Technol. Res., 16, 305-312, 2010.
29 (独) 農研機構北海道農業研究センター：プレスリリース, 2009.
30 杉山純一：アカデミックプラザ研究発表要旨集, 20, FOOMA JAPAN 2013, 103-105, 2013.
31 (独) 農研機構編：飼料用米の生産・給与技術マニュアル (2013 年版), 2013.

索引

さ 行

た 行

な 行

は 行

ま 行

や 行

ら 行

引用文献

第1章

1 星川清親：松尾孝嶺編・稲学大成（形態編），61-77，農文協，1990.
2 盛永俊太郎 他：農業及び園芸，18，638，1943.
3 菊池三千雄 他：食品総合研究所報告，16，68-71，1962.
4 高橋成人：松尾孝嶺編・稲学大成（生理編），農文協，11-24，1997.
5 中山正義 他：日本作物学会紀事，40，391-396，1971.
6 貝沼やす子：お米とごはんの科学，建帛社，19，2012.
7 長戸一雄：日本作物学会紀事，31，102-106，1962.
8 長戸一雄 他：日本作物学会紀事，32，181-189，1963.
9 目崎孝昌：お米の微視的構造を見る，美味技術研究会選書，6，2006.
10 田島 眞 他：日本食品工業学会誌，39（10），857-861，1992.
11 村田 敏 他：農業機械学会誌，58（2），19-24，1996a.
12 大村邦男：北海道立農業試験場集報，76，27-34，1999.
13 藤井正治：農業及び園芸，37，1183-1184，1962.
14 長戸一雄 他：日本作物学会紀事，33（1），82-89，1964.
15 吉田充 他：日本食品工学会第11回（2010年度）年次大会講演要旨集，SA04，2010.
16 村田 敏 他：農業機械学会誌，58（4），29-34，1996b.
17 目崎孝昌 他：農業機械学会誌，68（3），35-45，2006.
18 日本精米工業会商品対策部：精米工業，241，19-29，2010.
19 小林 一 他：農業機械学会誌，38（3），367-377，1976.
20 伴 敏三：農業機械化研究所，8，1-80，1971.
21 柳瀬 章：大農業機械学会誌，51（2），105-112，1989.
22 村田 敏 他：農業機械学会誌，54（1），67-72，1992.
23 小出章二 他：日本食品科学工学会誌，48（1），69-72，2001.
24 小川幸春 他：日本食品科学工学会誌，50-7，319-323，2003.
25 永田忠博：米麦改良，8，1999.
26 横尾政雄：横尾政雄編著「米のはなしⅠ」，技報堂出版，56-61，1991.
27 横野一歩 他：日本農芸化学会2015年度大会プログラム，2F26a04，2015.

第2章

1 堀野俊郎：日本作物学会紀事，61，別2，55-56，1992.
2 田島 眞 他：日本食品工業学会誌，39（10），857-861，1992.
3 京都農業資源センター：京都農資センターだより，6，23，2002.
4 財満信宏 他：日本農芸化学会2015年度大会，2015.
5 佐藤 光：Techno Innovation，81，26-33，2012.
6 松江勇次：米の食味学，養賢堂，53，77-80，115，2012.
7 Yasumatsu K. et al.：Agric. Biol. Chem.，30（5），483-486，1966.
8 小湊 譲 他：特開平10-14512，1998.

9 深井洋一　他：日本食品科学工学誌，51（6），294-297，2004a.
10 藤田明子：博士論文（近畿大学），23-39，1911.
11 深井洋一　他：日本食品科学工学誌，51（6），288-293，2004b.
12 加藤恒雄：日本作物学会紀 81，116-117，2012.
13 稲熊隆弘：Foods and Food Ingredients J. of Japan，29-2，95-98，2014.

第3章

1 堀野俊郎　他：日本作物学会紀，53（別 2），226-227，1984.
2 横江未央　他：農業機械学会誌，70（6），69-75，2008.
3 大坪研一：米の科学，130-132，朝倉書店，1995.
4 横江未央　他：農業食料工学会誌，76（2），170-178，2014.
5 藤田明子：2009 年美味技術研究会シンポジウム「香りとおいしさ」，28-35，2009
6 夏賀元康　他：農業機械学会誌，64（1），106-112，2002.
7 深井洋一ら：日本食品科学工学会誌，53（2），143-150，2006.
8 松江勇次：米の食味学，34-36，53-55，養賢堂，2012.
9 川上晃司：2010 年美味技術研究会シンポジウム「食の色彩とおいしさ」，5-12，2010.
10 元山　正：調理化学ノート，8-19，第一出版，1985.

第4章

1 大久長範　他：日本調理科学会誌，38，254-256，2005.
2 五明紀春：胚芽米のすべて，www.eiyo.ac.jp/haigamai/
3 川上昭太郎　他：美味技術学会，12（2），5-29，2013
4 三枝貴代　他：特許公法第 2590423 号，1996.
5 伊藤幸彦　他：日本補完代替医療学会，第 16 回学術集会O -11，2013.
6 大坪研一　他：特開 2011 － 24472，2011.
7 中村欽哉：特許広報，第 2673134 号，1997.
8 船附稚子　他：特許第 5284851，2013.
9 梅本貴之：農業機械学会 2012 年度シンポジウムーフードテクノロジーフォーラム，2012.
10 水野英則　他：農業機械学会誌 73（3），207-214，2011.
11 Nishimura M.et al.：Journal of Traditional and Complementary Medicine，xxx，1-6，2014.
12 佐竹利子　他：農業機械学会誌 66（5），117-124，2004.
13 藤田智之・中村浩蔵：特願 2009-183208，2009.
14 高山しおり　他：日本食品科学工学会第 61 回大会講演集，3Aa4，2014.
15 桂木優治：精米工業 No.226，2007.
16 末松孝章　他：食品工業，2005-12.30，48-59，2005.
17 Mori A.：Journal of Biochemistry，45（12），985-990，1958.
18 山元一弘：食品加工技術，26- 1，34-39，2006.
19 早川和仁：MilkScience，54（3），2005.
20 Hayakawa K.et al.：European Journal of Pharmacology，438，107-113，2002.
21 田中千賀子　他：New 薬理学，南江堂，2003.
22 Manyan NV.B. et al.：Levels of γ -aminobutyric acid in cerebrospinal fluid in various neurologic disorders，Archives of Neurology，37（6），352-355，1980.
23 Manyan BV.：Archives of Neurology，39（7），391-392，1982.
24 Petty F.et al.：Psychopharmacology Bulletin，26（2），157-161，1990.
25 Roy A.et al.：Arch Gen Psychiatry.48（5），428-432，1991.
26 Manyan BV.et al.：Brain Research，307（1-2），217-223，1984.
27 Hare TA.et al.：Archives of Neurology，39（4），247-249，1982.
28 園田久泰：FOOD Style 21，5（5），92-96，2001.
29 岡田忠司　他：日本食品科学工学会誌 47-8，596-603，2000.
30 伊藤禎司　他：応用薬理，72（3/4），51-56，2007.

31 堀江健二　他：FOOD Style 21, 7 (3), 64-68, 2003.
32 風見大司　他：日本食品科学工学会誌, 49-6, 409-415, 2002.
33 梶本修身　他：薬理と治療, 32 (12), 929-944, 2004a.
34 梶本修身　他：日本食品科学工学会誌, 51 (2), 79-86, 2004b.
35 松原　大　他：薬理と治療, 30 (11), 963-972, 2002.
36 Inoue K.et al.：European Journal of Clinical Nutrition, 57 (3), 490-495, 2003.
37 中村寿雄　他：薬理と治療, 28 (6), 529-533, 2000.
38 土田　隆　他：日本栄養・食糧学会誌, 56 (2), 97-102, 2003.
39 Shimada M. et al.：Clinical Experimental Hypertension, 31, 342-354, 2009.
40 Takahashi H.et al.：Journal of Physiology, 11, 89-95, 1961.
41 喜瀬光男　他：FOOD Style 21, 8 (7), 54-57, 2004.
42 後藤泰信　他：東方医学, 22 (4), 1-10, 2006.
43 塚田裕三：日本医師会雑誌, 42 (8), 571-579, 1959.
44 Cavagnini F. et al.：Journal of Clinical Endocrinology & Metabolism, 51 (4), 789-792, 1980a.
45 堀江健二　他：Food Style 21, 8 (3), 64-68, 2004.
46 Cavagnini F. et al.：Acta Endocrinologica, 93 (2), 149-154, 1980b.
47 Monteleone P. et al.：Acta Endocrinologica, 119 (3), 353-357, 1988.
48 Ishikawa K. et al.：Psychopharmacology, 56 (2), 127-132, 1978.
49 Mamiya T. et al.：Biol.Pharm.Bull., 27 (7), 1041-1045, 2004.
50 Ogasa K. et al.：J. Nutr. Sci. Vitaminol., 21, 129-135, 1975.
51 Rex S. et al.：Am. J. Clin. Nutr, 33, 1954-1967, 1980.
52 Lam S. et al.：Biomarkers Prev., 15, 1526-1531, 2006.
53 Maeba R. et al.：J. Nutr.Sci.Vitaminol., 54, 196-202, 2008.
54 Benjamin J. et al.：Am.J.Psychiatry, 152, 1084-1086, 1995.
55 Palatnik A. et al.：J. Clin. Psychopharmacol, 21, 335-339, 2001.
56 Fux M. et al.：Am.J. Psychiatry, 153, 1219-1221, 1996.
57 Levine J. et al.：Am. J. Psychiatry, 152, 792-794.1994.
58 Levine J. et al.：Isr. J. Psychiatry, Reiat.Sci., 32, 14-21, 1996.
59 Ikeda S. et al.：J. Nutr. Sci. Vitaminol, 46, 141-143, 2000.
60 Tomeo A. C. et al.：Liplds, 30, 1179-1183, 1995.
61 Qureshi A.A. et al.：Lipids, 30, 1171-1177, 1995.
62 Qureshi A.A. et al.：Am. J. Clin. Nutr., 53, 021s-6s, 1991.
63 Tan D.TS, et al.：Am.J. Clin.Nutr, 53, 1027S-30S, 1991.
64 Watkins.T.R. et al.：Environmental & Nutritional Interactions, 3, 115-122, 1999.
65 Qureshi A.A. et al.：Atherosclerosis, 161, 199-207, 2002.
66 Nesaretnam K. et al.：Lipids, 1139-43, 1995.
67 Guthrie N. et al.：J. Nutr., 127, 544S-8S, 1997.
68 永塚貴弘　他：日本農芸化学会, 2015 年度大会, 4F45a05, 2015.
69 柴田　央　他：ビタミン, 83, 1, 2009.
70 池上幸恵　他：国立健康・栄養研究所報告, 46, 1997.
71 Kawakami Y. et al.：Biosci.Biotechnol.Biochem., 71 (2), 464-471, 2007.
72 Fujikawa, S. et. al.：Chem.Pharm.Bull, 31, 645-652, 1983.
73 加藤恒雄：日本作物学会紀事, 79 (別 2), 154-155, 2010.
74 大川知之：産婦人科の世界, 17 (2), 65-69, 1965.
75 佐々木　誠　他：臨床と研究, 41, 347-351, 1982.
76 石原実：日本産科婦人科学会誌, 34 (2), 243-251, 1982.
77 並木正義　他：臨床と研究, 63 (5), 1657-1669, 1986.
78 Hata, A. et al.：Geriat. Med., 19, 1813- 1840. 1981.
79 五島雄一郎　他：Geriatr Med, 21 (11), 2039-2057, 1983.

80 Islam MS. et al.：Br. J. Pharmacol., 154, 812-824, 2008.
81 潮　秀樹　他：美味技術研究会誌, No.12, 21-25, 2008.
82 北村征和　他：新薬と臨床 26 (11), 2011-2022, 1977.
83 早川律子　他：皮膚科紀要, 89 (1), 115-119, 1994.
84 中村重信　他：Geriat, Med., 46 (12), 1511-1519, 2008.
85 You Y., et al.：Biosci.Biotechnol.Biochem., 73 (6), 1392-1397, 2009.
86 橋本博之　他：ジャパンフードサイエンス, 2010-1, 30-36, 2010.
87 斎藤邦行　他：日本作物学会紀事, 71, 169-173, 2002.
88 浅野紘臣　他：日本作物学会紀事, 67, 174-177, 1998.
89 松江勇次：米の食味学, 34-36, 53-55, 養賢堂, 2012.

第5章

1 星川清親：松尾孝嶺編・稲学大成 (形態編), 286-309, 農文協, 1990.
2 原島重彦 (訳)：稲・稲体解剖記載, 一杉書店, 1943.
3 佐藤正夫：籾の乾燥に関する研究, 京都大学博士論文, 1-23, 1964.
4 山下律也：農文協, 農業技術体系, 作物編追録 11 号, 643-657, 1989.
5 山下律也：農機学会選書 3, 22, 農業機械学会, 1991.
6 松島省三　他：水稲幼穂の発育経過とその診断, 農業技術協会, 東京, 1956.
7 斉藤昭三　他：新潟県食品研究所研究報告, 14, 29-39, 1977.
8 山下律也：農業機械学会選書 5, 82, 1992.
9 日高靖之　他：農業機械学会誌, 75 (5), 316-325, 2013.
10 毛利建太郎：平成元年, ２年度文部科学省科学研究費補助金研究成果報告書, 1-47.
11 芝野保徳　他：農業機械学会関西支部報, 68, 85-86, 1990.
12 深井洋一　他：日本調理科学会誌, 40, (5), 347-351, 2007.
13 青木秀敏：OPTRONICS, 11, 121-127, 2013.
14 笠原正行　他：富山県農業技術センター, 5, 15-21, 1989.
15 八谷　満：農業技術 63 (12), 2008.
16 山下律也　他：美味技術学会選書 2, 2003.
17 Omar SJ.　他：農業機械学会誌, 51-5, 68-72, 1989.
18 竹倉憲弘　他：農機学会誌 66 (3), 51-58, 2004.
19 米麦保管研究会：米麦保管管理の手引, 36-43, 1987.
20 川上晃司　他：農業環境工学関連７学会合同大会, 0141435, 2006.
21 食糧研究所：食糧技術普及シリーズ第７号, 68-86, 1969.
22 谷　達雄　他：栄養と食糧, 16 (５), 76-81, 1964.
23 満田久輝　他：栄養と食糧, 24 (４), 216-226, 1971.
24 山下律也：美味技術研究会誌, 15, 40-44, 2010a.
25 山下律也：美味技術研究会誌, 16, 33-37, 2010b.
26 川村周三：農業機械学会誌 67 (1), 19-23, 2005.
27 李宰碩　他：FOOMA JAPAN 2007, アカデミックプラザ研究発表要旨集 14, 200-2004, 2007.
28 渡辺鉄四郎　他：関東東山農業試験場報告, 4, 38-183, 1953.
29 柳井昭二　他：日本食品科学工学会誌, 26 (3), 145-150, 1979.
30 北海道立中央農業試験場：北海道産米の貯蔵法に関する試験成績書, 1990.
31 三井栄三：最近の異物混入防止技術, 311, ㈱フジ・テクノシステム, 2000.
32 鶴田　理：食物科学選書, 医歯薬出版, 1975.

第6章

1 山下律也：農機学会選書 3, 農業機会学会, 1991.
2 奥田恵子：粉体技術, Vol.2, No.8, 68-73, 2010.
3 日本精米工業会：精米工業 179, 20-24, 1999.
4 日本精米工業会：精米工業 273, 7-11, 2015.

著者略歴

佐々木泰弘（ささきやすひろ）

1942年、京都市生まれ。京都大学農学部農業工学科卒。農林水産省の各試験研究機関で、主に米麦の穀類と飼料作物のプレ・ポストハーベスト分野の機械化研究に従事。農業研究センター、中央農業総合研究センターの各研究部長を経て、2002年に退官。同年から㈱サタケ技術顧問（現在、非常勤）。農学博士（京都大学）。

著書に、『農作業試験法』（農業技術研究協会）、『乾燥技術ハンドブック』（総合技術センター）、『生物生産機械学』『生物生産機械ハンドブック』（以上コロナ社）、『農学大事典』（養賢堂）、『農産物自動ラック施設研究の実際』（美味技術研究会選書2）などがある（いずれも共著・分担執筆）。

ポストハーベスト技術で活かす
お米の力
美味しさ、健康機能性、米ぬか、籾がら

2016年10月5日　第1刷発行

著　者　佐々木泰弘

発行所　一般社団法人　農山漁村文化協会
〒107-8668　東京都港区赤坂7丁目6-1
電話：03（3585）1141（代表）　03（3585）1147（編集）
FAX：03（3585）3668　振替：00120-3-144478
URL：http:/www.ruralnet.or.jp/

DTP制作　岡崎さゆり・中村竜太郎・大木美和・中村美奈子
印刷：（株）光陽メディア　製本：根本製本（株）

ISBN978-4-540-15181-1
〈検印廃止〉